互联网+创新型“十四五”精品教材

Photoshop 电商设计与装修

（微课版）

主　编　张福美　肖攀峰　于烨琪
副主编　谭梦洁　李婷瑶　幸荔芸　刘国娟
　　　　马　硕　张文芳　杨文娟

北京希望电子出版社
Beijing Hope Electronic Press
www.bhp.com.cn

内容简介

本书从电商美工的岗位需求出发，详细介绍了电商设计与装修和 Photoshop、Illustrator、剪映等相关软件的使用方法。全书共分为8章，主要内容包括店铺装修基础知识、商品的拍摄采集、商品照片的美化处理、视频的拍摄与剪辑、主图图片视觉设计、商品（宝贝）详情页视觉设计、店铺首页视觉设计、店铺个性化视觉设计等，其中通过各种实训案例对店铺页面的设计方法和技巧进行了讲解，此外读者还可以使用每章的“上手实操”栏目巩固所学知识。

本书结构合理，用语通俗易懂，图文并茂，易教易学，适合应用型本科院校、职业院校、培训机构作为教材使用。

图书在版编目（CIP）数据

Photoshop电商设计与装修 / 张福美，肖攀峰，于烨琪主编. — 北京 ：北京希望电子出版社，2024.5

ISBN 978-7-83002-868-8

Ⅰ. ①P… Ⅱ. ①张… ②肖… ③于… Ⅲ. ①图像处理软件 Ⅳ. ①TP391.413

中国国家版本馆CIP数据核字(2024)第106653号

出版：北京希望电子出版社

地址：北京市海淀区中关村大街22号

中科大厦A座10层

邮编：100190

网址：www.bhp.com.cn

电话：010-82626270

经销：各地新华书店

封面：赵俊红

编辑：龙景楠

校对：毛文潇

开本：787mm×1092mm 1/16

印张：16

字数：379千字

印刷：三河市中晟雅豪印务有限公司

版次：2024年6月1版1次印刷

定价：59.80元

前　言

PREFACE

随着互联网的发展和手机的普及，足不出户的网上购物逐渐成为人们购买商品的主要选择。卖家在网络店铺售卖商品，买家在电商平台挑选商品，装修质量上佳的店铺往往能获得较高的浏览量，从而占据优势地位。

少了对商品的真实触摸，店铺中关于商品的图片展示、文字介绍和视频直播等变成了买家了解商品的唯一途径，由此也就催生出了电商美工这个工种。电商美工通过对商品的了解，融合店铺风格、活动主题设计出相关的视觉物料，吸引买家注意，促进商品成交。本书围绕电商美工的实际工作情况，全面、详细介绍商品宣传内容的前期准备和后期装修物料的视觉设计。

写 / 作 / 特 / 色

1．内容全面，快速上手

全面、详细地介绍电商运营中商品拍摄、照片处理、视频剪辑、视觉设计等环节的知识和制作方法，以便快速掌握并提高店铺装修技能。

2．案例精美，实用性强

本书所展示的案例均为作者精心挑选，既实用又美观，一方面可以帮助读者学以致用，另一方面也可以提高读者的审美观。

3．举一反三，触类旁通

通过练习每章“上手实操”栏目中的典型案例，可帮助读者切实掌握本章知识点。

4．书云结合，互动教学

本书中的商业案例视频、教学课件和配套资源通过官方微信公众号和希望云课堂提供，其内容与书中知识点紧密结合并互相补充。

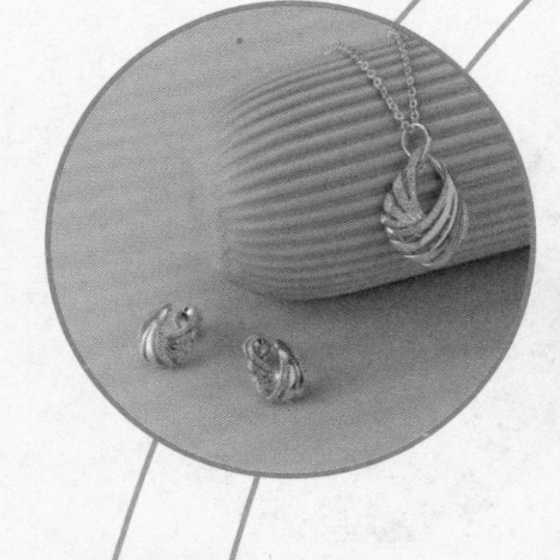

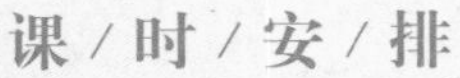

课 / 时 / 安 / 排

全书共8章，建议总课时为46课时，具体安排如下：

章节	内容	理论教学	上机实训
第1章	店铺装修基础知识	2课时	0课时
第2章	商品的拍摄采集	2课时	2课时
第3章	商品照片的美化处理	4课时	4课时
第4章	视频的拍摄与剪辑	4课时	4课时
第5章	主图图片视觉设计	4课时	4课时
第6章	宝贝详情页视觉设计	2课时	2课时
第7章	店铺首页视觉设计	2课时	2课时
第8章	店铺个性化视觉设计	4课时	4课时

本书结构合理，讲解细致，特色鲜明，侧重于综合职业能力与职业素质的培养，融“教、学、做”于一体，适合应用型本科院校、职业院校、培训机构作为教材使用。

本书由莱芜职业技术学院张福美、湖南环境生物职业技术学院肖攀峰、河北省机电工程技术学院于烨琪担任主编，常德科技职业技术学院谭梦洁、新乡职业技术学院李婷瑶、重庆三峡职业学院幸荔芸、曹县技工学校刘国娟、曹县技工学校马硕、都安瑶族自治县职业教育中心张文芳、云南轻纺职业学院杨文娟担任副主编。这些老师在长期工作中积累了大量经验，在写作过程中始终坚持严谨、细致的态度，力求精益求精。

由于编者水平有限，书中疏漏之处在所难免，恳请读者朋友批评指正。

编　者

2024年4月

目　录
CONTENTS

第1章 店铺装修基础知识

第2章 商品的拍摄采集

第3章 商品照片的美化处理

第4章 视频的拍摄与剪辑

第5章 主图图片视觉设计

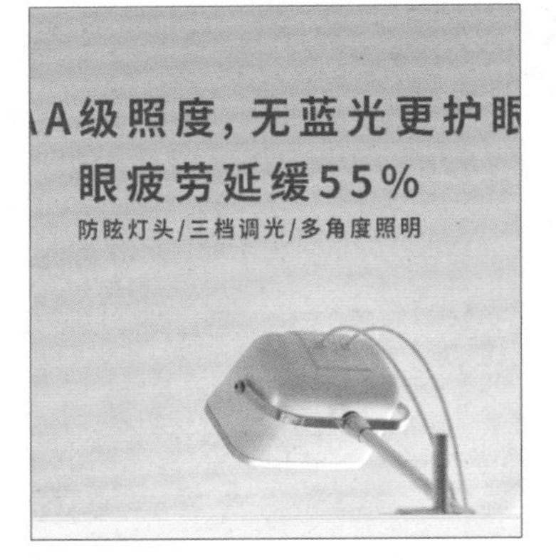

第6章 宝贝详情页视觉设计

第7章 店铺首页视觉设计

第8章 店铺个性化视觉设计

第1章

店铺装修基础知识

内容概要

店铺装修是电商运营中非常重要的一环，电商美工不仅需掌握软件操作、拍摄剪辑、色彩搭配等方面的知识，还需了解店铺装修风格、主体框架、文案策划、PC端和无线端的装修流程与要点等知识。

数字资源

【本章素材】：“素材文件\第1章”目录下

1.1 电商美工概述

随着电子商务的不断发展，网上购物成了人们的主要选择。在购物网站搜寻心仪物品时，好的商品图片会更加吸引人，激发购物欲，进而提高商品成交率。图1-1所示为PC端天猫华为官方旗舰店界面。

图 1-1　PC 端天猫华为官方旗舰店界面

1.1.1　电商美工的定义

电商美工是店铺页面编辑美化工作者的简称，是互联网领域的一种职业。每一家网站的设计要求都有所不同，电商美工需制作出符合各网站要求的店铺页面。图1-2和图1-3所示分别为淘宝无线端的华为首页和海尔全部宝贝页。图1-4和图1-5所示分别为京东无线端的海尔首页和华为全部宝贝页。

图 1-2　淘宝华为首页

图 1-3 淘宝海尔全部宝贝页

图 1-4 京东海尔首页

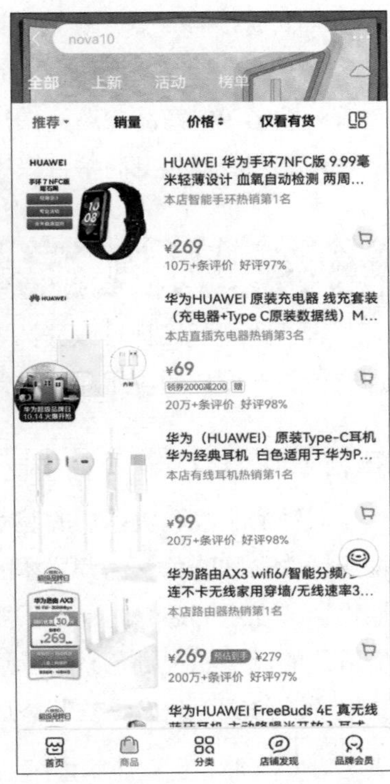

图 1-5 京东华为全部宝贝页

■1.1.2 电商美工的技能要求

电商美工需熟练掌握的技能主要有以下几个方面。

1. 软件技能

- **Photoshop**：商品图片后期处理（如抠图、修图、调色等），以及店铺设计与装修、营销海报设计（合成）、GIF动图制作、详情页切片处理等操作技能。
- **Illustrator**：矢量图形的绘制，如营销内容的字体、品牌logo等。
- **剪映**：掌握基础的视频剪辑技能。

2. 素质要求

- 掌握基本的美学知识，了解色彩搭配、版式布局与视觉营销等知识。
- 有一定的美术功底和丰富的想象力，具备良好的审美观。
- 有较强的理解能力，能够耐心地与运营人员沟通。

除此之外，还需要掌握基础的商品拍摄及剪辑技能，并具有较强的文案处理能力。

■1.1.3 电商美工的工作内容

电商美工主要负责店铺的整体视觉设计、商品的拍摄与后期修图、活动海报设计、图片的上传发布、文案策划等，具体如下：

- 负责店铺的整体视觉设计，充分利用店铺模板功能，进行店铺首页、分类页、详情页的整体设计以及活动页面的设计，并进行日常维护与定期更新工作。
- 优化店内商品描述、拍摄并美化商品图片、上传发布宝贝、更新文案描述等。
- 配合店铺与电商平台促销活动，制作活动促销海报、轮播图、主图、宝贝详情页等。

1.2 店铺视觉设计

店铺的视觉设计可以分为五大类，即店铺装修风格的确定、布局模块的设计、主体色彩的搭配、文字设计的应用和文案策划。

1.2.1 店铺装修风格

店铺的装修和实体店的装修一样，需要根据店铺的品牌特色、消费群体的不同有针对性地设计。在店铺装修之前，需要首先确定商品所适用的风格和视觉色系，然后根据色系选择具体的装修颜色。常见的装修风格包括但不限于以下几种。

1. 极简风

极简风的装修一直深受欢迎，大量的留白，画面简洁干净。它去掉了烦琐的装饰，一目了然地突出商品特点，因此需要极强的商品表现力。该风格多用于数码电器、服装家居等品牌店铺。图1-6所示为小米官方旗舰店极简风首页。

图 1-6　小米官方旗舰店极简风首页

2. 中国风

中国风一般是建立在中国传统文化的基础上，运用中国元素（如书法、山水、戏曲、图腾、传统样式等）进行设计。该风格多用于艺术、食品、珠宝、化妆品等品牌店铺。图1-7所示为故宫博物院中国风首页。

图 1-7　故宫博物院中国风首页

3. 霓虹科技风

霓虹科技风在每年的节日促销中都会被用到，其高饱和度的红蓝色调和部分故障效果产生迷幻的未来感与科技感，给人以较强的视觉冲击力。该风格常用于数码电器、食品等品牌店铺。

4. C4D动画风

C4D动画风可以更好地表现立体的场景感，更好地突出氛围感。该风格多用于食品、饮料、母婴等品牌店铺。图1-8所示为蒙牛旗舰店C4D动画风首页。除此之外，C4D动画风也常用于各种大型促销活动，如双十一、年货节、年中促销等。

5. 创意合成风

创意合成风一般是虚实结合，真实的商品加上虚拟的场景，创意十足。该风格多用于食品、母婴、个护清洁等品牌店铺或活动界面。图1-9所示为伊利旗舰店创意合成风首页。

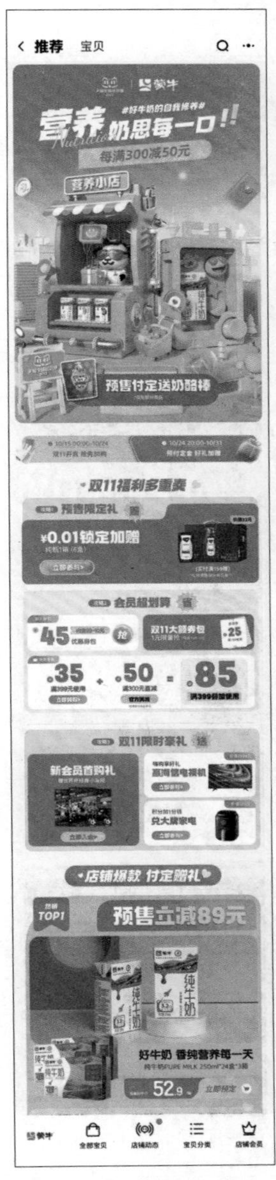

图 1-8 蒙牛旗舰店 C4D 动画风首页

图 1-9 伊利旗舰店创意合成风首页

6. 插画风

插画风应用范围广泛，原创性高，根据不同的品牌特点和画手的绘画风格，可以绘制出多种多样的原创风格。该风格多见于儿童商品、食品、母婴类店铺。图1-10所示为茶颜悦色旗舰店插画风首页。

7. 潮流街头风

潮流街头风配色大胆，荧光色、涂鸦元素和粗描边元素较多，风格鲜明，具有很强的设计感。该风格多用于潮流服饰、运动店铺或品牌合作、联名等。图1-11所示为斯凯奇运动旗舰店潮流街头风首页。

图 1-10　茶颜悦色旗舰店插画风首页

图 1-11　斯凯奇运动旗舰店潮流街头风首页

1.2.2 店铺主体框架

以无线端店铺为例，一个完整的店铺一般包括店铺首页、全部宝贝、店铺动态、宝贝分类、店铺会员五大类别，如图1-12所示。部分店铺的第5个类别为联系客服，如图1-13所示。

图 1-12 含有“店铺会员”的界面导航栏

首页 全部宝贝 店铺动态 宝贝分类 联系客服

图 1-13 含有“联系客服”的界面导航栏

每个类别中主要包含以下内容。

- **首页：**由原先的静态变为动态，千人千面，智能化推荐。商家上传素材（如图文、文案、视频等），在页面编辑器中填充模块。模块主要分为图文类、视频类、LiveCard、宝贝类和营销互动类。
- **全部宝贝：**宝贝主图列表。点击主图缩览图显示主图（共5张）、宝贝详情页等。
- **店铺动态：**店铺上新动态。
- **宝贝分类：**1～3级分类命名、图片和关联宝贝。
- **店铺会员/联系客服：**加入会员、会员优惠、积分换购、特权服务等。

> **注意事项：**无线端淘宝改版后，取消店招图片，统一将底色修改为白色。

1.2.3 色彩搭配技巧

色彩搭配在店铺装修中占很大分量，是树立店铺形象的关键。那么该如何做好店铺色彩搭配呢？

1. 认识色相环

学习配色之前，首先要认识色相环。色相环是以红、黄、蓝三色为基础，经过三原色的混合产生间色、复色，彼此都呈一个等边三角形的状态。色相环有6至72色多种。以12色环为例，主要由原色、间色、复色、冷暖色、类似色、邻近色、对比色、互补色等组成。

- **原色：**色彩中最基础的3种颜色，即红、黄、蓝。原色是其他颜色混合不出来的，如图1-14所示。
- **间色：**又称第二次色，由三原色中的任意两种原色相互混合而成，如图1-15所示。例如，黄+红=橙，黄+蓝=绿，红+蓝=紫，如图1-16所示。3种原色混合出的是黑色。

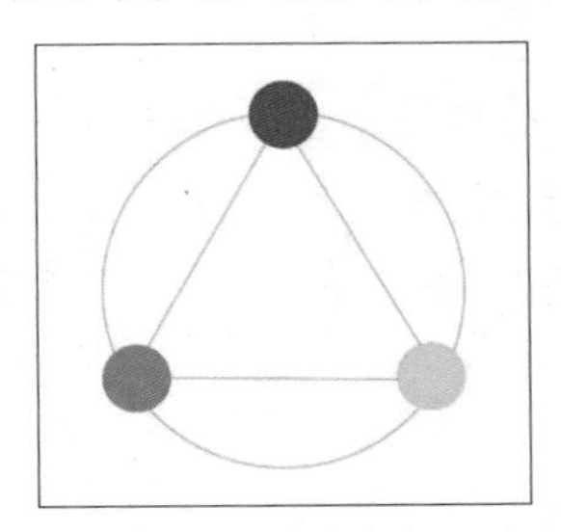

图 1-14 原色色相环

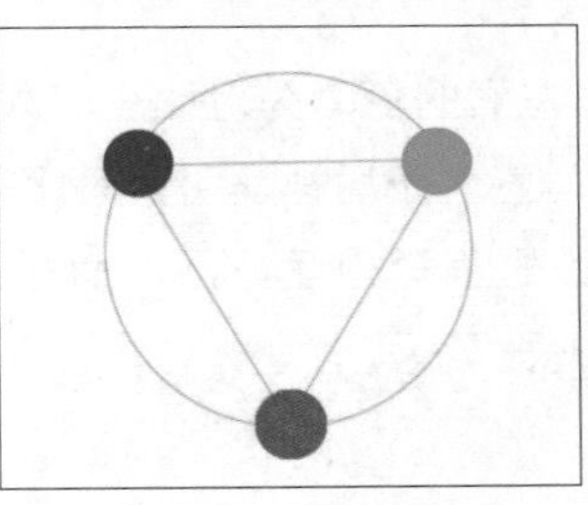

图 1-15 间色色相环

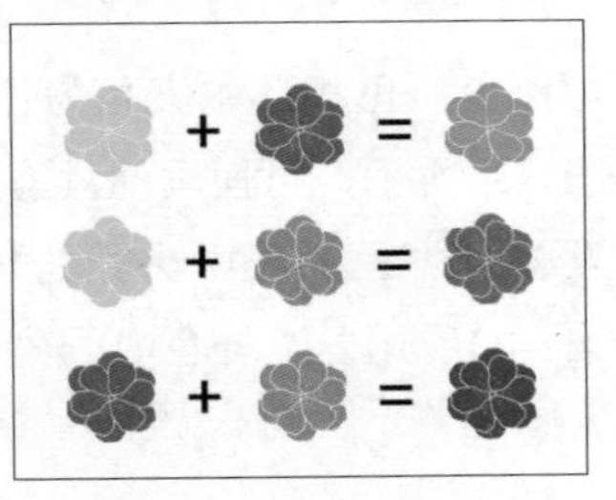

图 1-16 间色的形成

- **复色：** 又称第三次色，由原色和间色混合而成，如图1-17所示。复色的名称一般由两种颜色组成，如黄绿、黄橙、蓝紫等，如图1-18所示。
- **冷暖色：** 在色相环中根据感官可分为暖色、冷色与中性色，如图1-19所示。①暖色：红、橙、黄，给人以热烈、温暖之感。②冷色：蓝、蓝绿、蓝紫，给人以距离、寒冷之感。③中性色：介于冷、暖色之间的紫色和黄绿色。

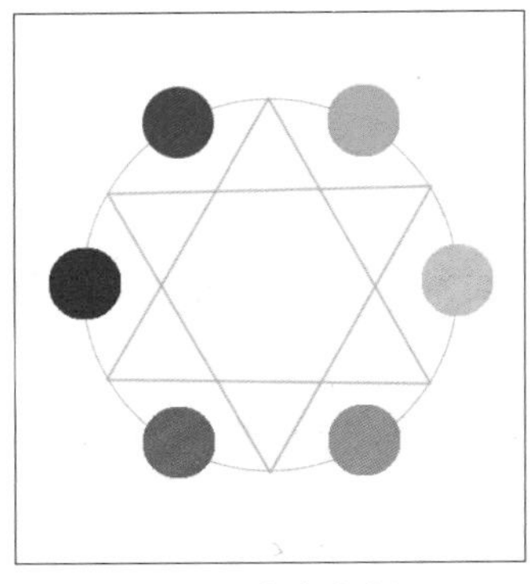

图 1-17　复色色相环

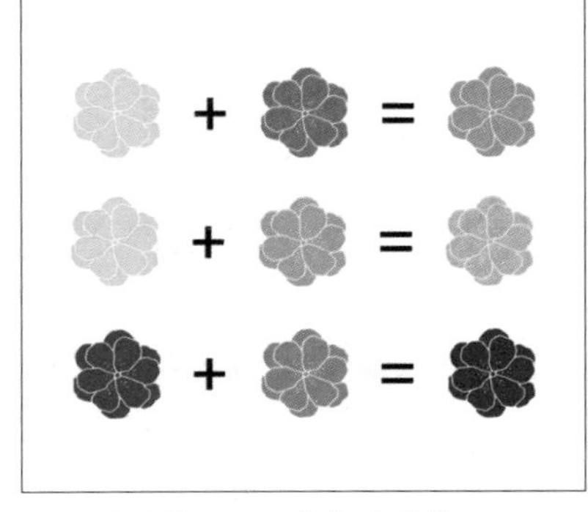

图 1-18　复色的形成

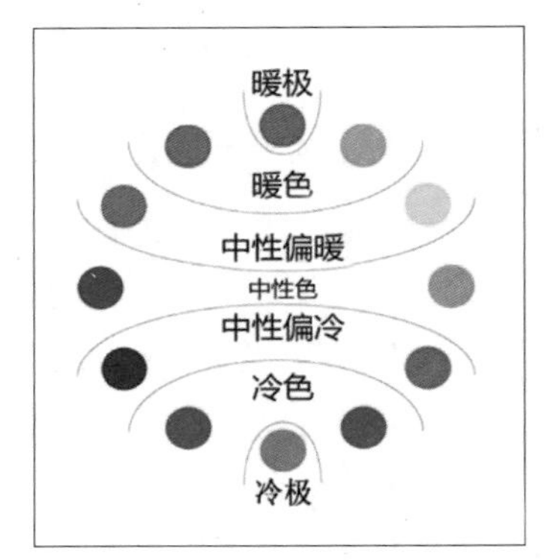

图 1-19　冷暖色示意图

- **类似色：** 色相环夹角为60°以内的色彩为类似色，如红橙色和黄橙色、蓝色和紫色等，如图1-20所示。其色相对比差异不大，给人以统一、稳定的感觉。
- **邻近色：** 色相环中夹角为60°～90°的色彩为邻近色，如红色和橙色、绿色和蓝色等，如图1-21所示。色相彼此近似，和谐统一，给人以舒适、自然的视觉感受。

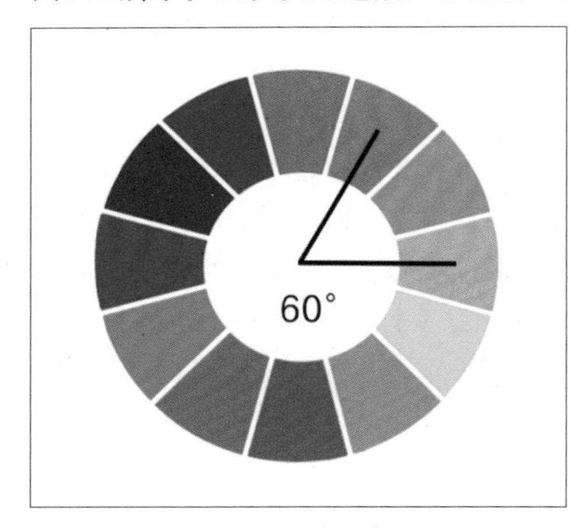

图 1-20　类似色

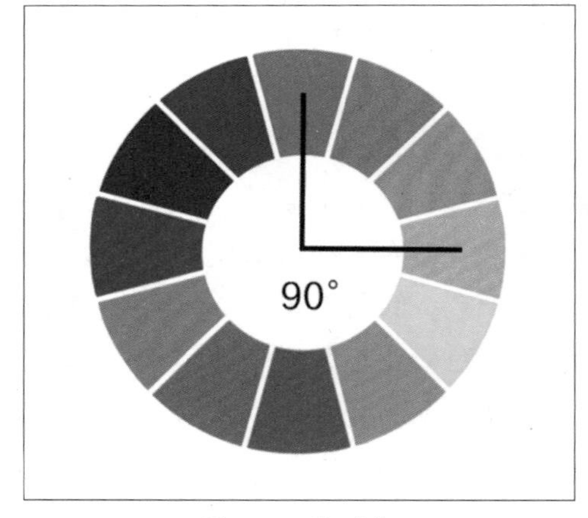

图 1-21　邻近色

- **对比色：** 色相环中夹角为120°左右的色彩为对比色，如紫色和橙色、红色和黄色等，如图1-22所示，可使画面具有矛盾感，矛盾越鲜明，对比越强烈。
- **互补色：** 色相环中夹角为180°的色彩为互补色，如红色和绿色、蓝紫色和黄色等，如图1-23所示。互补色有强烈的对比效果。

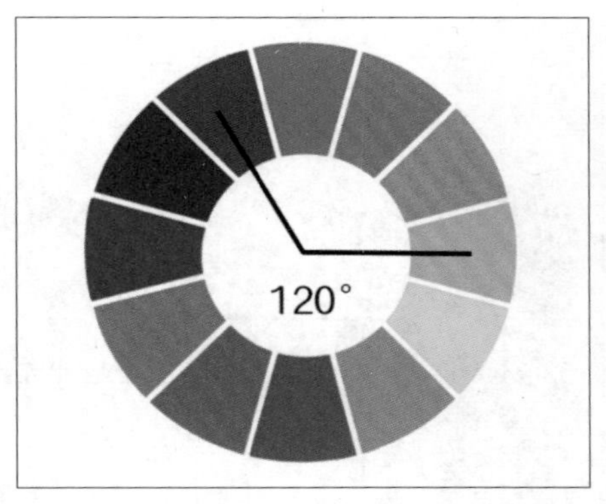

图 1-22 对比色

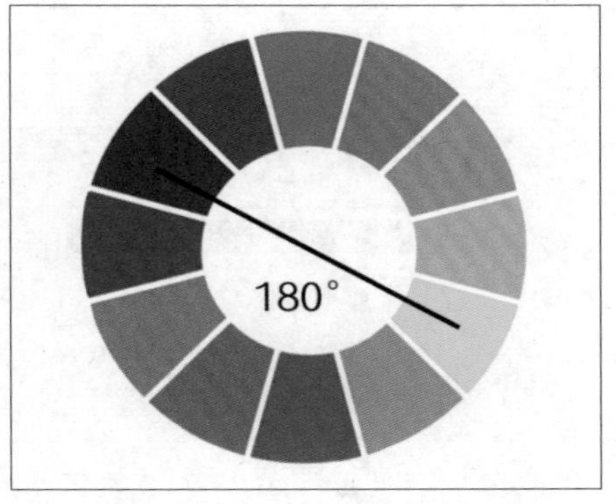

图 1-23 互补色

知识点拨

色彩的三大属性主要是指色相、明度和纯度。

- **色相**：色彩的相貌，是由原色、间色与复色构成的，主要用来区分颜色，如红、桔红、翠绿、群青等。
- **明度**：色彩的明暗程度。色彩的明度变化有两种情况：一是不同色相之间的明度变化；二是同色相的不同明度变化。在有彩色系中，明度最高的是黄色，明度最低的是紫色，红、橙、蓝、绿属于中明度。在无彩色系中，明度最高的是白色，明度最低的是黑色。提高色彩的明度，可以加入白色；反之，加入黑色。
- **纯度**：色彩的鲜艳程度，也称彩度或饱和度。纯度是色彩感觉强弱的标志。其中，红、橙、黄、绿、蓝、紫等的纯度最高，无彩色系中的黑、白、灰的纯度几乎为零。

2. 配色原则

在色彩搭配中，占据面积最大和最突出的色彩为主色。主色是整幅画面的主题，占比60%～70%；仅次于主色，起到补充作用的是副色，也称辅助色，可使整个画面更加饱满，占比25%～30%；最后一个为点缀色，点缀色不止一种，可以使用多种颜色，主要作用就是起画龙点睛与引导的作用，占比5%～10%。图1-24所示为主色、辅助色和点缀色百分比表示效果图。

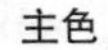

图 1-24 配色比例示意

3. 配色技巧

下面介绍几个配色设计的小技巧。

- **无色设计**：使用无色的黑、白、灰进行搭配。
- **单色配色**：对同一种色相进行纯度、明度变化搭配，形成明暗变化，给人协调、统一的感觉，如图1-25所示。
- **原色配色**：使用红、黄、蓝进行搭配，如图1-26所示。

图 1-25　单色配色

东方印象 黛代相传
预售即将开启 提前锁定好礼

图 1-26　原色配色

- **二次色配色：** 使用绿、紫、橙进行搭配。
- **三次色三色搭配：** 使用红橙、黄绿、蓝紫或者蓝绿、黄橙、红紫两种组合中的一种进行搭配的同时，保持在色相环上相邻颜色之间距离相等。
- **中性搭配：** 加入一种颜色的补色或黑色，使色彩消失或中性化。
- **类比配色：** 在色相环上任选3种连续以上的颜色或其任一明色和暗色搭配出来的效果。
- **冲突配色：** 确定一种颜色后和它补色左右两边的色彩搭配使用。
- **分裂补色配色：** 确定一种颜色后和它补色的任意一边的颜色搭配使用。
- **互补配色：** 使用色相环上的互补色进行搭配，如图1-27所示。

图 1-27　互补配色

■1.2.4 文字设计运用

在店铺装修中，文字和商品的排列组合直接影响着整体版面的视觉传达效果。在设计文字时，一是要遵循视觉美感，使用富有表现力的文字；二是要具有识别性，能清晰、准确地向消费者传达商品和活动信息；三是要有原创个性，根据店铺风格和商品特点，设计出专属的个性文字效果；四是要适配店铺的品牌调性，符合主题的表达。

促销活动一般使用笔画粗的字体，如图1-28所示。

高端系列一般使用笔画细的小号字体，常与英文搭配，如图1-29所示。

图 1-28 促销活动所用字体

图 1-29 高端系列所用字体

女士用品或家居时装类商品常使用纤细柔美、线条流畅的字体，如图1-30所示。

男士用品或科技机械类等商品多使用硬朗粗犷、富有力度的字体，如图1-31所示。儿童、母婴或者时尚运动品牌多使用活泼、有趣的字体，如图1-32所示。

图 1-30 时装类商品所用字体

图 1-31 男鞋类商品所用字体

图 1-32 儿童类商品所用字体

在设计主标题文字时一般选择笔画粗、易识别的简单字体，这样可以很好地起到强调的作用。被重点阅读的副标题或正文部分可以使用宋体或者细黑体，切忌使用粗体字，如图1-33和图1-34所示。

图 1-33 海报标题

图 1-34 详情页正文部分

知识点拨

尊重版权，谨慎使用字体。下面介绍几款免费可商用的字体：

- **思源字体：**思源黑体、思源宋体等。
- **站酷字体：**站酷高端黑、站酷酷黑、站酷文艺体、站酷小薇LOGO体等。
- **优设字体：**优设标题黑、优设好身体、优设标题圆等。
- **庞门正道字体：**庞门正道轻松体、庞门正道粗书体、庞门正道标题体等。
- **阿里平台字体：**阿里巴巴普惠体、华康字体系列。
- **仓耳字体：**仓耳与墨、仓耳渔阳、仓耳小丸子等。

■1.2.5 文案策划要点

商品上新和活动促销都需要文案说明，它可以有效地引导销售，使顾客了解商品特点，增强品牌吸引力。店铺中不同的位置需要不同的文案。

在首页中，有店铺说明、优惠信息、活动信息、分类导航、商品信息、店铺公告等内容。图1-35所示为店铺活动文案。

在主图中，有商品宣传广告语、商品卖点、活动信息等内容，如图1-36所示；在详情页中，有活动信息、优惠信息、商品详情、购物须知等内容，如图1-37所示；在店铺会员中，有会员信息、优惠信息、会员专享福利等内容，如图1-38所示。

图 1-35 活动文案

图 1-36 主图文案

图 1-37 详情页文案

图 1-38 会员页文案

1. 文案策划前期准备

- 了解商品基本信息，提取关键词。
- 了解市场信息，明确商品受众和消费群体。
- 分析对手信息，根据自身特点，中和文案。
- 明确活动主题，收集相关商品图、广告图。

2. 如何撰写好文案

- 主图文案应简明扼要，可从活动主题、优惠力度等方面入手。
- 详情页文案循序渐进，可从优惠信息、商品描述、买家须知等方面入手。
- 高价商品，强调价值；活动商品，强调优惠力度。
- 深挖买家痛点，强调自身优势，引起买家兴趣，刺激购买欲望。
- 使用精短语句，便于阅读。
- 追求真实有效，切勿虚假宣传。
- 展示权威认证和售后服务内容，消除买家顾虑。

1.3 店铺装修须知

本节将对店铺装修流程、PC端和无线端店铺装修的区别、PC端店铺装修指南和无线端店铺装修注意事项进行介绍。

1.3.1 店铺装修流程

在电商平台注册店铺后，需要定位自己的经营方向，确定店铺名称，设计店铺标志，优化店铺信息等。此外，还需要确定店铺的整体装修风格，设置店标、店铺模块、店铺公告栏、导航栏等，根据需要拍摄商品图，设计相关主页、主图、详情页等。整套商品从拍摄到发布的流程如图1-39所示。

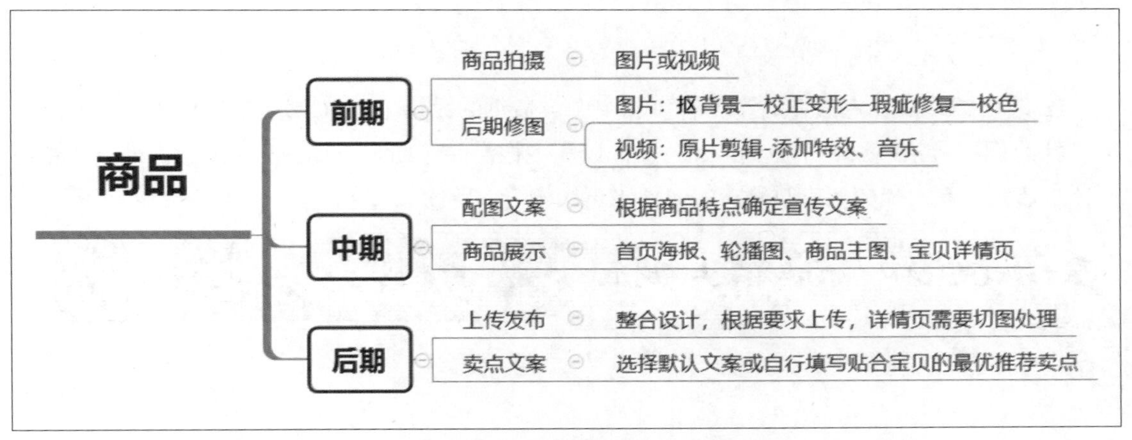

图 1-39 商品从拍摄到发布的流程

■1.3.2 PC端与无线端店铺装修的区别

在装修店铺时，若要把一端的店铺装修直接复制到另一端，可能会出现尺寸不合适、效果不好等情况，严重影响买家的购物体验。PC端和无线端店铺在装修内容和流程上大同小异，具体区别如下：

1. 版面布局

无线端店铺布局主要分为首页、全部宝贝、店铺动态、宝贝分类和店铺会员五大板块，布局简洁明了，操作方便。PC端店铺则主要分为页头、页中和页尾三部分。

2. 分类结构

无线端店铺分类结构明确，模块划分清晰，操作方便，主要突出强调图片，吸引买家。PC端店铺则以文字为主，图片为辅，分类层级清晰，方便快速锁定目标商品方向。

3. 图片尺寸

无线端和PC端店铺的主图、商品素材图、详情页尺寸大致一样。不同之处有以下几点。

（1）轮播海报

- **无线端：**宽度为1 200 px，高度在600～2 000 px之间。
- **PC端：**宽度为950～1 920 px，高度在100～600 px之间。

（2）首页

- **无线端：**宽度为1 200 px，高度在120～2 000 px之间。
- **PC端：**宽度为1 920 px，高度不限。

无线端店招已统一为白底。PC端店招宽度为950 px，高度小于120 px。

4. 颜色搭配

无线端店铺浏览面积小，视觉受限，多使用浅色或者鲜艳的颜色。PC端店铺颜色没有限制，符合店铺风格即可。

■1.3.3 PC端店铺装修指南

PC端店铺装修重点放在店招、首页和主图详情页的设计上。PC端店铺以格力官方旗舰店的设计为例：店招中放置了店铺logo、宣传语和主推商品等内容，如图1-40所示。部分店招还会添加店铺收藏，提醒买家收藏店铺，便于再次浏览、购物。

GREE格力 让世界爱上中国造 UVC除菌 0.5℃温控 到手价:¥4099

图 1-40　店铺店招

首页中的轮播海报主要以商品图或者宣传活动图为主，文字为辅，内容精练，如图1-41所示。

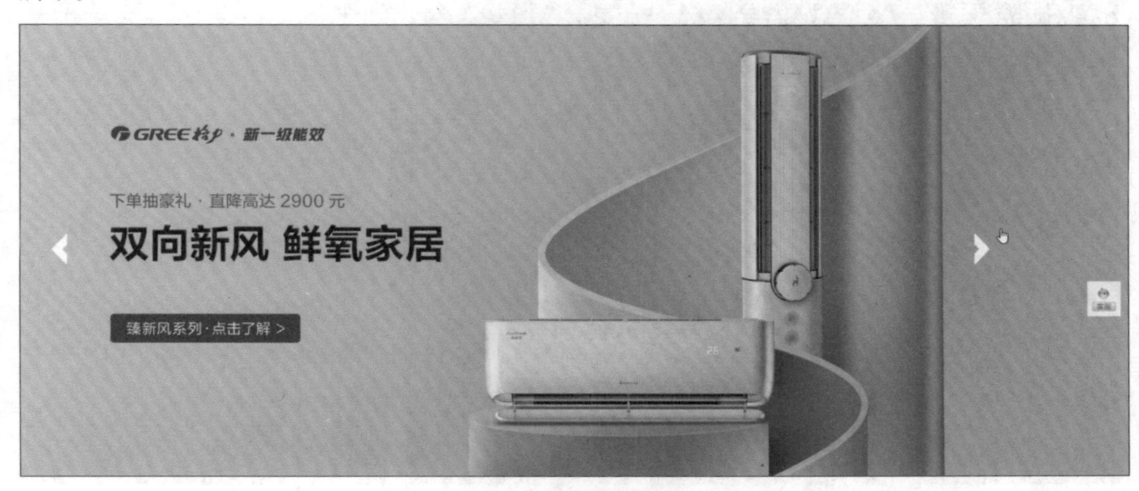

图 1-41 首页轮播图

轮播图下方为产品导航，可以一目了然地了解该品牌下的商品，如图1-42所示。单击即可跳转到该商品的分类页上，方便快捷购物。

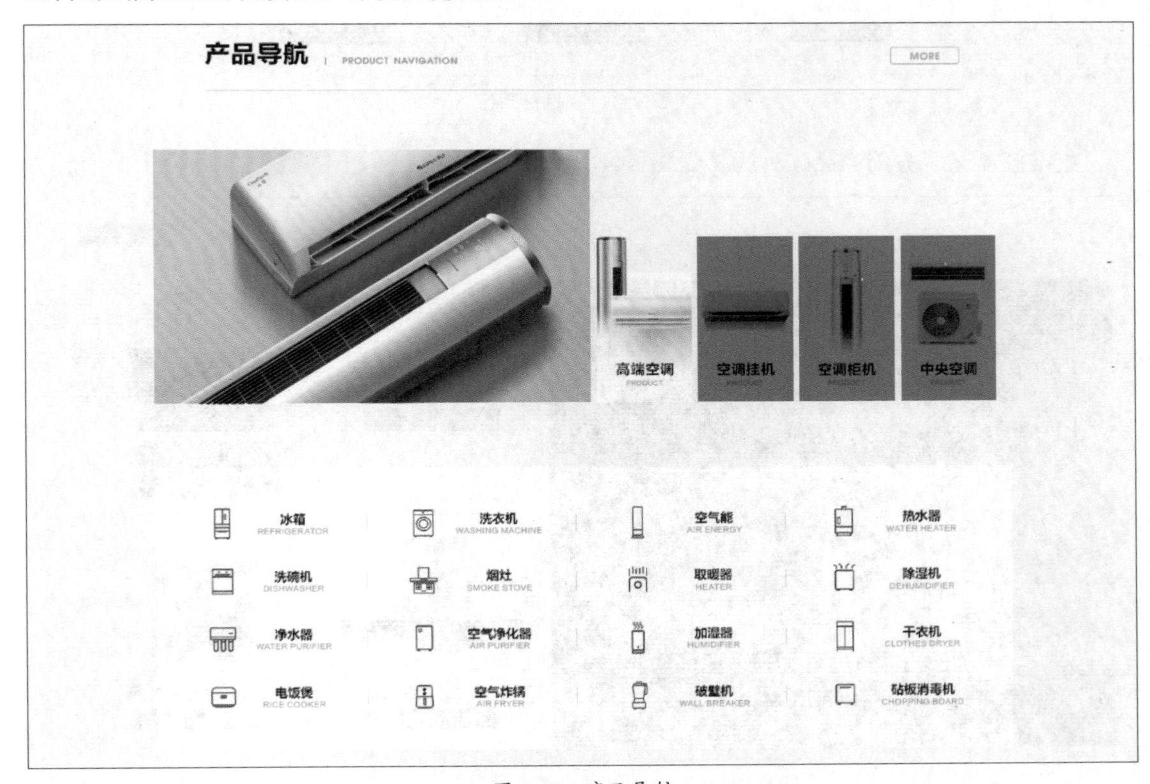

图 1-42 产品导航

产品导航下方为主推商品区，如图1-43所示。

图 1-43　主推商品区

主推商品区下方为商品陈列区，如图1-44所示。

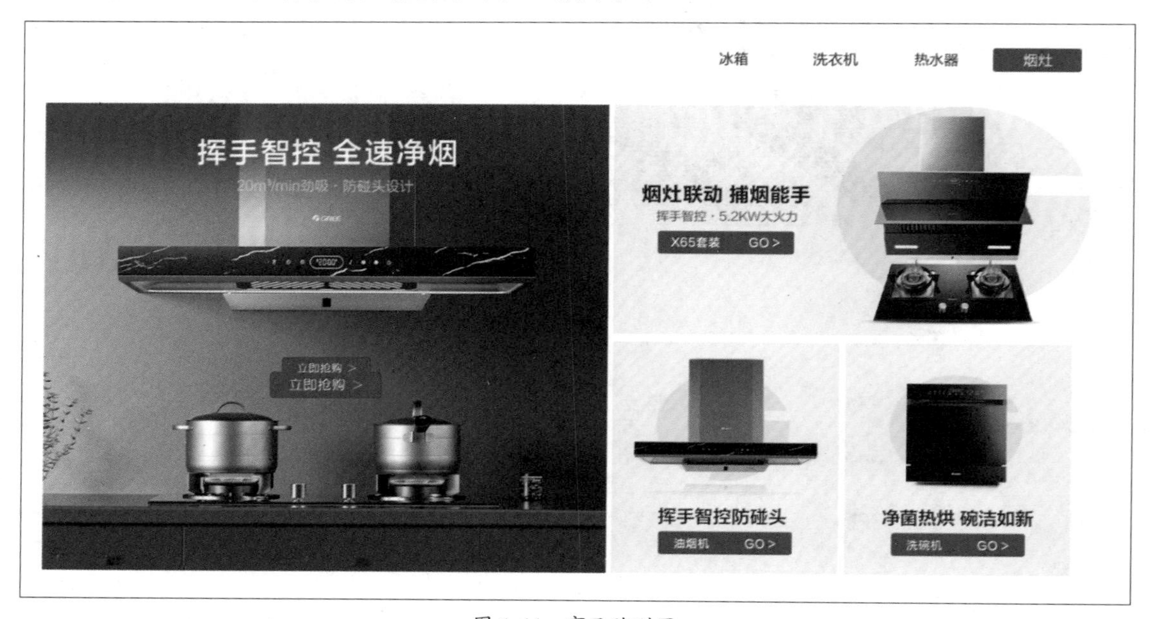

图 1-44　商品陈列区

商品陈列区下方为页尾，页尾内容通常为退货通知、快递说明、客服中心、店铺公告等服务信息。

该页尾放置了品牌介绍、客服中心、返回首页和专享服务等相关信息，如图1-45所示。买家可以通过页尾看出该店铺的品质和专业程度，从而增强信任感，提升购买率。

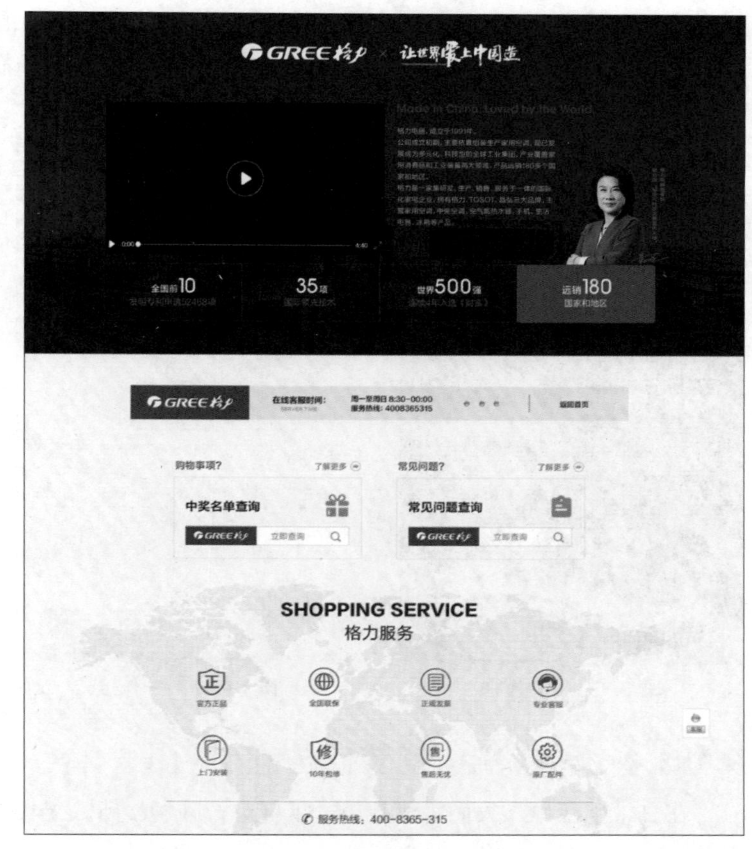

图 1-45 页尾

在首页中点击任意一件商品即可跳转到宝贝详情页上。宝贝主图中一般会体现卖点、促销、价格、赠品和售后等相关信息。在颜色分类中点击商品名称，可显示为白底商品图，如图1-46所示。

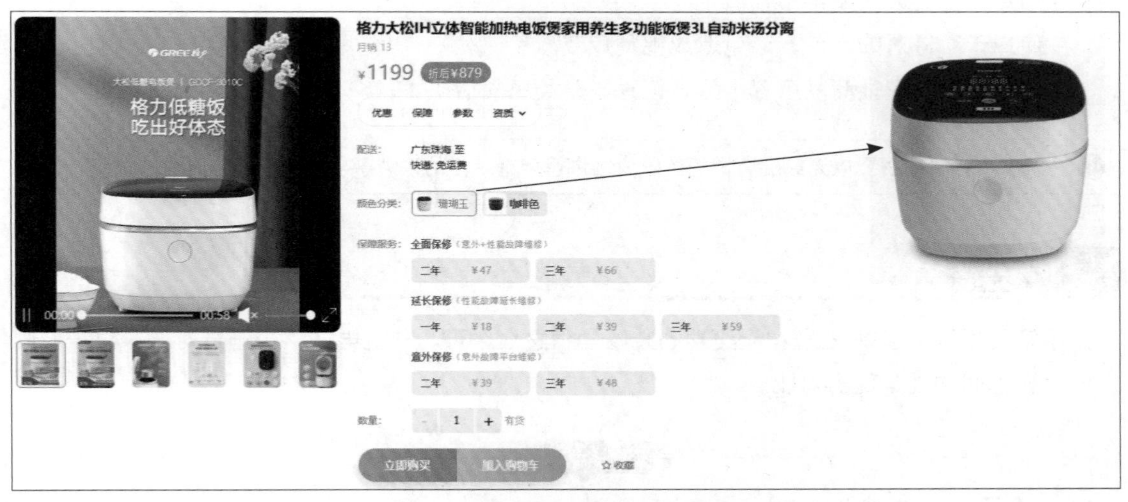

图 1-46 宝贝主图

向下拖动为宝贝详情页，详情页一般是以“文本+图片”的形式出现。文本为商品详情、价格说明等信息。图片中的内容包括但不限于店铺活动、热销商品推荐、商品详情介绍、商品概览、场景图、商品细节特写图等，如图1-47～图1-49所示。

图 1-47　商品海报

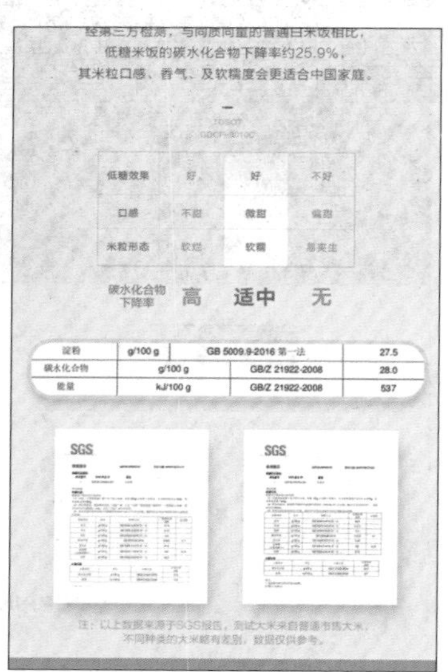

图 1-48　商品详情

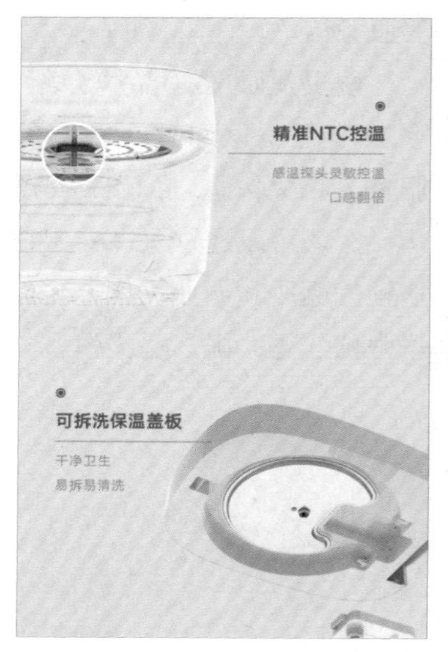

图 1-49　商品细节特写图

■1.3.4　无线端店铺装修注意事项

在日常生活中，人们主要是通过手机进行网购，所以无线端店铺的装修就显得尤为重要。在装修时一定要注意以下几点。

- PC端和无线端店铺可共用一套装修方案，但要注意尺寸的更改，满足上传要求，切忌直接复制上传，影响浏览效果。
- 无线端店铺页面空间有限，应精简设计，切忌琐碎繁杂。
- 图片不宜过大，文字不宜过小。
- 使用干净舒适的配色，避免造成视觉疲劳。
- 活动详情和主推商品应置于醒目位置，分类应简洁明了。

注意事项：本书主要以无线端店铺的装修为例讲解店铺装修的注意事项。

上手实操

了解关于淘宝店铺PC端和无线端的装修知识之后，可与其他电商平台进行对比，总结不同电商平台之间的视觉优劣对比。

知识点考查

了解不同电商平台各自的优缺点。

思路提示

以京东和淘宝为例，选择同一个店铺分析其首页布局构成、主推商品与设计偏好的不同，如图1-50和图1-51所示。

图 1-50 京东美的店铺首页　图 1-51 淘宝美的店铺首页

第2章

商品的拍摄采集

内容概要

商品的拍摄采集是店铺装修的第一步。那么如何拍摄出既突出商品特点又符合店铺风格的照片呢？“工欲善其事，必先利其器。”选择拍摄器材和辅助器材是重中之重，然后根据拍摄产品的特点，相应布置场景、灯光，调整拍摄角度与构图。

数字资源

【本章素材】：“素材文件\第2章”目录下

2.1 拍摄基础知识

本节将对拍摄的基础知识进行介绍，包括常用的拍摄术语、拍摄器材和辅助器材的选择等。

2.1.1 拍摄常用术语

在学习拍摄基础知识之前，首先对拍摄术语进行了解。

1. 焦距

焦距是指从镜头镜片中间点到光线能清晰聚焦的焦点之间的距离。短焦距的光学系统比长焦距的光学系统具有更好的聚光能力。常用的镜头焦距为28～70 mm，其中50 mm为标准镜头。

- 焦距越小，视角越广，画面中所容纳的元素越多，每个元素所占比例越小，如图2-1所示。
- 焦距越大，视角越窄，画面中所容纳的元素越少，每个元素所占比例越大，如图2-2所示。

图 2-1　小焦距效果

图 2-2　大焦距效果

焦距的衍生概念。

- 变焦：拍摄时对于焦点和焦距的相应调整。
- 对焦：调整焦点，使被拍摄物位于焦距内，成像清晰。
- 失焦：被拍摄物偏离出焦距以外，成像模糊。

2. 快门

快门是摄像器材中用来控制光线照射感光元件时间的装置。快门速度代表相机曝光的时间，如1/30 s、1 s、5 s等。快门速度越慢，曝光时间越长，进入镜头的光线就越多。

3. 光圈（F）

光圈是用来控制光线透过镜头进入机身内感光面光量的装置，它通常是在镜头内。光圈的大小用F表示，F值越大，光圈越小，反之越大。

大光圈适合拍摄人物特写、细节、花卉、静物等，易于得到背景虚化的浅景深效果，更容易突出主体，如图2-3所示；小光圈则适合拍摄山水风景、商业产品、环境人像等，空间内远近物体都拍摄得很清晰，使拍摄主体更加丰富，如图2-4所示。

图 2-3　大光圈

图 2-4　小光圈

4. 景深

景深是指对焦后在焦点前后能够清晰成像的范围。光圈、镜头、拍摄物的距离是影响景深的重要因素。

- 光圈越大（F值越小），景深越浅；光圈越小（F值越大），景深越深。
- 镜头焦距越长，景深越浅，反之景深越深。
- 主体越近，景深越浅，虚化效果越明显，如图2-5所示；主体越远，景深越深，画面前后不容易虚化，如图2-6所示。

5. 感光度（ISO）

感光度表示的是影像传感器对光线的敏感程度。感光度影响着照片的曝光和画质。感光度越高，照片越亮，画质越差，噪点越多；反之越暗，画质越好。感光度以ISO加数字表示，ISO 100～200为低感光度，适用于白天拍摄，光线充足；ISO 200～400适用于拍摄室内或阴天户外等。

6. 白平衡（WB）

白平衡就是使白色看起来是白色，在拍摄中可以起到校色作用的功能。通过调整白平衡参数，可以最大程度地还原商品真实色彩。白平衡的数值用K表示，当K<5 000时，拍出的照片

偏红、黄，为暖色调；当K在4 000～5 000时，属于正常色调，拍出的照片为真实环境效果；当K>5 000时，拍出的照片偏蓝，为冷色调。

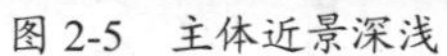
图 2-5 主体近景深浅

图 2-6 主体远景深深

知识点拨

白平衡模式可分为自动白平衡、钨光白平衡、荧光白平衡、晴天、阴天等，在拍摄中最常用的是自动白平衡。

7. 色温

色温是表示光线中包含颜色成分的计量单位。利用自然光拍摄时，由于不同时间段光线的色温不相同，因此拍摄出来的照片色彩也不相同。例如，在晴朗的蓝天下拍摄时，由于光线的色温较高，照片偏冷色调；而在黄昏拍摄时，由于光线的色温较低，因此照片偏暖色调。利用人工光线进行拍摄时，也会因出现光源类型不同，拍摄出来的照片色调不同的情况。图2-7和图2-8所示分别为同一场景的高低色温效果图。

图 2-7 高色温冷色调

图 2-8 低色温暖色调

8. 曝光

曝光是指光到达胶片表面使胶片感光的过程。曝光补偿是一种曝光控制方式，是有意识地变更相机自动演算出的“合适”曝光参数，让照片更明亮或者更昏暗的拍摄手法。

图片曝光可以通过直方图进行查看，直方图竖轴表示相应部分所占画面的面积，峰值越高说明明暗值像素数量越多。横轴表示亮度，自左向右为黑到白。照片的曝光主要有以下3种情况。

- 图像均匀地从左到右分布，中间峰值较多，左右端都没有溢出，正态分布，为正常曝光，如图2-9所示。
- 图像偏向右端，缺少暗部信息，表示曝光过度，左端阴影区域没有像素，如图2-10所示。若整个直方图贯穿横轴，没有峰值，同时左右两端都有溢出，表示反差过高。
- 图像偏向左端，缺少亮部信息，表示曝光不足，右端高光区域没有像素，如图2-11所示。曝光不足，整体偏暗，可以为阴影区域增加光线以保留重要细节，即补光。

图 2-9　正常曝光

图 2-10　曝光过度

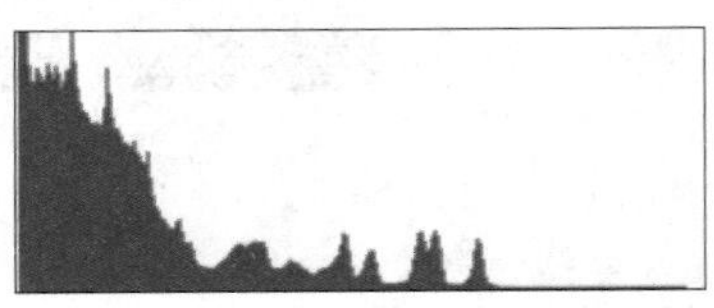
图 2-11　曝光不足

知识点拨

曝光模式一般有 4 种：自动曝光、快门优先、光圈优先和手动曝光。

- 自动曝光（AUTO）：相机自动设置光圈、快门、感光度、白平衡等参数。
- 快门优先（S/Tv）：该模式多用于拍摄高速运动的物体，如运动瞬间、落下的水滴等。
- 光圈优先（A/Av）：该模式多用于拍摄有景深、突出主体的照片。使用大光圈可以拍摄出商品清晰而背景虚化的效果。
- 手动曝光（M）：可以获得曝光组合的效果，此模式对拍摄的技巧要求较高。

■2.1.2　拍摄器材的选择

在拍摄器材上可以选择单反相机、无反/微单相机、手机等。

1. 单反相机

单反相机即单镜头反光镜照相机，简称“单反相机”，如图2-12所示。单反相机相对于其他相机来说画质更高，没有视差且反应迅速。

2. 无反/微单相机

无反相机即无反光镜照相机，简称“无反/微单相机”，如图2-13所示。无反相机可更换单镜头相机，具有单反的画质，但体积、质量轻薄。

3. 手机

智能手机的拍摄功能越来越强大，用来拍摄商品图也是很好的选择，如图2-14所示。

图 2-12 单反相机

图 2-13 无反 / 微单相机

图 2-14 手机

■2.1.3 辅助器材的选择

要想拍出高质量的商品图，辅助器材也是不可或缺的。

1. 三脚架

三脚架是拍摄中必不可少的器材，它是用于稳定照相机的支架，避免在拍摄时因发生抖动而产生不清晰或模糊的效果，如图2-15所示。三脚架主要用于拍摄星轨、流水、夜景或微距拍摄等方面。

2. 灯光设备

拍摄商品时，不管在室内还是室外都或多或少会受到自然光等因素的影响。使用专业的灯光设备可以弥补其不足，让产品变得更加细腻、有层次感，更好地突出拍摄主体。灯光部分的辅助器材有闪光灯、补光灯、柔光箱、反光板、引闪器等，如图2-16所示。

图 2-15 三脚架

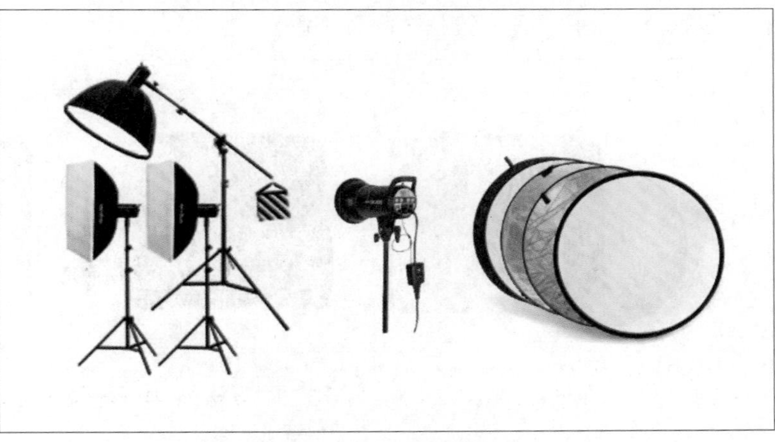

图 2-16 灯光设备

3. 静物摄影台

静物摄影台主要是用来拍摄小型静物商品，如化妆品、鞋、箱包、陶瓷等。半透明的磨砂背景板，透光均匀柔和，色温准，通过台面的漫反射可以为商品增加立体感，如图2-17所示。

4. 背景支架板

背景支架板和静物摄影台作用相似。背景支架板可根据拍摄需要调节高度，从小的静物到人像都适用。还可更换不同材质的背景纸/布，如各种颜色的背景纸、硫酸纸、窗帘、丝绸、绒布等，从而可以拍摄不同风格的商品，如图2-18所示。

图 2-17　静物摄影台

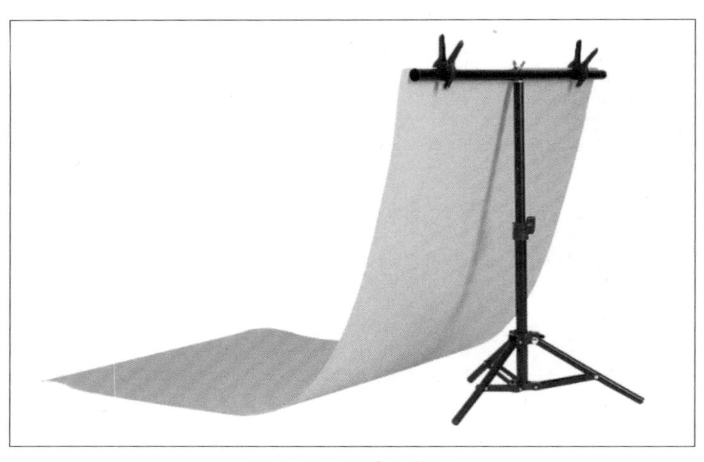

图 2-18　背景支架板

5. 摄影棚

简易的摄影棚配备可自由调节的吸附式灯板和高反光颗粒布，操作简单，手机、相机都可使用其拍摄出大片效果。使用不同型号的摄影棚，可以拍摄玉石珠宝、静物摆件、家电、化妆品、衣服等，如图2-19所示。摄影棚棚顶、侧面、正面是可掀开设计，相机可多角度进行拍摄，包括全开正拍、顶部俯拍、侧面拍摄等。

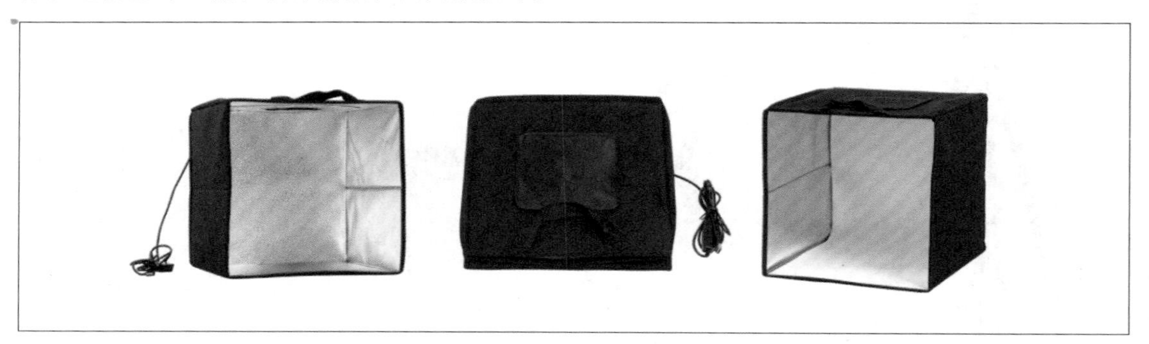

图 2-19　简易摄影灯箱棚

2.2 搭建商品拍摄环境

商品应根据其特点进行拍摄，最大程度地贴合受众群体的审美喜好。下面将从商品的拍摄流程、构图、场景布置、角度选择、用光技巧等方面进行讲解，如图2-20和图2-21所示。

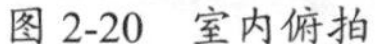

图 2-20 室内俯拍

图 2-21 室外斜拍

■2.2.1 商品拍摄的基本流程

拍摄商品的流程主要有以下几个步骤。

- 制订一个初步的拍摄方案，例如，制作一张拍摄计划表，其中包括拍摄商品的特点与卖点、拟拍摄风格与拍摄方式、拍摄需要用到的道具等。
- 准备拍摄用到的商品。擦拭商品，保证商品完整，外观干净整洁，如图2-22所示。
- 确定拍摄环境场地。若选择在室外拍，需要选择晴天，以获得充足的光线，避免阴天和光照刺眼的时间段。
- 准备拍摄的道具。除了相机、灯光、三脚架、静物摄影台等基础道具，还可以根据商品特点配备一些小道具，如鱼线、胶带、背景布、喷壶、干花等。
- 根据拍摄计划表，摆放商品和装饰用的道具，调整完成后进行拍摄。
- 拍摄完成导入计算机进行后期修图，如图2-23所示。

图 2-22　前期准备

图 2-23　后期修图

■2.2.2　常见的商品构图方式

拍摄电商商品图主要有以下几种构图方式。

1. 中心构图法

中心构图法是最常用的构图方法，即将主体放置在画面中心形成视觉焦点。该构图方法常配以简洁或与主体差别大的背景，如图2-24所示。

2. 三角构图法

三角构图法将主体以三角形的形式进行排列组合，形成的3个视觉中心可以使画面均衡和谐，给人以平稳的视觉感受，如图2-25所示。

图 2-24　中心构图

图 2-25　三角构图

3. 对角线构图法

对角线构图法是指主体沿画面对角线方向排列，不稳定的构图可以加强画面冲击力，使画面中的线条更具吸引力，如图2-26所示。

4. 三分构图法

三分构图法也可以理解为九宫格构图法。它将画面横竖三等分，得到4个交叉点，画面重心放置任意一点即可，如图2-27所示。

图 2-26 对角线构图

图 2-27 三分构图

5. 虚实结合构图法

虚实结合构图法是指利用大光圈或增加主体到背景间的距离，使背景处于景深范围之外而失焦，分割主体与背景，产生强烈的透视感和空间感，增强画面层次感，主次分明，如图2-28所示。

6. 重复构图法

重复构图法是指将同类商品有规律地排列使之充满整个画面，采用垂直俯拍的拍摄角度进行构图的方法。其成像后有很强的视觉冲击感，如图2-29所示。

图 2-28 虚实结合构图

图 2-29 重复构图

7. 框架构图法

框架构图法也可以理解为前景构图法，是指利用有形的景物或者抽象的光影处理给照片设置前景，从而有效地突出照片的主体元素，如图2-30所示。也可以将不同的拍摄主体整齐地摆放成长方形，使整体上看起来更加整洁、舒适，如图2-31所示。

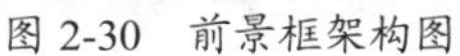

图 2-30　前景框架构图

图 2-31　形状框架构图

■2.2.3　拍摄场景的布置

商品拍摄的场景主要分为纯色背景图和场景图。

1. 纯色背景图

纯色背景中最常见的就是白底、黑底、灰色底、红底和蓝底。图2-32所示为白底背景。纯色背景可以更好地展示商品的细节与轮廓，是每个商品主图中必备的背景用图。拍摄纯色背景不需要进行场景的布置，只需要放置好背景卡纸，调节好灯光，即可进行拍摄。若商品是白色或偏透明色，需将灯光打暗，然后在商品的两侧放置黑色纸板，增加轮廓立体感，如图2-33所示。

图 2-32　白底背景

图 2-33　玻璃杯纯色背景

2. 场景图

根据商品的整体外观、材质、颜色来匹配场景，用好场景可以让人眼前一亮，从而产生视觉冲击力的效果。拍摄家居用品，可以布置或复古或温馨的家居场景；拍摄餐具，可以布置餐桌场景，搭配食材、桌布等道具；拍摄饰品，可以微距拍摄模特佩戴效果，也可以选择岩石、树枝、镜子、树叶、书本等，根据相应饰品的风格进行元素场景搭配，如图2-34所示。拍摄美妆，可以根据其特点布置水场景或是选择模特呈现效果；也可以布置简约的场景，搭配干花、石头、杂志、花瓣、丝绸等道具，如图2-35所示。

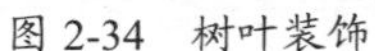
图 2-34　树叶装饰

图 2-35　大理石装饰

■2.2.4　拍摄角度的选择

拍摄角度与位置的不同，对商品成像的影响很大，不同的角度拍摄出的效果也会不同。在摄影构图中，拍摄角度可分为平视角度平拍、低角度仰拍、高角度斜拍和垂直角度俯拍等几种，如图2-36所示。

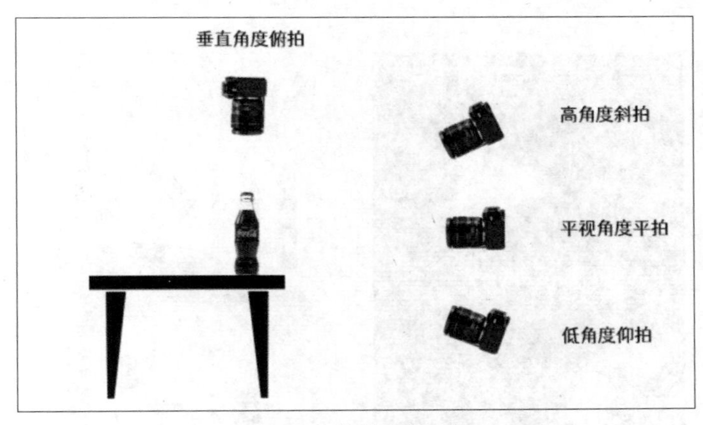

图 2-36　拍摄角度示意

1. 平视角度平拍

将相机和被摄体保持在同一水平线上，可以使画面中的主体不变形，适合表现场景比较丰富的画面，可拍摄饮料、化妆品等有厚度的产品，如图2-37所示。

2. 低角度仰拍

相机低于被摄体，从低处向高处拍摄。由于透视关系，显得商品高大、修长，可以得到较强的视觉冲击力效果，适合拍摄衣帽类产品等，如图2-38所示。

图 2-37　平视角度平拍

图 2-38　低角度仰拍

3. 高角度斜拍

将相机和被摄体形成一个30°～60°之间的斜角，可以拍摄出较为立体的画面，场景表现力强，适合拍摄主体细节丰富的产品，如美食、饰品等，如图2-39所示。

4. 垂直角度俯拍

相机垂直于被摄体90°进行拍摄，该角度能够完整地表现商品整体效果，适合比较规律的画面，如图2-40所示。

图 2-39　高角度斜拍

图 2-40　垂直角度俯拍

■2.2.5 拍摄商品的用光技巧

无论是使用环境自然光还是在摄影棚中借助人造光源对商品进行拍摄，都需要对光源进行布置调整，即布光。布光可以让商品看上去更加有质感，让场景更有氛围感，如图2-41和图2-42所示。

图 2-41 小型光源布置

图 2-42 大型光源布置

1. 光线的使用

光线的使用可分为环境自然光和人工光源两种。

（1）环境自然光

环境自然光分为室内和室外两种。在室内拍照主要借助太阳光通过门窗射入室内的光线，方向明显，可以使物体受光部分与其他部分有较强的明暗对比，如图2-43所示。若要改善明暗对比过大的问题，可以加大拍摄对象与门窗之间的距离，或者借助反光板给予暗部光源，缩小明暗对比，如图2-44所示。合理地运用环境自然光，不仅使商品纹路清晰、层次分明，还可以增加质感，使其更加有生气。

在室外拍摄时，要注意时间的选择，一般应避开光线最强的中午，太强的直射光会在商品表面出现刺眼的光斑，影响画面美感；同样应避开阴雨天，画面会显得灰暗无生气。可以选择上午8～10点、下午3～5点进行拍摄，这段时间光线柔和，成像效果理想，如图2-45所示。

图 2-43 室内直射

图 2-44 窗边拍摄

图 2-45 室外柔和光线拍摄

（2）人工光源

人工光源主要借助各种灯具，如主光灯、补光灯、背景灯、闪光灯、LED常亮灯等。使用人工光源不局限于时间和空间的选择。在室内拍摄商品，其光线类型可以分为主光、辅助光、轮廓光、背景光、顶光、地面光等几种，在拍摄过程中，使用三四种光即可。

在布置灯光时，首先确定主光的位置，主光占据主导位置。确定主光的位置后，在相机附近放置辅助光，位置应较高，以便降低商品投影，然后在商品的左后方或右后方放置轮廓光，这3种光调整完成后，可根据需要添加其他光线，也可以借助反光板增加亮度，或用黑色反光板降低亮度。

图2-46～图2-48所示分别为使用不同光源组合拍摄的商品图。

图 2-46　侧光为主的光源组合

图 2-47　背景光为主的光源组合

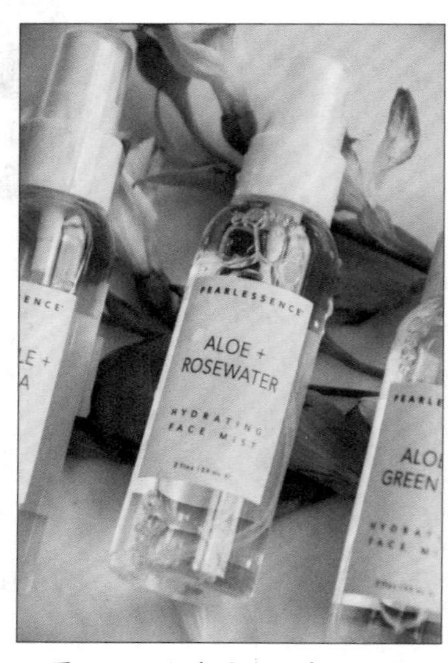

图 2-48　顺光为主的光源组合

知识点拨

按光的性质来划分，可以将光分为直射光、散射光和反射光；按光的方向来划分，可以将光分为顺光、逆光、侧光、顶光和底光，如图 2-49 所示。拍摄不同材质的商品需要不同的灯光，在摄影棚中拍摄商品一般是将多种方向的灯光搭配使用，可以最大程度地拍出商品的质感。

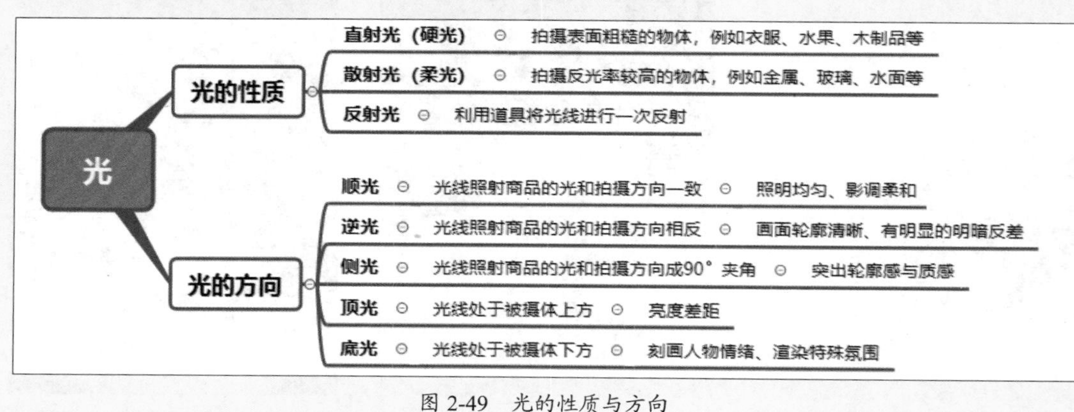

图 2-49　光的性质与方向

2. 用光技巧

拍摄不同材质的商品需用不同的用光技巧，部分技巧如下：

（1）展现纹理商品

拍摄棉麻制品、木质用品、皮革等展现纹理的商品时，可以使用硬光，以侧光、顺光、侧顺光为主，使其产生阴影，凸显层次感，如图2-50所示。

（2）易反光商品

拍摄金属、不锈钢等易反光商品时，可选择柔光拍摄，在背景方面选择单一背景，可以使用柔光板、硫酸纸遮住部分灯光，营造全包围或半包围灯光的氛围。也可以使用黑色或白色的卡纸来反光，为其创造一个干净的环境，避免杂乱的环境反射到商品表面，如图2-51所示。

图 2-50 木质纹理品用光

图 2-51 不锈钢材质用光

（3）透明商品

拍摄器皿、饮料、酒类等商品时，由于材质可以被光线穿透，一般选择逆光、侧逆光等。若选择白色背景，可以背逆拍摄，使表面更加简洁、干净，如图2-52所示。若选择黑色背景，可以借助柔光箱，将其摆放在商品的两侧进行布光，然后在背景或是顶部进行布光，这样能够很好地突出轮廓线条，增加质感，如图2-53所示。若要突出这类商品的透明度，也可以使用底光或侧光，从商品的下方往上拍摄，可以充分将该材质的通透性表现出来。

图 2-52　透明商品浅色背景

图 2-53　透明商品深色背景

（4）需要抠图的商品

需要抠图使用的照片，可以选择和产品反差较大的纯色背景，其边缘清晰，便于抠图，如图2-54所示。或者使用无影效果进行拍摄，效果如图2-55所示，例如：①将商品放在玻璃台面上，在玻璃台面的下方铺一张白纸或半透明纸，灯光自下向上拍摄。②将拍摄物放置在透明玻璃片上，将玻璃两端架高，光线从两面45°方向拍摄。③使用环形光源，四周均放置光源。④使用黑丝绒作为背景，背景与主体的距离拉远。

图 2-54　便于抠图拍摄

图 2-55　无影效果拍摄

3. 常用的布光方法

在拍摄中常用的3种布光方法如下：

- **正面两侧布光**：正面投射光线均衡，商品表面完整，不会有暗角。
- **两侧45°布光**：商品顶部受光，正面没有完全受光，适合外形扁平的小商品。
- **前后交叉布光**：从商品后侧打光，既表现出商品的层次感，又保全了商品所有的细节。

上手实操

了解了关于商品拍摄采集的知识，下面就选择一个自己喜欢的单品，可以是服装、食品、宠物、静物等，选择合适的构图与角度进行拍摄。

知识点考查

商品拍摄角度与构图的选择。

思路提示

以拍摄美食为例，选择横构图拍摄可以突出画面意境与整体氛围感，也可以去除多余且杂乱的背景元素，适合日常聚餐、拍摄全景或者特写等场合，如图2-56所示；选择竖构图可以突出前后景对比和画面线条感，更能展示用餐的氛围，适合拍摄甜点下午茶、有前后景、瓶子等高线条食物，如图2-57所示。

图 2-56　横构图斜拍

图 2-57　竖构图斜 / 俯拍

第3章

商品照片的美化处理

内容概要

在店铺后台上传商品图片时，应严格遵循上传规范，如背景颜色、图片尺寸、图片分辨率、图片存储格式、图片容量大小等。本章将围绕商品照片的美化处理方法，详细介绍商品图片的裁剪校正、尺寸大小调整、颜色校正、瑕疵修复、快捷批处理以及各种抠取技巧等。

数字资源

【本章素材】："素材文件\第3章"目录下

3.1 商品图片裁剪与校正

将图像裁剪至规定大小可以使用“裁剪工具”和“透视裁剪工具”；调整拍歪的图像则可以使用具有自由变换、旋转等功能的“标尺工具”等。

■3.1.1 将图像裁剪为规定大小

使用“裁剪工具” 可以对图像进行重新构图，改变其大小。在裁剪图像时，可拖动裁剪框进行裁剪，也可以在该工具的选项栏中精确设置裁剪区域的大小。

步骤01 将素材文件拖放至Photoshop中，如图3-1所示。

步骤02 选择“裁剪工具” 或按C键，在选项栏中选择约束方式为“宽×高×分辨率”选项，在文本框中设置参数，如图3-2所示。

图 3-1 打开素材

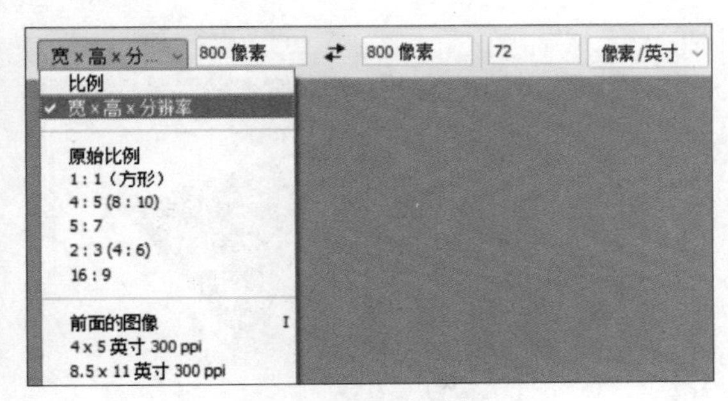

图 3-2 设置裁剪参数

步骤03 拖动调整裁剪框裁剪区域图像，如图3-3所示。

步骤04 按Enter键完成调整，如图3-4所示。

图 3-3 调整裁剪范围

图 3-4 应用裁剪效果

注意事项：在约束方式下拉列表框中可选择“新建剪裁预设”选项，在弹出的“新建剪裁预设”对话框中设置参数，如图3-5所示。

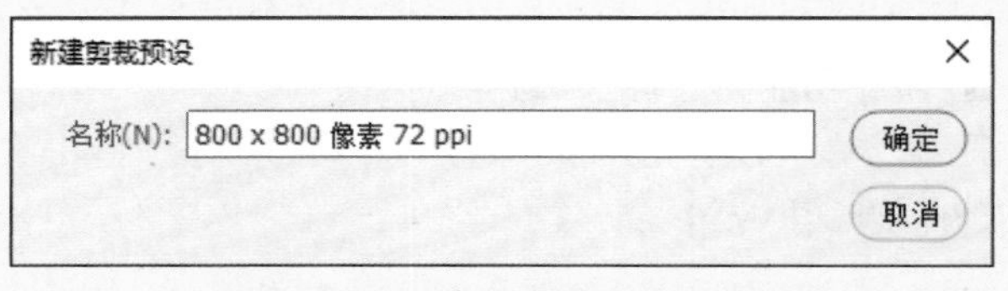

图 3-5 “新建剪裁预设”对话框

■3.1.2 透视裁剪图像

使用“透视裁剪工具”裁剪时可变换图像的透视效果。

步骤01 将素材文件拖放至Photoshop中，如图3-6所示。

步骤02 选择“透视裁剪工具”，分别在地毯四周创建透视裁剪框，拖动进行调整，如图3-7所示。

图 3-6 打开素材

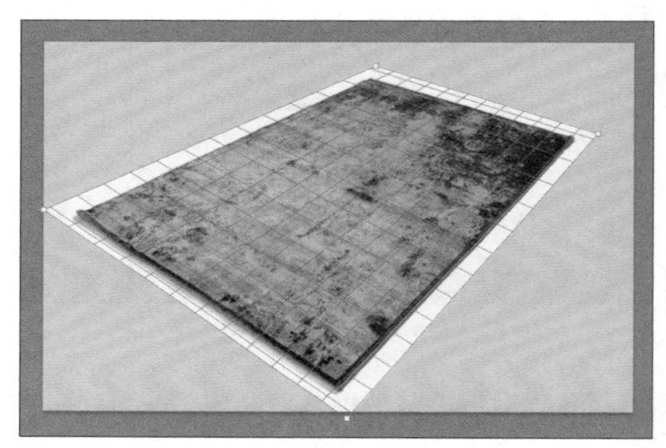
图 3-7 创建透视裁剪框

步骤03 按Enter键完成调整，如图3-8所示。

步骤04 执行“图像”→“图像旋转”→“顺时针旋转90度”命令，如图3-9所示。

图 3-8 应用透视裁剪

图 3-9 图像顺时针旋转 90°

步骤05 选择“吸管工具”，按住Alt键吸取背景颜色；选择“裁剪工具”，拖动调整裁剪框，使主体物居中，如图3-10所示。

步骤06 按Enter键完成调整，最终效果如图3-11所示。

图 3-10 裁剪图像

图 3-11 应用裁剪效果

注意事项：再次选择“裁剪工具”时，约束方式默认为上次操作的裁剪参数。本章中的所有裁剪操作都使用该参数，所以不用修改参数，选择相应工具后可直接裁剪应用。

■3.1.3 调整图像显示位置

按Ctrl+T组合键自由变换，可直接利用定界框和控制点进行调整，也可以右击鼠标，在弹出的菜单中选择自由变换、缩放、旋转、扭曲、变形、旋转、翻转等命令进行调整。

步骤01 将素材文件拖放至Photoshop中，按Ctrl+J组合键复制图层，如图3-12所示。

步骤02 按Ctrl+T组合键自由变换，拖动定界框的左上角等比例放大进行调整，如图3-13所示。

图 3-12 打开素材

图 3-13 等比例放大图像

步骤03 选择“矩形选框工具”，在右侧绘制选区，按Ctrl+T组合键自由变换，向右水平拉伸，如图3-14所示，最终效果如图3-15所示。

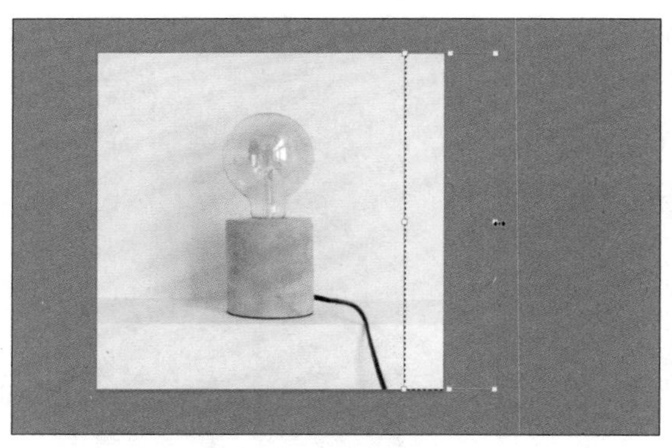
图 3-14　向右水平拉伸

图 3-15　最终效果

■3.1.4　调整倾斜的图像

使用“标尺工具” 可准确定位图像或元素，计算工作区内任意两点之间的距离。单击选项栏中的“拉直图层”按钮可调整倾斜图像。

步骤 01 将素材文件拖放至Photoshop中，在工具栏中右击或者长按“吸管工具” ，在弹出的工具菜单中选择“标尺工具” ，沿倾斜的角度绘制水平线，如图3-16所示。

步骤 02 单击选项栏中的“拉直图层”按钮，如图3-17所示。

图 3-16　绘制水平线

图 3-17　拉直图层

步骤 03 选择“裁剪工具”，拖动裁剪图像，按Enter键完成调整，如图3-18和图3-19所示。

图 3-18　裁剪图像

图 3-19　应用裁剪效果

知识点拨

使用“裁剪工具”时，在选项栏中单击“拉直”按钮，当鼠标变为状态时，拖动绘制水平线，释放鼠标，可自动调整水平状态，如图 3-20 所示。按 Enter 键完成裁剪，效果如图 3-21 所示。

图 3-20 裁剪旋转调整

图 3-21 最终效果

3.2 商品图片尺寸大小调整

调整图像的尺寸和大小，可以通过执行“图像大小”和“导出为”命令，在相应的对话框中进行参数设置。

3.2.1 调整图像尺寸

执行“图像”→“图像大小”命令，或按Ctrl+Alt+I组合键，在弹出的“图像大小”对话框中可以调整图像尺寸和分辨率。

步骤 01 将素材文件拖放至Photoshop中，执行“图像”→“图像大小”命令，打开“图像大小”对话框，如图3-22所示。

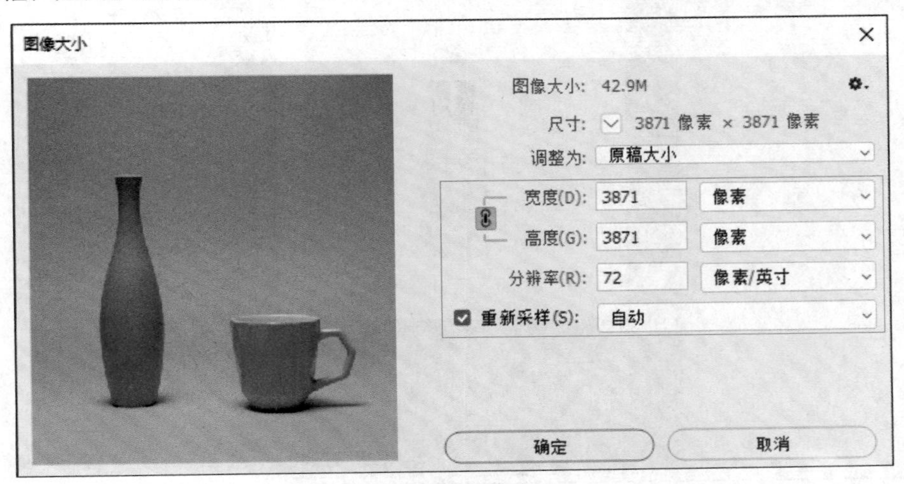

图 3-22 原图像大小

步骤02 在“图像大小”对话框中更改图像尺寸的宽度和高度，如图3-23所示，完成后单击“确定”按钮即可。

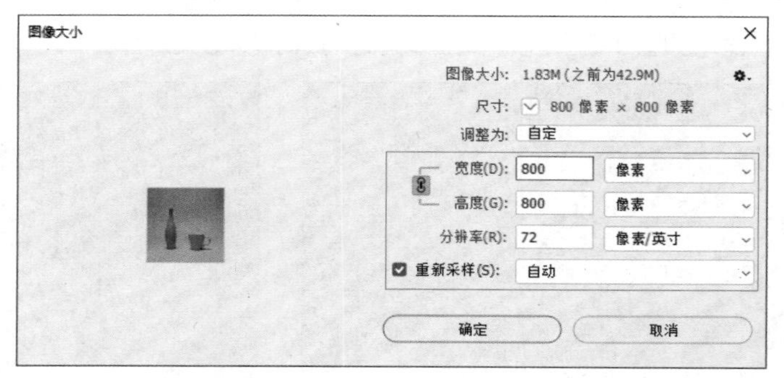

图 3-23　更改后的图像大小

注意事项：在“图像大小”对话框中启用约束比例选项，可保持最初的宽高比例，再次单击约束比例选项可取消链接。

3.2.2　导出规定大小的图像

执行“文件”→“导出”→“导出为”命令，在弹出的“导出为”对话框中可以设置文件的格式、图像大小、缩放比例等。

步骤01 将素材文件拖放至Photoshop中，执行“文件”→“导出”→“导出为”命令，打开“导出为”对话框，如图3-24所示。

图 3-24　原素材图像大小

步骤 02 在右侧属性栏中调整图像大小的宽度，如图3-25所示，完成后单击“导出”按钮即可。

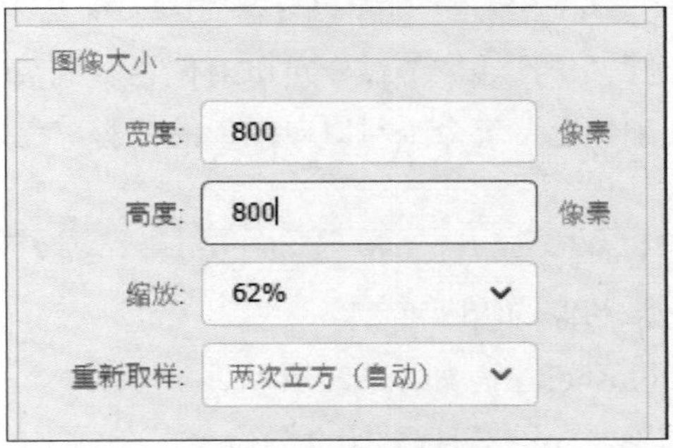

图像大小
宽度: 800 像素
高度: 800 像素
缩放: 62%
重新取样: 两次立方（自动）

图 3-25　更改后的图像大小

知识点拨

执行“文件”→“导出”→“存储为 Web 所用格式”命令，在弹出的“存储为 Web 所用格式”对话框中可以设置文件的存储格式、压缩品质、图像大小等参数，如图 3-26 所示。

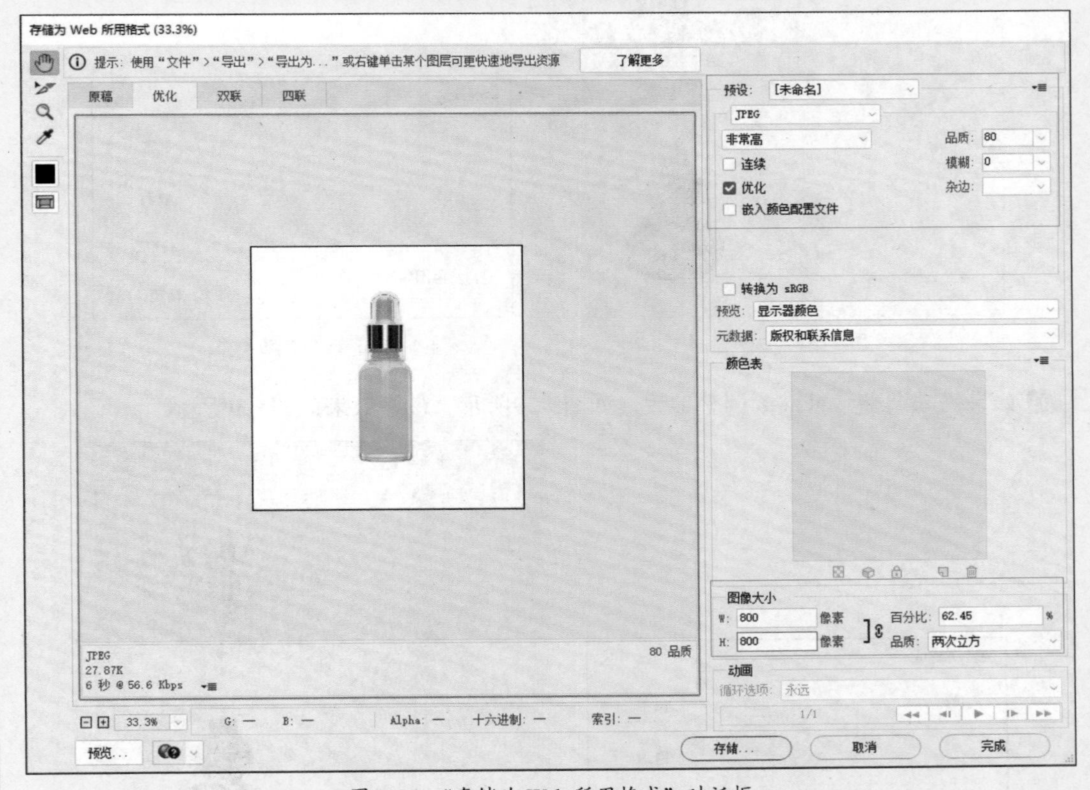

图 3-26　“存储为 Web 所用格式”对话框

3.3 商品图片颜色校正

使用“亮度/对比度”“色阶”“曲线”等命令可以对偏色、偏灰的图像进行调整；使用“色彩平衡”“色相/饱和度”“匹配颜色”等命令可以对图像的色彩、色调进行调整。

■3.3.1 使用“亮度/对比度”命令调整图像明暗对比

亮度/对比度主要用来增加图像的清晰度。

步骤01 将素材文件拖放至Photoshop中，如图3-27所示。

步骤02 执行“图像”→“调整”→“亮度/对比度”命令，在弹出的“亮度/对比度”对话框中单击“自动”按钮，如图3-28所示。

图 3-27 打开素材

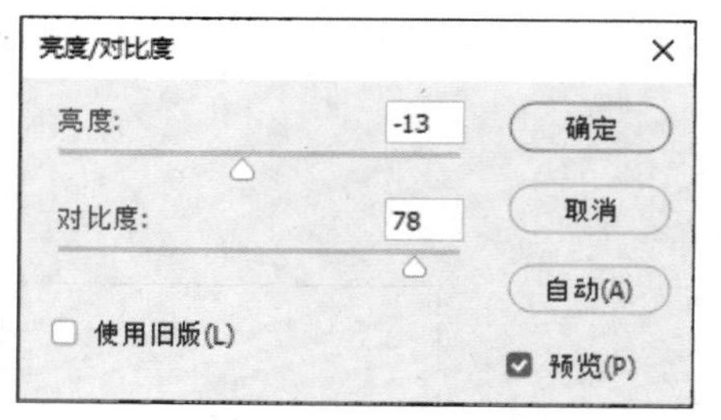

图 3-28 自动参数

步骤03 如果仍需调整，可继续调整参数，如图3-29所示。最终效果如图3-30所示。

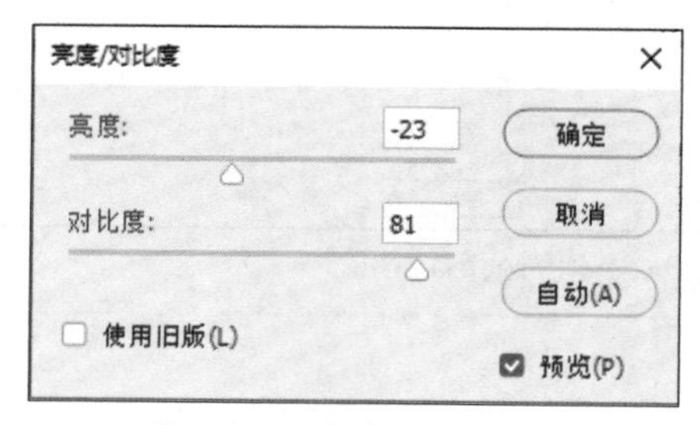

图 3-29 调整亮度与对比度

图 3-30 最终效果

■3.3.2 使用“色阶”命令取样校正图像颜色

色阶主要用来调整图像的高光、中间调和阴影的强度级别，从而校正图像的色调范围和色彩平衡。

步骤01 将素材文件拖放至Photoshop中，如图3-31所示。

步骤02 按Ctrl+J组合键复制图层，如图3-32所示。

图 3-31 打开素材

图 3-32 复制图层

> **注意事项：** 执行“图像”→“调整”菜单下的子命令，对图像具有破坏性，调整后会扔掉图像信息，从而导致无法恢复原始图像。按Ctrl+J组合键是为了保留原素材，便于后期对比。

步骤03 执行“图像”→“调整”→“色阶”命令或按Ctrl+L组合键，在弹出的“色阶”对话框中单击“在图像中取样以设置白场”按钮，如图3-33所示。

步骤04 将鼠标放置于图像背景处单击取样，最终效果如图3-34所示。

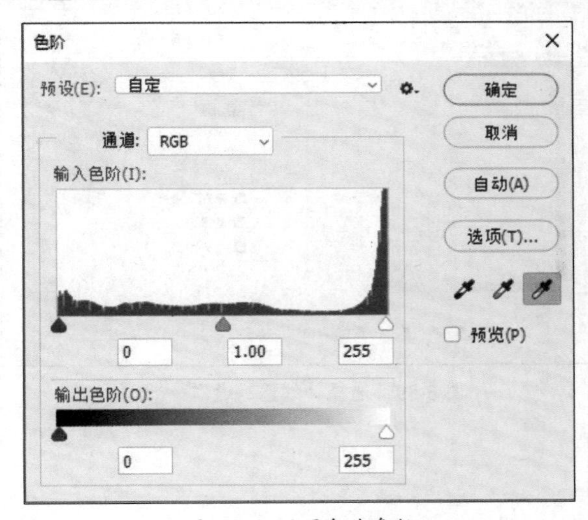

图 3-33 设置色阶参数

图 3-34 最终效果

知识点拨

在“色阶”对话框中直接拖动滑块，可以增强明暗对比，使图像更加清晰，如图3-35～图3-37所示。

图 3-35 打开素材

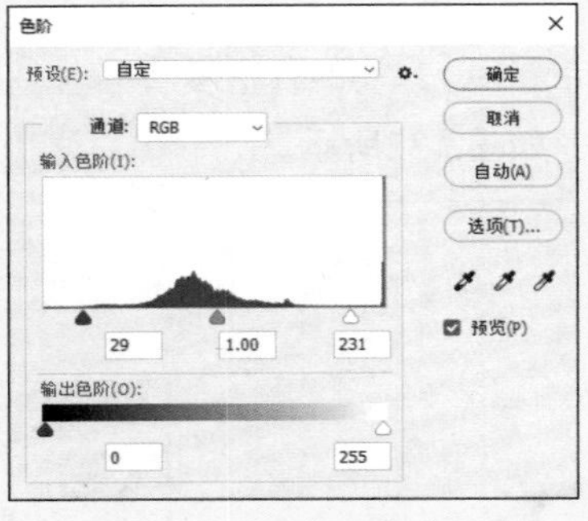

图 3-36 调整明暗对比

图 3-37 最终效果

注意事项：在“色阶”对话框中按住Alt键，“取消” 取消 按钮会变为“复位” 复位 按钮，单击该按钮，可将参数设置恢复到默认值。

3.3.3 使用“曲线”命令里的通道校正偏色图像

使用“曲线”命令不仅可以调整图像整体的色调，还可以精确地控制图像中多个色调区域的明暗度，将一幅整体偏暗且模糊的图像变得清晰、色彩鲜明。

步骤01 将素材文件拖放至Photoshop中，如图3-38所示。

步骤02 执行“图像”→“调整”→“曲线”命令或按Ctrl+M组合键，在弹出的“曲线”对话框中选择“红色”通道，如图3-39所示。

图 3-38 打开素材

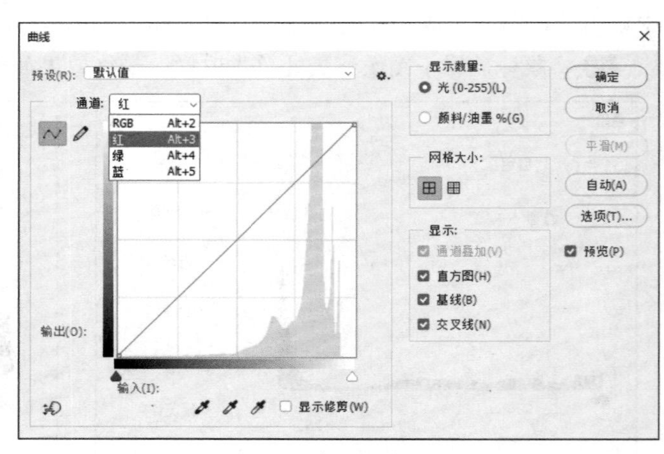

图 3-39 选择“红色”通道

步骤03 向下拖动，如图3-40所示，调整效果如图3-41所示。

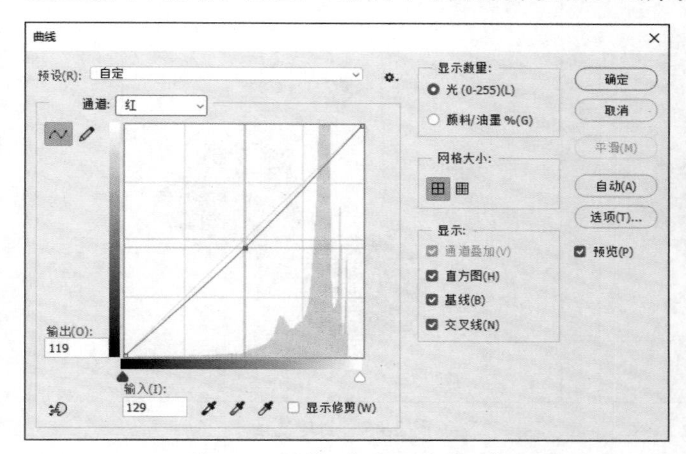

图 3-40 调整“红色”通道曲线

图 3-41 调整效果

知识点拨

当通道为默认的“RGB”时，拖动调整曲线可以调整图像的明暗对比，向上提亮，向下压暗，如图3-42所示。图3-43所示为最终调整效果。

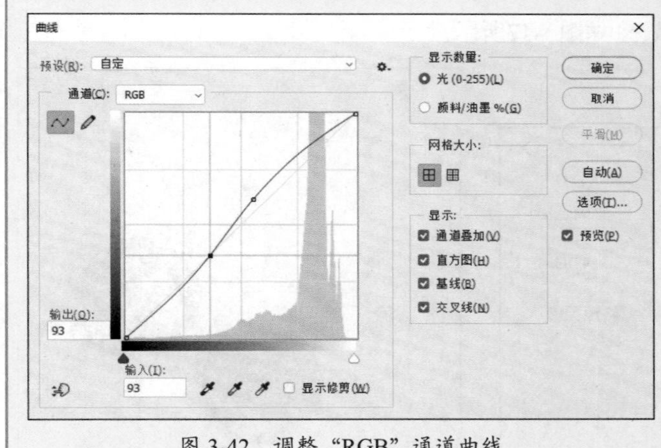

图 3-42 调整“RGB”通道曲线

图 3-43 调整效果

■3.3.4 使用“色彩平衡”命令调整图像色调

使用“色彩平衡”命令可在图像原色的基础上根据需要添加其他颜色，或通过增加某种颜色的补色，以减少该颜色的数量，从而改变图像的色调。

步骤01 将素材文件拖放至Photoshop中，如图3-44所示。

步骤02 选择“快速选择工具”，选中蓝色部分创建选区，如图3-45所示。

图 3-44　打开素材

图 3-45　创建选区

> **注意事项：** 在创建选区过程中，按住Alt键减选选区，按住Shift键加选选区。

步骤03 执行“图像”→“调整”→“色彩平衡”命令，或按Ctrl+B组合键，在弹出的“色彩平衡”对话框中拖动滑块调整参数，如图3-46所示。

步骤04 按Ctrl+D组合键取消选区，最终效果如图3-47所示。

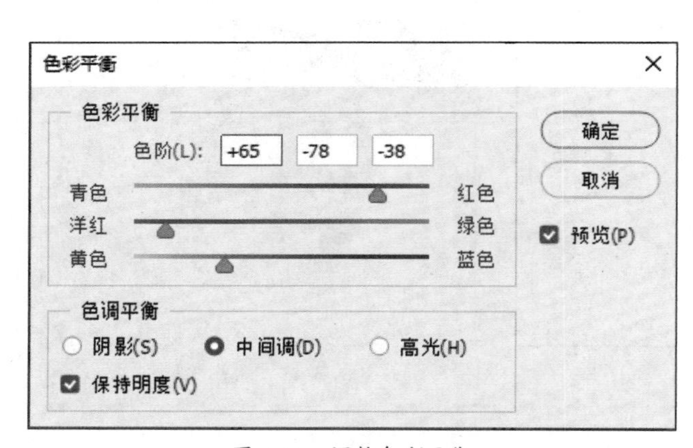

图 3-46　调整色彩平衡

图 3-47　调整效果

3.3.5　使用“色相/饱和度”命令调整指定颜色范围

使用“色相/饱和度”命令不仅可以用于调整图像像素的色相和饱和度，还可以用于灰度图像的色彩渲染，从而为灰度图像添加颜色。

步骤01 将素材文件拖放至Photoshop中，如图3-48所示。

步骤02 执行“图像”→“调整”→“色相/饱和度”命令，或按Ctrl+U组合键，在弹出的“色相/饱和度”对话框中选择“红色”通道，如图3-49所示。

图 3-48 打开素材

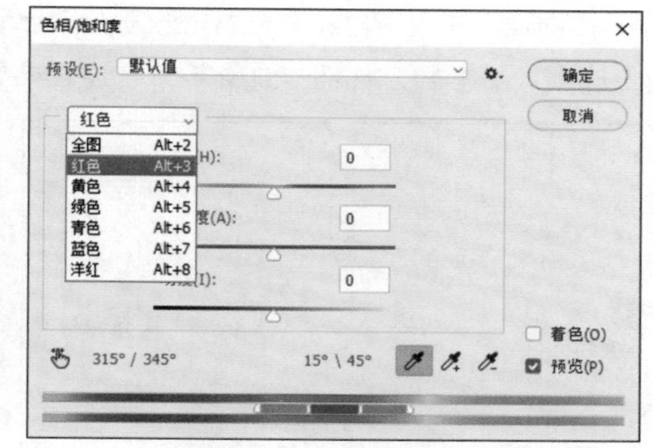

图 3-49 选择“红色”通道

步骤 03 拖动调整色相/饱和度参数，如图3-50所示，效果如图3-51所示。

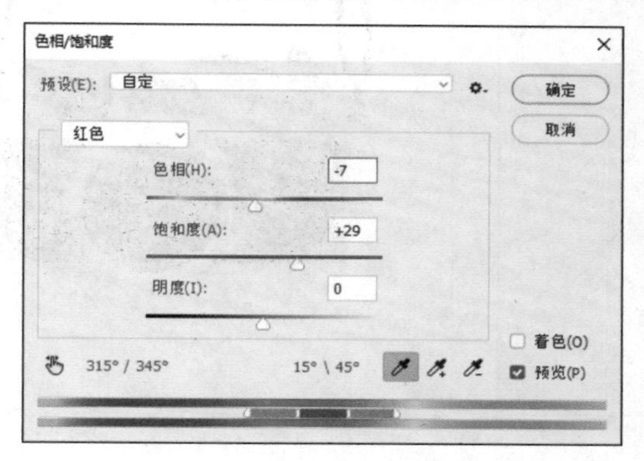

图 3-50 调整色相 / 饱和度参数

图 3-51 调整效果

■3.3.6 使用“匹配颜色”命令统一图像颜色

匹配颜色是将一个图像作为源图像，另一个图像作为目标图像，以源图像的颜色与目标图像的颜色进行匹配。源图像和目标图像可以是两个独立的文件，也可以匹配同一个图像中不同图层之间的颜色。

步骤 01 分别将素材文件拖放至Photoshop中，如图3-52和图3-53所示。

图 3-52 第 1 张素材

图 3-53 第 2 张素材

步骤 02 执行“图像”→“调整”→“匹配颜色”命令，在弹出的“匹配颜色”对话框中设置“源”“图像选项”等参数，如图3-54所示，最终效果如图3-55所示。

图 3-54　设置匹配颜色参数

图 3-55　最终效果

3.4　商品图片瑕疵修复

对于有瑕疵的图像，可以使用“仿制图章工具”“污点修复画笔工具”“修补工具”等进行修复。

3.4.1　使用“仿制图章工具”仿制修复图像

使用“仿制图章工具”可对图像进行取样，将取样图像应用到同一图像或任意图像的任意位置，其功能是修复图像中的瑕疵，达到修复、净化画面的效果。

步骤 01 将素材文件拖放至Photoshop中，如图3-56所示。

步骤 02 选择“仿制图章工具”，在选项栏中设置画笔参数，如图3-57所示。

注意事项： 在操作过程中，可按[键和]键调整画笔大小。

图 3-56 打开素材

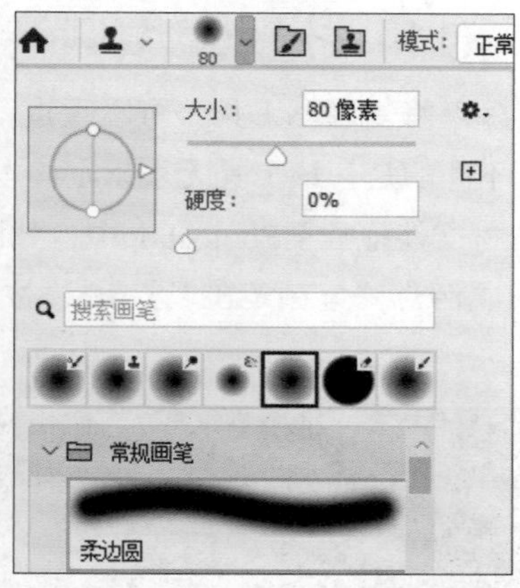

图 3-57 设置画笔参数

步骤 03 放大图像，按住Alt键对图像进行取样，如图3-58所示。

步骤 04 将画笔移动至要覆盖遮住的位置，单击应用，如图3-59所示。

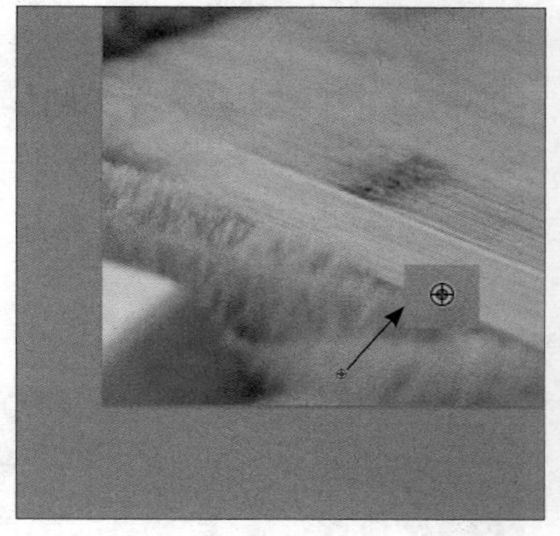

图 3-58 取样

图 3-59 应用

步骤 05 使用相同的方法取样、应用，如图3-60所示。

步骤 06 使用相同的方法修复杯子上的咖啡渍等瑕疵，最终效果如图3-61所示。

图 3-60 继续取样、应用

图 3-61 最终效果

■3.4.2　使用“污点修复画笔工具”涂抹去除瑕疵

使用“污点修复画笔工具”可以直接在画面中通过单击或涂抹快速修复瑕疵。与“仿制图章工具”等不同的是，该工具无须指定样本点，可以自动从所修饰区域的周围取样。

步骤01 将素材文件拖放至Photoshop中，如图3-62所示。

步骤02 选择“污点修复画笔工具”，按]键调整画笔大小，涂抹需要移除的地方，如图3-63所示。

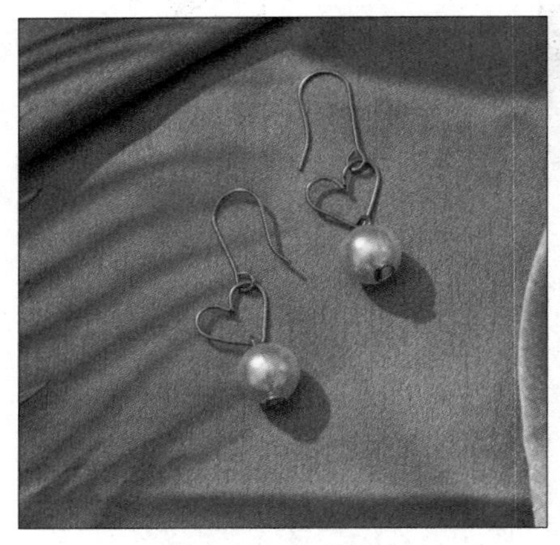

图 3-62　打开素材

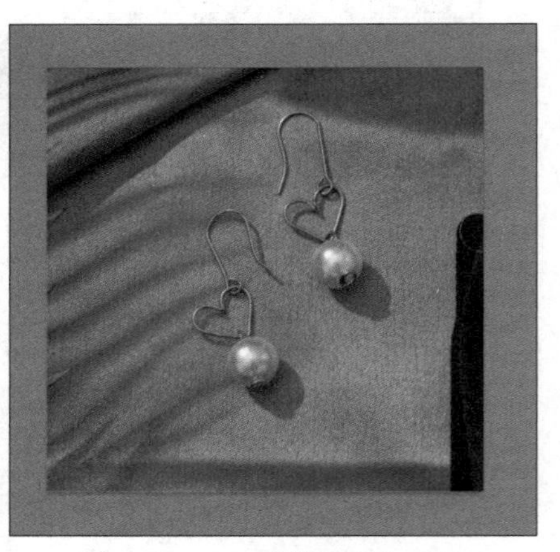

图 3-63　涂抹瑕疵处

步骤03 释放鼠标，系统自动修复，如图3-64所示。

步骤04 使用相同的方法修复调整，最终效果如图3-65所示。

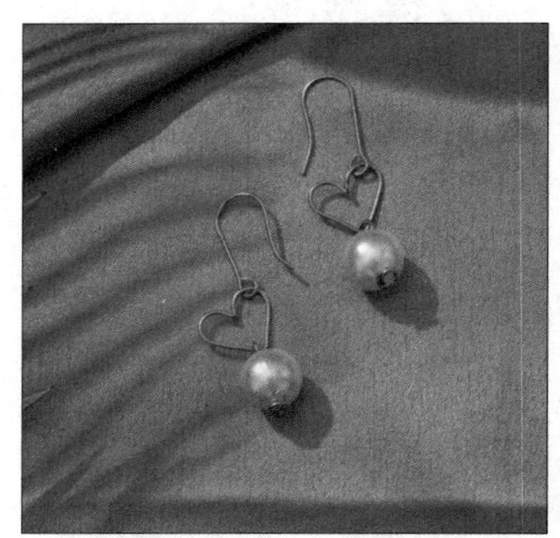

图 3-64　自动修复效果

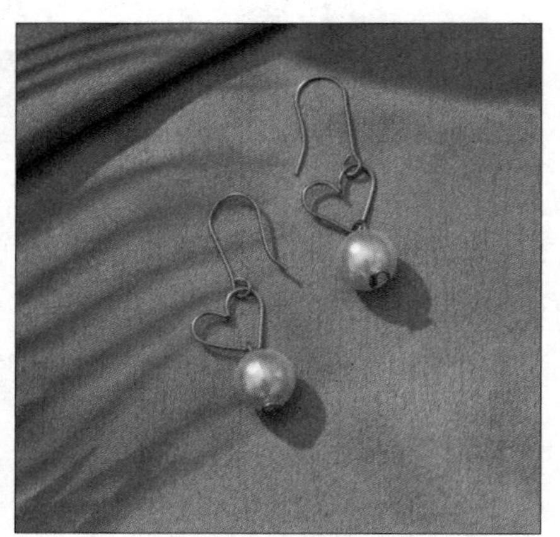

图 3-65　最终效果

■3.4.3　使用“修补工具”内容识别去除瑕疵

“修补工具”是使用图像中的其他区域或图案中的像素来修复选中的区域。

步骤01 将素材文件拖放至Photoshop中，如图3-66所示。

步骤02 选择“修补工具”，拖动绘制选区，如图3-67所示。

图 3-66 打开素材

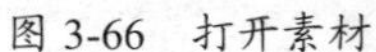

图 3-67 创建选区

步骤 03 按Shift+F5组合键，在弹出的“填充”对话框中设置填充内容为“内容识别”，如图3-68所示，单击“确定”按钮。

步骤 04 按Ctrl+D组合键取消选区，最终效果如图3-69所示。

填充
内容：内容识别
确定
取消
选项
颜色适应(C)
混合
模式：正常
不透明度(O)：100 %
保留透明区域(P)

图 3-68 填充 - 内容识别

图 3-69 最终效果

知识点拨

使用“修补工具”除了可使用填充里的“内容识别”，还可以使用工具绘制填充修复，在选项栏中选择“内容识别”修补模式，可合成附近的内容，以便与周围的内容无缝混合，如图 3-70 所示。

图 3-70 “修补工具”选项栏

使用“修补工具”绘制选区，如图 3-71 所示。当光标变为 时，向空白处拖动内容识别修补目标选区，如图 3-72 所示。使用相同的方法对剩下的部分进行修复调整。最终效果如图 3-73 所示。

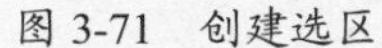
图 3-71　创建选区

图 3-72　内容识别

图 3-73　最终效果

3.5　商品图片快捷批处理

在处理重复单一的图像时，可以使用动作、批处理、图像处理器等功能快捷、高效地完成。

3.5.1　为图像添加水印

对于经常执行的命令操作，可以将其创建为动作，在面对相同的操作需求时，可以快捷轻松地应用，最常用的动作便是添加水印。

步骤 01 将素材图像拖放到Photoshop中，如图3-74所示。

步骤 02 在“动作”面板中，单击面板底部的“创建新组”按钮，在弹出的“新建组”对话框中输入动作组名称，如图3-75所示。

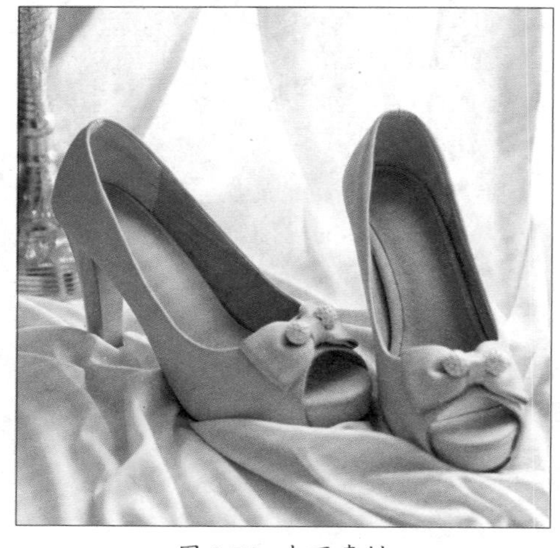
图 3-74　打开素材

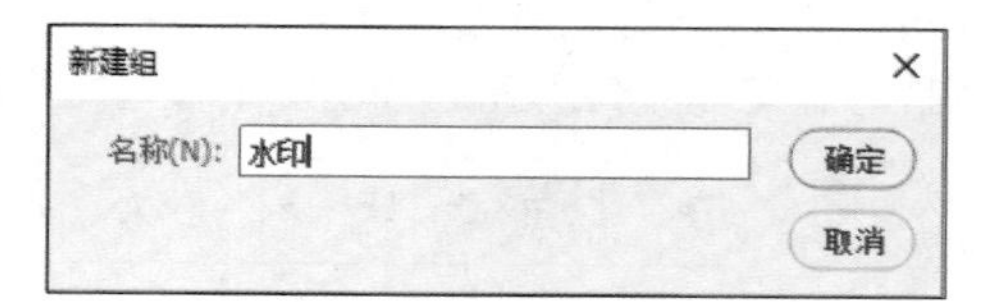

图 3-75　“新建组”对话框

步骤 03 单击“创建新动作”按钮，在弹出的“新建动作”对话框中输入动作名称，如图3-76所示，“动作”面板如图3-77所示。此时已开始录制动作。

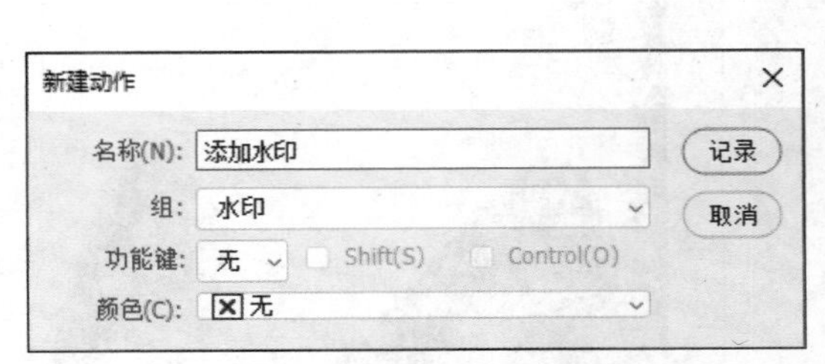

图 3-76 “新建动作”对话框

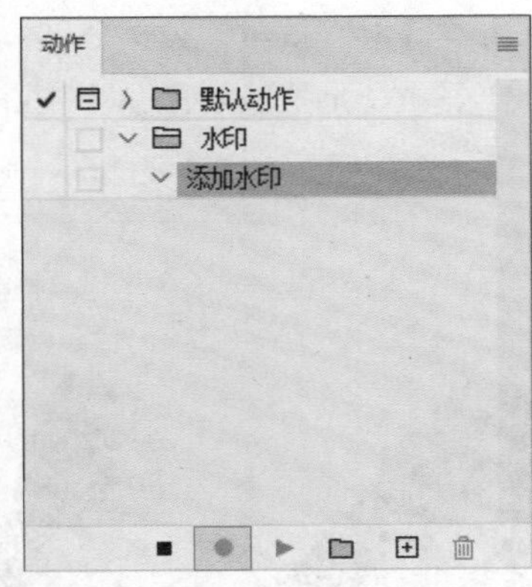

图 3-77 “动作”面板

步骤 04 选择“横排文字工具” T，输入文字，在“字符”面板中设置参数，如图3-78和图3-79所示。

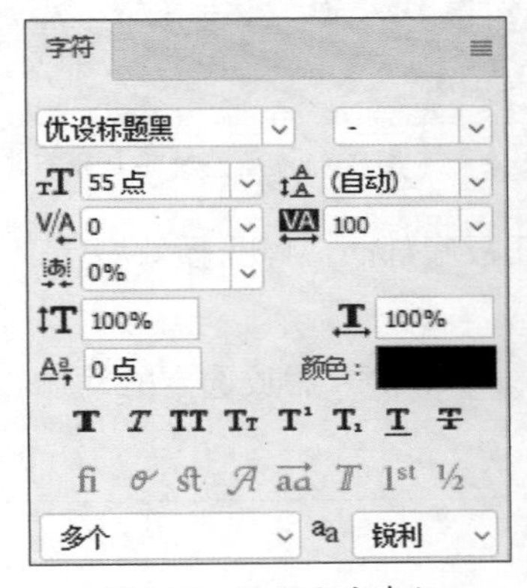

图 3-78 设置文字参数

图 3-79 输入文字效果

步骤 05 双击文字图层，在打开的对话框中添加“描边”样式，分别设置“混合选项”和“描边”参数，如图3-80和图3-81所示。

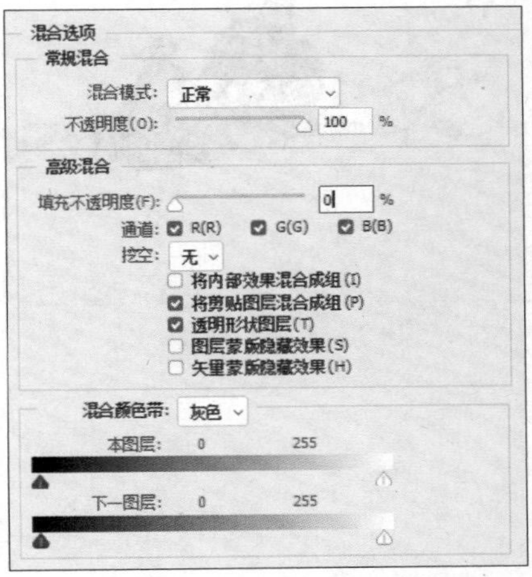

图 3-80 设置“混合选项”参数

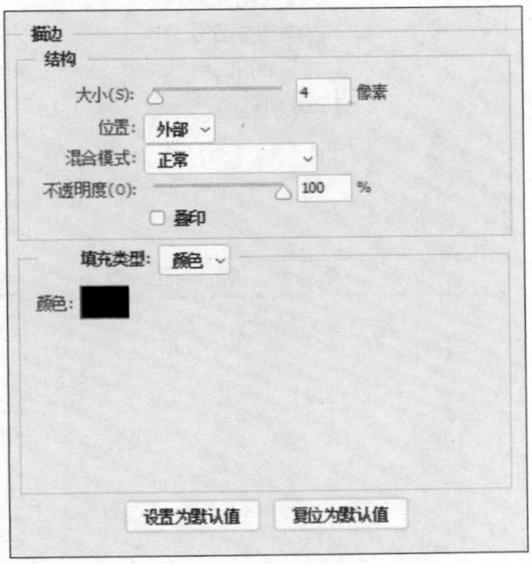

图 3-81 设置“描边”参数

步骤 06 单击“确定”按钮，效果如图3-82所示。

步骤 07 按住Shift键加选背景图层，选择移动工具，在选项栏中单击“水平居中对齐”和“垂直居中对齐”按钮，如图3-83所示。

图 3-82　设置效果

图 3-83　调整对齐与分布显示

步骤 08 按Ctrl+E组合键合并图层，单击“动作”面板底部的“停止播放/记录”按钮■结束录制，如图3-84所示。

步骤 09 重新打开另一张素材图像，在“动作”面板中单击“播放选定的动作”▶按钮应用动作，效果如图3-85所示。

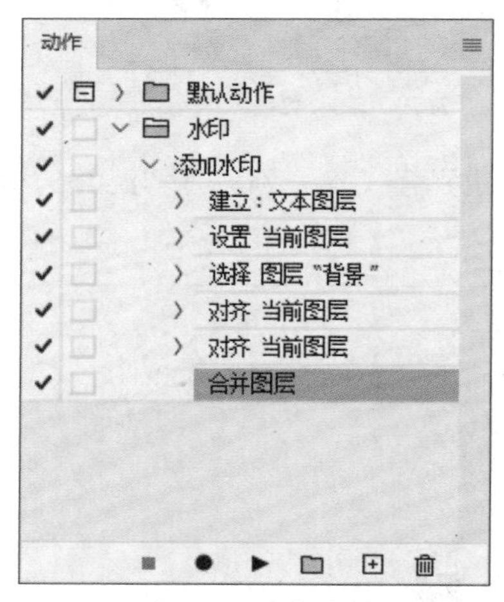

图 3-84　结束录制

图 3-85　应用动作

■3.5.2　自动化处理照片

动作在被记录和保存之后，执行“文件”→“自动”→“批处理”命令，在弹出的“批处理”对话框中可以对多个图像文件执行相同的动作，从而实现图像自动化处理操作，如图3-86所示。

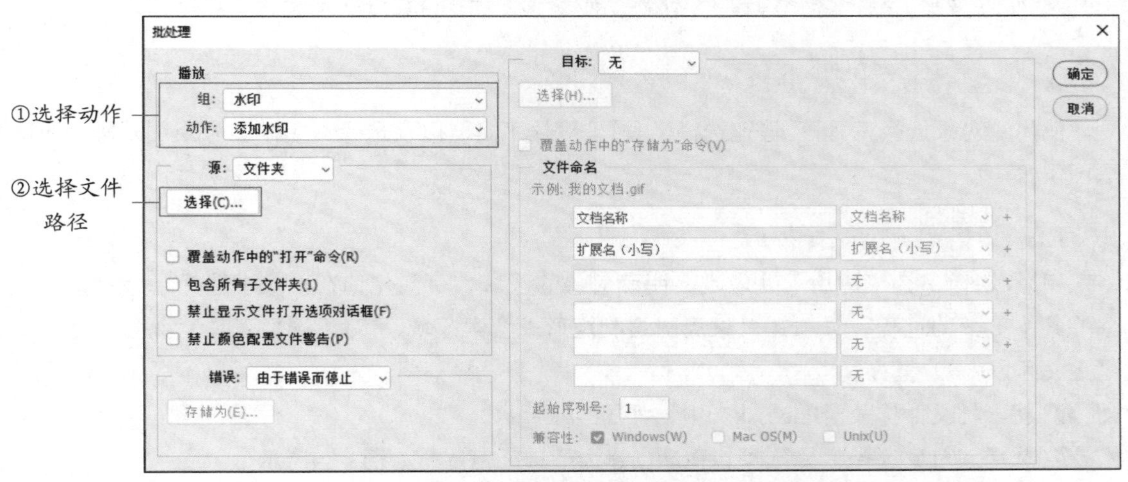

图 3-86 “批处理”对话框

注意事项：批处理可以对一个文件夹中的文件应用动作，所以在执行命令之前应该确定将待处理的图片存放在同一个文件夹内。

■3.5.3　批量转换文件格式

使用图像处理器可以快速转换文件夹中图像的文件格式，从而节省工作时间。执行“文件”→“脚本”→“图像处理器”命令，弹出“图像处理器”对话框，如图3-87所示。

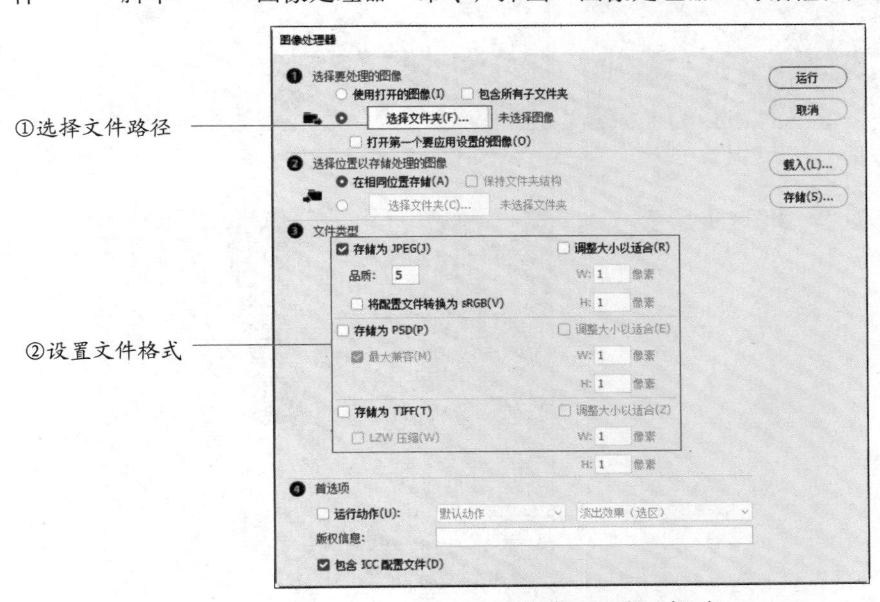

图 3-87 “图像处理器”对话框

3.6 商品图片抠取技巧

在需要上传白底或者透明底的图像时，可以使用“对象选择工具”“快速选择工具”“魔棒工具”“磁性套索工具”“钢笔工具”“主体”命令和“选择并遮住”命令等抠取图像。

3.6.1 智能快捷抠图

使用“对象选择工具”“快速选择工具”“魔棒工具”以及选择“主体”命令可以快捷地抠取图像。

1. 选择指定范围图像抠取

“对象选择工具”适用于处理定义明确对象的区域，可简化为在图像中选择单个对象或对象的某个部分的过程。只须在对象周围绘制矩形或套索区域，“对象选择工具”就会自动选择已定义区域内的对象。

步骤 01 将素材文件拖放至Photoshop中，如图3-88所示。

步骤 02 选择“对象选择工具”，拖动创建大致选区范围，如图3-89所示。

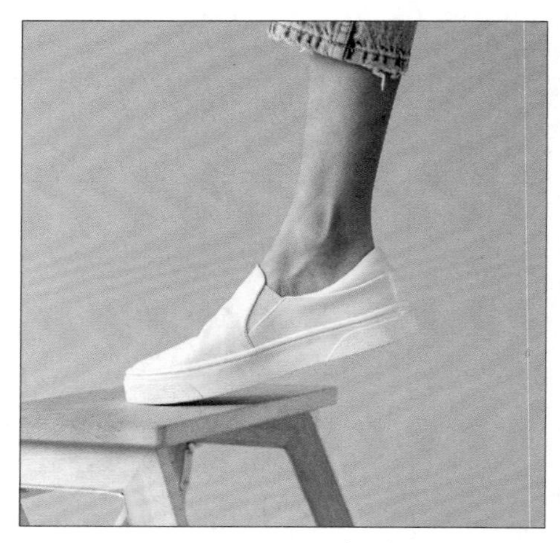

图 3-88　打开素材

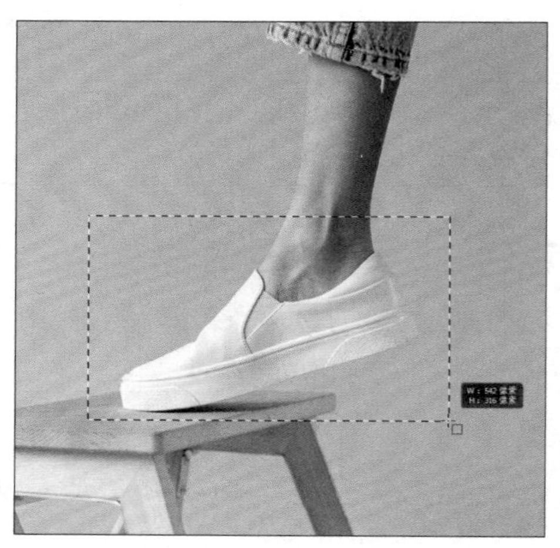

图 3-89　创建选区

步骤 03 系统自动生成选区，如图3-90所示。

图 3-90　生成精细选区

步骤 04 按Ctrl+J组合键复制选区，隐藏背景图层，最终效果如图3-91所示。

图 3-91 最终效果

注意事项：在选项栏中单击“对象查找程序”复选框（默认情况为打开模式），可以直接将鼠标悬停在图像要选择的对象上，单击自动生成选区。

2. 拖动抠取颜色有差异性图像

“快速选择工具”利用可调整的圆形笔尖根据颜色的差异可迅速绘制出选区。使用该工具拖动创建选区时，其选取范围会随着光标移动而自动向外扩展，并自动查找和跟随图像中定义的边缘。

步骤 01 将素材文件拖放至Photoshop中，如图3-92所示。

步骤 02 选择“快速选择工具”，拖动创建选区，按住Shift键加选选区，按住Alt键减选选区，如图3-93所示。

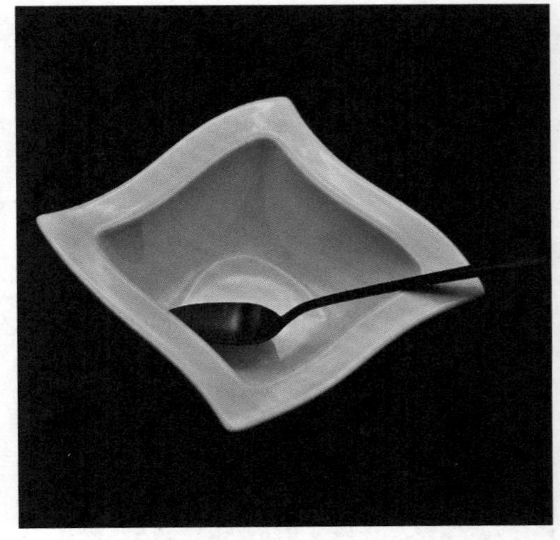

图 3-92 打开素材

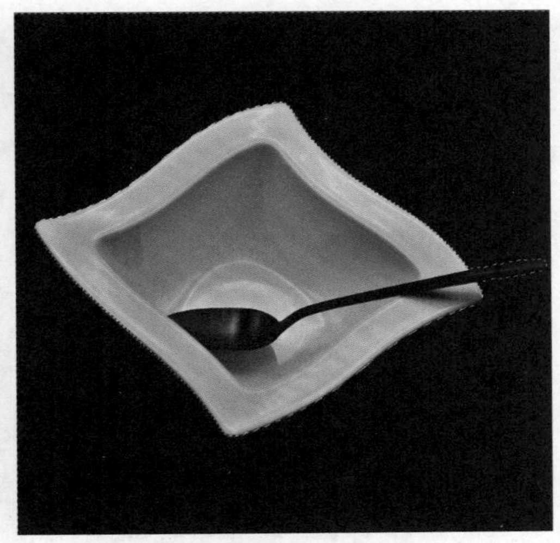

图 3-93 创建选区

步骤03 执行“选择”→“修改”→“扩展”命令，在弹出的“扩展选区”对话框中设置参数，如图3-94所示。

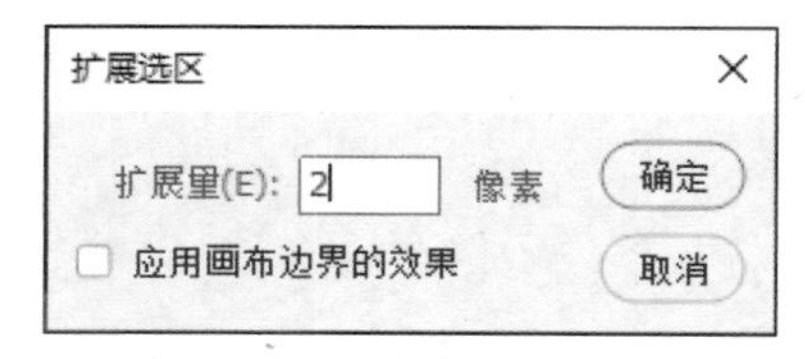

图 3-94 “扩展选区”对话框

步骤04 在“图层”面板中单击🔒按钮解锁背景图层，如图3-95所示。

步骤05 按Delete键删除选区，如图3-96所示。

步骤06 使用“色阶”命令调整主体的明暗对比即可，效果如图3-97所示。

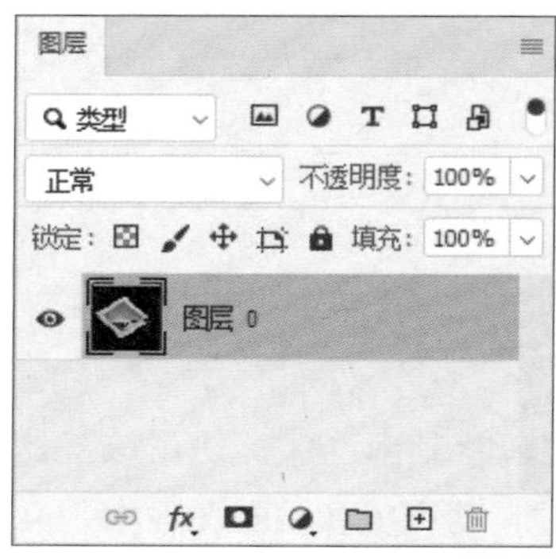

图 3-95 解锁背景图层

图 3-96 删除背景选区

图 3-97 调整明暗对比

3. 单击抠取色彩差异大的图像

“魔棒工具”是根据颜色的色彩范围来确定选区的工具，它能够快速选择色彩差异大的图像区域。

步骤01 将素材文件拖放至Photoshop中，如图3-98所示。

步骤02 选择“魔棒工具”，单击创建选区，按住Shift键单击加选选区，如图3-99所示。

图 3-98 打开素材

图 3-99 创建选区

步骤 03 按Ctrl+Shift+I组合键反选选区，如图3-100所示。

步骤 04 按Ctrl+J组合键复制选区，隐藏背景图层，最终效果如图3-101所示。

图 3-100 反选选区

图 3-101 最终效果

4. 使用“主体”命令智能快捷抠图

使用“主体”命令可自动选择图像中最突出的主体。执行该命令的常用方式如下：

- 在编辑图像时，执行“选择”→“主体”命令。
- 使用“对象选择工具”“快速选择工具”“魔棒工具”时，单击选项栏中的“选择主体”按钮。
- 在“选择并遮住”模式中单击选项栏中的“选择主体”按钮。

步骤 01 将素材文件拖放至Photoshop中，如图3-102所示。

步骤 02 选择“对象选择工具”，在选项栏中单击“选择主体”按钮，系统自动生成选区，如图3-103所示。

图 3-102 打开素材

图 3-103 创建选区

步骤03 按Ctrl+J组合键复制选区，隐藏背景图层，最终效果如图3-104所示。

图 3-104 最终效果

5. 综合擦除图像背景

“魔术橡皮擦工具”是“魔棒工具”和“背景橡皮擦工具”的综合运用，它可以根据像素颜色来擦除图像。使用“魔术橡皮擦工具”可以一次性擦除图像或选区中颜色相同或相近的区域，从而得到透明区域。

步骤01 将素材文件拖放至Photoshop中，如图3-105所示。

步骤02 选择“魔术橡皮擦工具”，单击背景擦除，最终效果如图3-106所示。

图 3-105 打开素材

图 3-106 最终效果

3.6.2 精准细节抠图

使用“磁性套索工具”“钢笔工具”可以抠取复杂或者背景不强烈的图像。

1. 跟踪边缘抠取图像

使用“磁性套索工具”单击确定选区起始点，沿选区轨迹拖动光标，系统将自动在光标移动的轨迹上选择对比度较大的边缘产生节点，从而创建出精确的不规则选区。

步骤 01 将素材文件拖放至Photoshop中，如图3-107所示。

步骤 02 选择“磁性套索工具”，单击确定起始点，沿边缘拖动，如图3-108所示。

图 3-107 打开素材

图 3-108 绘制路径

步骤 03 闭合路径创建选区，如图3-109所示。

步骤 04 按Ctrl+J组合键复制选区，隐藏背景图层，最终效果如图3-110所示。

图 3-109 创建选区

图 3-110 最终效果

注意事项： 使用“磁性套索工具”时，按Delete键可删除最近生成的锚点，按Esc键可退出操作，按住Alt键可切换到“多边形套索工具”。

2. 万能抠图工具

使用“钢笔工具”不仅可以绘制矢量图形，还可以对图像进行抠取。

选择“钢笔工具”，在选项栏中设置为“路径”模式，单击创建路径起点，此时在图像中会出现一个锚点，继续单击创建锚点，每个锚点由直线连接，按住Shift键可以绘制水平、垂直或45°倍角的直线，如图3-111所示。在创建锚点时拖动光标拉出控制柄，可调节锚点两侧或一侧的曲线弧度，按住Alt键可删除方向线，如图3-112所示。当起点和终点的锚点相交重合时，鼠标指针会变成形状，路径会自动闭合。

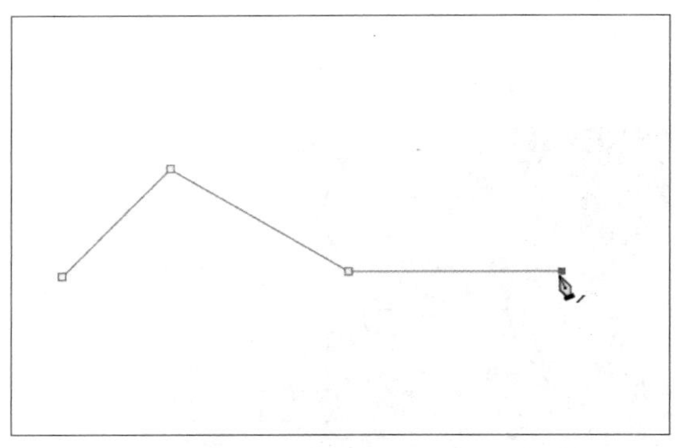
图 3-111　绘制水平直线

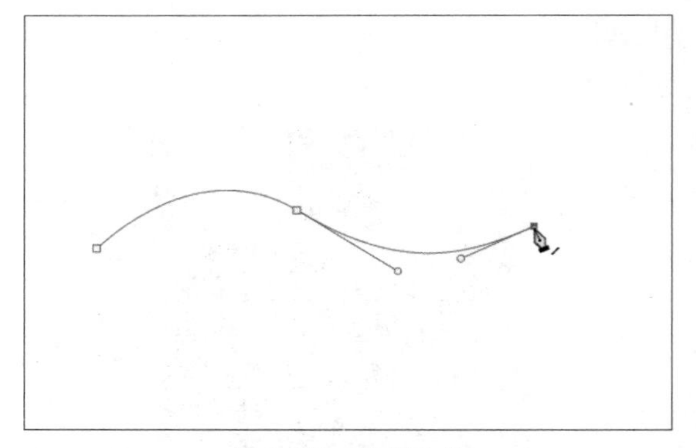
图 3-112　绘制曲线

步骤01 将素材文件拖放至Photoshop中，如图3-113所示。

步骤02 按Ctrl+空格键的同时拖动鼠标放大图像，选择“钢笔工具”，沿边缘绘制路径，如图3-114所示。

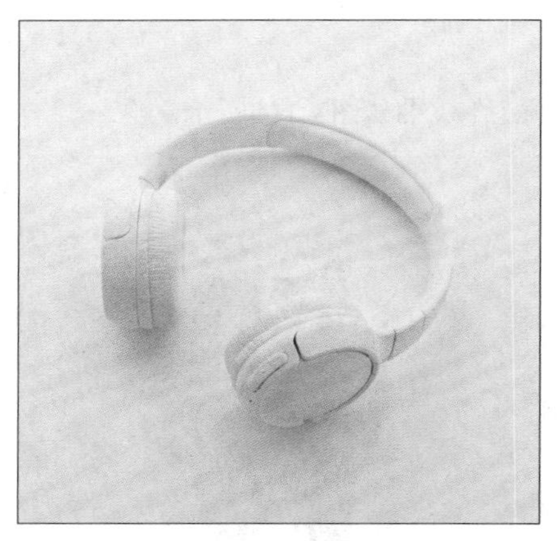
图 3-113　打开素材

图 3-114　绘制路径

步骤03 继续沿边缘绘制使其闭合，如图3-115所示。

步骤04 按Ctrl+Enter组合键创建选区，如图3-116所示。

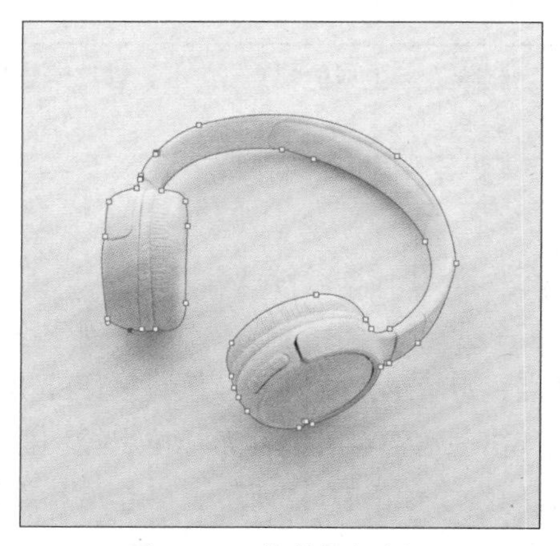
图 3-115　绘制闭合路径

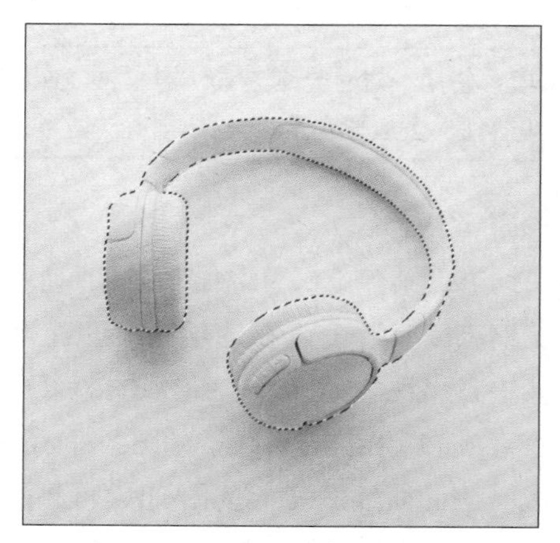
图 3-116　创建选区

步骤05 按Ctrl+J组合键复制选区，隐藏背景图层，最终效果如图3-117所示。

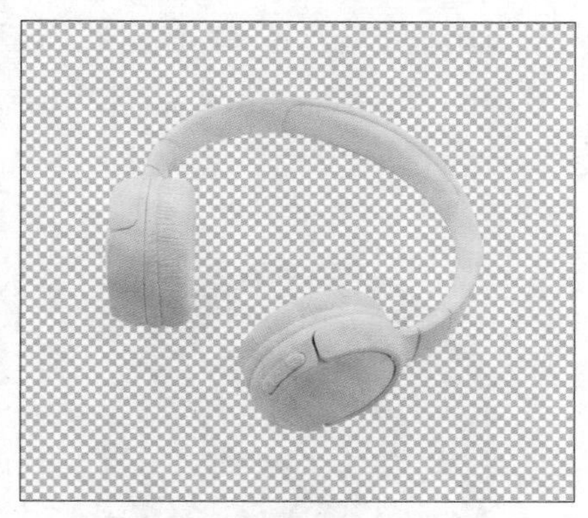

图 3-117 最终效果

3. 抠取有弧度的主体

使用“弯度钢笔工具”可以轻松绘制平滑曲线和直线段，也可以在设计中创建自定义形状，或定义精确的路径。使用时无须切换工具就能创建、切换、编辑、添加或删除平滑点或角点。

步骤01 将素材文件拖放至Photoshop中，如图3-118所示。

步骤02 选择“弯度钢笔工具”，单击创建起始点，绘制第2个点为直线段，如图3-119所示。

图 3-118 打开素材

图 3-119 绘制直线段

步骤03 绘制第3个点，由直线段变为曲线，如图3-120所示。

图 3-120 绘制第 3 个锚点

步骤 04 继续绘制闭合路径，将鼠标移到锚点出现时，可调整锚点显示位置，如图3-121所示。

步骤 05 按Ctrl+Enter组合键创建选区，按Ctrl+J组合键复制选区，隐藏背景图层，最终效果如图3-122所示。

图 3-121　绘制闭合路径

图 3-122　最终效果

■3.6.3　琐碎毛发抠图

在修图过程中不可避免地会遇到模特的发丝、宠物的毛发、毛绒玩具等比较复杂的图像，要抠取这些图像中的不规则边缘，可以使用“选择并遮住”命令。

使用“选择并遮住”命令可以对选区的边缘、平滑、对比度等属性进行调整，从而提高选区边缘的品质，可以在不同的视图下查看创建的选区。执行该命令的常用方式如下：

- 执行“选择”→“选择并遮住”命令。
- 按Ctrl+Alt+R组合键。
- 启用选区工具“对象选择工具”“快速选择工具”“魔棒工具”“套索工具”等，在选项栏中单击“选择并遮住”按钮。

步骤 01 将素材文件拖放至Photoshop中，如图3-123所示。

步骤 02 选择任意一个选区工具，在选项栏中单击“选择并遮住”按钮，进入“选择并遮住”模式，在“视图”菜单中选择“叠加”选项，如图3-124所示。

图 3-123　打开素材

图 3-124　设置视图选项

步骤 03 单击“选择主体”按钮，如图3-125所示。

图 3-125　选择主体

步骤 04 在选项栏中单击“调整细线”按钮，选择“调整边缘画笔工具”，拖动涂抹边缘，去除杂色，并在工作区右侧设置输出参数，如图3-126所示。

图 3-126　调整边缘

步骤 05 单击“确定”按钮，在“图层”面板中已新建透明图层并填充黑色，调整图层顺序，如图3-127和图3-128所示。

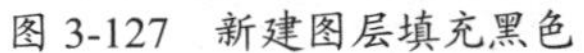

图 3-127 新建图层填充黑色　　图 3-128 效果显示

步骤 06 单击“图层”面板组底部的“创建新的填充或调整图层”按钮，在弹出的菜单中选择“色阶”选项，新建一个“色阶”调整图层，继续在“属性”面板中设置参数，如图3-129和图3-130所示。

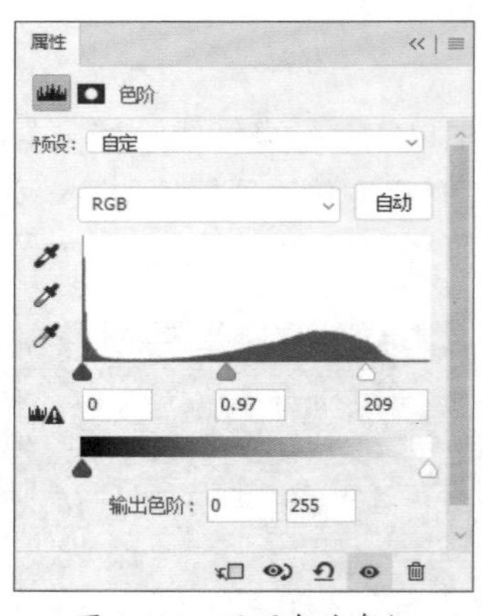

图 3-129 色阶调整图层　　图 3-130 设置色阶参数

步骤 07 最终效果如图3-131所示。

图 3-131 最终效果

3.7 图像自动化处理

本节将对图像的自动化处理相关知识进行介绍，掌握这部分知识可实现店铺图像的快捷制作。

■3.7.1 动作与“动作”面板

使用动作功能可以将一个常用的操作记录下来重复使用，从而有效地提高工作效率。本节将对动作与“动作”面板的相关知识进行介绍。

1. 动作

动作是指完成某个特定任务的一组操作命令集合，是用于管理执行过的操作步骤的一种工具，它可以把大部分操作、命令及命令参数记录下来，供用户在执行其他相同操作时使用，从而提高工作效率。

在Photoshop中，大多数命令和工具操作都可以记录在动作中。但它也有无能为力的时候，以下为不能被直接记录的命令和操作。

- 使用“钢笔工具”手绘的路径。
- 使用“画笔工具”“污点修复画笔工具”“仿制图章工具”等进行的操作。
- 选项栏、面板和对话框中的部分参数。
- 窗口和视图中的大部分参数。

2.“动作”面板

使用“动作”面板可以完成Photoshop中对动作的各种操作。执行“窗口”→“动作”命令，或者按Alt+F9组合键，即可打开“动作”面板，如图3-132所示。

图 3-132 “动作”面板

该面板中各选项的含义分别介绍如下：

- **动作组**：在默认情况下仅“默认动作”一个组出现在面板中，其功能与图层组相同，用于归类动作。单击面板底部的“创建新组”按钮即可创建一个新的动作组，打开“新建组”对话框，从中可设置新创建的动作组名称。
- **动作**：单击动作组前面的三角形图标展开该动作组即可看到该组中所包含的具体动作。这些动作是由多种操作构成的一个命令集。单击“创建新动作”按钮，打开“新建动作”对话框，在“名称”文本框中输入名称即可。
- **操作命令**：单击动作前面的三角形图标展开该动作即可看到动作中所包含的具体命令。这些具体的操作命令位于相应的动作下，是录制动作时系统根据不同操作所做的记录，一个动作可以没有操作记录，也可以有多个操作记录。
- **切换对话开/关**：用于选择在动作执行时是否弹出各种对话框或菜单。若动作中的命令显示该按钮，表示在执行该命令时会弹出对话框以供设置参数；若隐藏该按钮，表示忽略对话框，动作按先前设定的参数执行。
- **切换项目开/关**：用于选择需要执行的动作。关闭该按钮，可以屏蔽此命令，使其在动作播放时不被执行。
- **按钮组**：这些按钮用于对动作的各种控制，从左至右各个按钮的功能依次是停止播放/记录、开始记录、播放选定的动作。

单击“动作”面板右上角的按钮，会显示出“动作”面板的菜单命令，这些命令用于对动作进行操作，包括复制动作、插入停止等操作。从面板的菜单中选择“按钮模式”命令，可将每个动作以按钮的状态显示，直接单击便可应用。

■3.7.2　动作的应用

“动作”功能可以将一系列的操作命令组合成一个单独的动作，执行这个动作就相当于执行这一系列的操作命令，而且可以重复使用，使执行任务自动化。

1. 应用预设

应用预设是指将“动作”面板中已录制的动作应用于图像文件或相应的图层上。具体的方法是选择需要应用预设的图层，在“动作”面板中选择需要执行的动作，然后单击“播放选定的动作”按钮即可运行该动作。

除了默认动作组外，Photoshop还自带了多个动作组，每个动作组中包含了许多同类型的动作。在“动作”面板中单击右上角的按钮，在弹出的菜单中可选择命令、画框、图像效果、制作、流星等预设动作组，如图3-133所示。

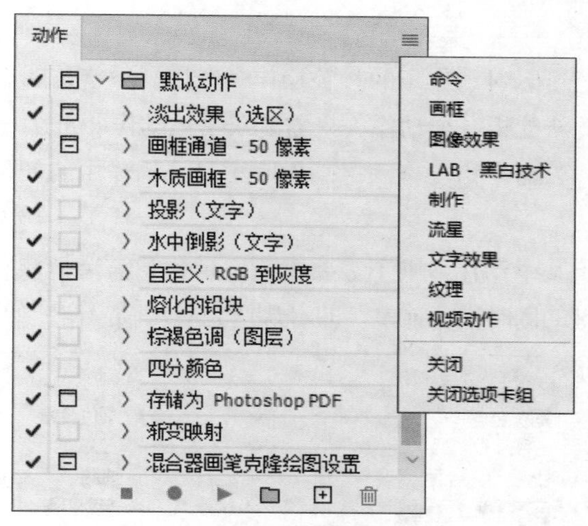

图 3-133　预设动作

2. 创建动作

如果Photoshop自带的动作仍无法满足工作需要，用户可根据实际情况自行录制合适的动作。首先打开“动作”面板，单击面板底部的“创建新组”按钮，在弹出的“新建组”对话框中输入动作组名称，单击“确定”按钮，如图3-134所示。

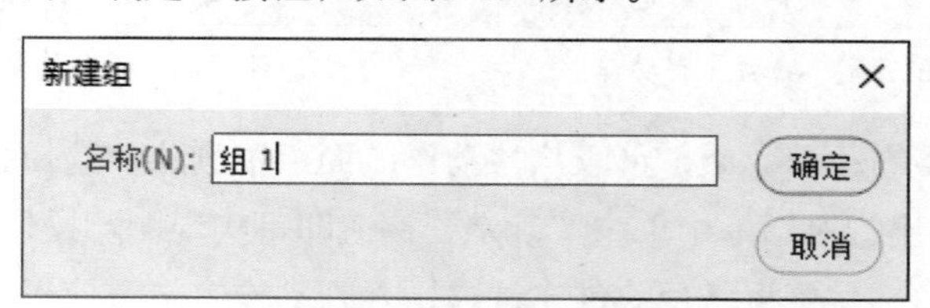

图 3-134　“新建组”对话框

继续在“动作”面板中单击“创建新动作”按钮，在弹出的“新建动作”对话框中输入动作名称，如图3-135所示。选择动作所在的组，在“功能键”下拉列表框中选择动作执行的快捷键，在“颜色”下拉列表框中为动作选择颜色，完成后单击“记录”按钮。此时“动作”面板底部的“开始记录”●按钮呈红色状态，Photoshop则开始记录用户对图像所操作过的每一个动作。

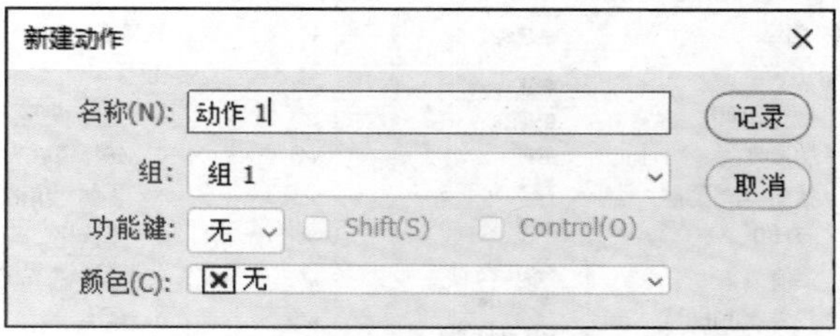

图 3-135　“新建动作”对话框

若要停止记录，单击“动作”面板底端的“停止播放/记录”■按钮即可。记录完成后，单击“开始记录”●按钮，仍可以在动作中追加或插入记录。

3. 编辑动作

记录完成后，用户还可以对动作下的相关操作命令进行适当编辑调整，让动作预设更符合自身的需要。如果需要重新编辑一个动作，只需要双击该动作即可。

在“动作”面板中，将命令拖曳至同一动作中或另一动作中的新位置，可以重新排列动作的位置。

若创建的动作类似于某个动作，则不需要重新记录，只需选择该动作，选择面板菜单中的复制命令，或在按住Alt键的同时进行拖曳，即可快速完成复制操作，如图3-136和图3-137所示。

图 3-136　拖动复制动作

图 3-137　完成动作复制

对于多余的不需要的动作命令，可以从“动作”面板中删除。选择相应的动作命令后单击“删除” 按钮，在弹出的对话框中单击“确定”按钮即可实现删除操作。

在记录动作时，如果需要将路径的创建过程插入到动作中，可使用“插入路径”命令。插入路径的方法是创建路径后从“动作”面板菜单中选择“插入路径”命令即可。

如果要将路径插入到已有的动作中，可以在“动作”面板中选择需要在其后插入路径的动作步骤，并在“路径”面板中选择该路径，然后选择“动作”面板菜单中的“插入路径”命令即可，如图3-138所示。此时在所选动作步骤的后面就会出现“设置 工作路径”动作，如图3-139所示。

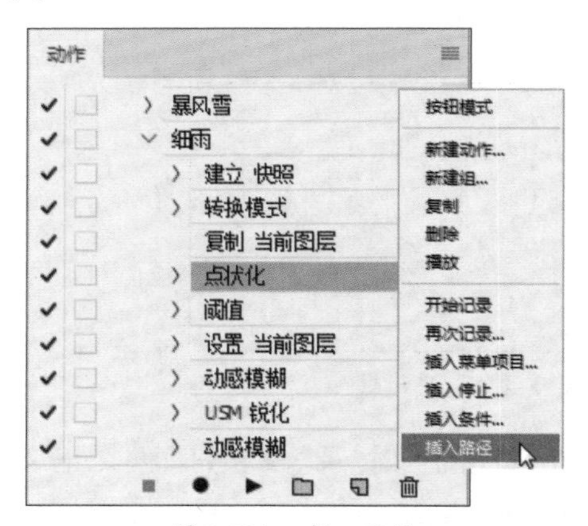

图 3-138　插入路径

图 3-139　显示“设置 工作路径”

■3.7.3 自动化工具

在Photoshop中包含了一些内建的自动化工具，这些工具用于执行公共的制作任务，如操作批处理等，其中一些工具适合于在动作中使用，熟练掌握这些自动化命令有助于提高工作效率。

1. 批处理图像的应用

使用“批处理”命令可以对一个文件夹中的文件应用动作，在执行命令之前应该确定将待处理的图片存放在同一个文件夹内。

动作在被记录和保存之后，执行“文件”→“自动”→“批处理”命令，打开“批处理”对话框，如图3-140所示。可以对多个图像文件执行相同的动作，从而实现图像自动化处理操作。

图 3-140 “批处理”对话框

该对话框中各选项的含义分别介绍如下：

- **“播放”选项组：**选择用来处理文件的动作。
- **“源”选项组：**选择要处理的文件。“文件夹”选项：选择并单击下面的“选择” 选择(C)... 按钮时，可以在弹出的对话框中选择一个文件夹。“导入”选项：可以处理来自扫描仪、数码相机、PDF文档的图像。“打开的文件”选项：可以处理当前所有打开的文件。“Bridge”选项：可以处理Adobe Bridge中选定的文件。
- **覆盖动作中的“打开”命令：**在批处理时可以忽略动作中记录的“打开”命令。
- **包含所有子文件夹：**将批处理应用到所选文件的子文件中。
- **禁止显示文件打开选项对话框：**在批处理时不会显示打开文件选项对话框。
- **禁止颜色配置文件警告：**在批处理时会关闭显示颜色方案信息。
- **“目标”选项组：**设置完成批处理后文件所保存的位置。“无”选项：不保存文件，文件

仍处于打开状态。“存储并关闭”选项：将需保存的文件保存在原始文件夹并覆盖原始文件。“文件夹”选项：选择并单击下面的“选择”按钮，可以指定文件夹保存。

2. 图像处理器的应用

使用图像处理器能快速地转换文件夹中图像的文件格式，节省工作时间。执行“文件”→“脚本”→“图像处理器”命令，打开“图像处理器”对话框，如图3-141所示。

图像处理器

❶ 选择要处理的图像
使用打开的图像(I)　包含所有子文件夹
选择文件夹(F)...　未选择图像
打开第一个要应用设置的图像(O)
❷ 选择位置以存储处理的图像
在相同位置存储(A)　保持文件夹结构
选择文件夹(C)...　未选择文件夹
❸ 文件类型
存储为 JPEG(J)　调整大小以适合(R)
品质：5　W: 1 像素
将配置文件转换为 sRGB(V)　H: 1 像素
存储为 PSD(P)　调整大小以适合(E)
最大兼容(M)　W: 1 像素
H: 1 像素
存储为 TIFF(T)　调整大小以适合(Z)
LZW 压缩(W)　W: 1 像素
H: 1 像素
❹ 首选项
运行动作(U): 默认动作　淡出效果（选区）
版权信息:
包含 ICC 配置文件(D)
运行
取消
载入(L)...
存储(S)...

图 3-141 “图像处理器”对话框

该对话框中各选项的含义分别介绍如下：

- **“选择要处理的图像”选项组：** 单击“选择文件夹”按钮，在弹出的对话框中指定要处理的图像所在的文件夹位置。
- **“选择位置以存储处理的图像”选项组：** 单击“选择文件夹”按钮，在弹出的对话框中指定存放处理后图像的文件夹位置。
- **“文件类型”选项组：** 取消勾选“存储为JPEG”复选框，勾选相应格式的复选框，完成后单击“运行”按钮，此时Photoshop自动对图像进行处理。

注意事项：在“图像处理器”对话框的“文件类型”选项区中，可同时勾选多个文件类型的复选框，此时使用图像处理器会同时将文件夹中的文件转换为多种文件格式的图像。

3. “Photomerge”命令的应用

由于受广角镜头的制约，有时使用数码相机拍摄全景图像会变得比较困难。使用“Photomerge”命令可以将照相机在同一水平线拍摄的序列照片进行合成，可以自动重叠相同的色彩像素，也可以由用户指定源文件的组合位置，系统会自动将其汇集为全景图。全景图完成之后，仍然可以根据需要更改个别照片的位置。

执行“文件”→“自动”→“Photomerge”命令，弹出“Photomerge”对话框，如图3-142所示。单击“添加打开的文件”按钮，完成后单击“确定”按钮，此时软件自动对图像进行合成。

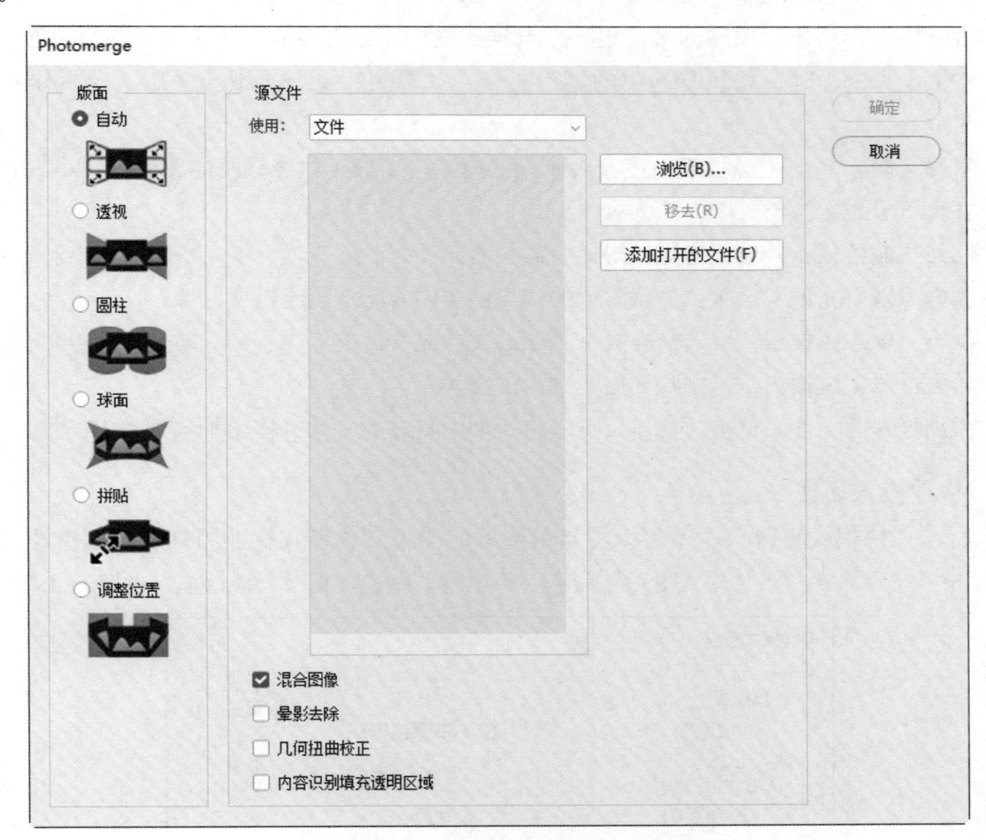

图 3-142 “Photomerge”对话框

该对话框中各选项的含义分别介绍如下：

- **版面**：用于设置转换为全景图片时的模式。
  - **自动**：Photoshop分析源图像并应用“透视”“圆柱”或“球面”版面，具体取决于哪一种版面能够生成更好的Photomerge。
  - **透视**：通过将源图像中的一个图像（在默认情况下为中间的图像）指定为参考图像

来创建一致的复合图像，然后将变换其他图像（必要时进行位置调整、伸展或斜切操作），以便匹配图层的重叠内容。

◆ **圆柱：**通过在展开的圆柱上显示各个图像来减少在“透视”版面中出现的“领结”扭曲现象。文件的重叠内容仍匹配，将参考图像居中放置，最适合于创建宽全景图。

◆ **球面：**将图像对齐并变换，效果类似于映射球体内部，模拟观看360°全景的视觉体验。如果拍摄了一组环绕360°的图像，使用此选项可创建360°全景图。

◆ **拼贴：**对齐图层并匹配重叠内容，同时变换（旋转或缩放）任何源图层。

◆ **调整位置：**对齐图层并匹配重叠内容，但不会变换（伸展或斜切）任何源图层。

- **使用：**包括“文件”和“文件夹”两个选项。选择“文件”选项时，可以直接将选择的文件合并图像；选择“文件夹”选项时，可以直接将选择的文件夹中的文件合并图像。
- **混合图像：**找出图像间的最佳边界并根据这些边界创建接缝，并匹配图像的颜色。关闭“混合图像”时，将执行简单的矩形混合。如果要手动修饰混合蒙版，此操作将更为可取。
- **晕影去除：**在由于镜头瑕疵或镜头遮光处理不当而导致边缘较暗的图像中，可去除晕影并执行曝光度补偿。
- **几何扭曲校正：**补偿桶形、枕形或鱼眼失真。
- **内容识别填充透明区域：**使用附近的相似图像内容无缝填充透明区域。
- **浏览：**单击该按钮，可选择合成全景图的文件或文件夹。
- **移去：**单击该按钮，可删除列表中选中的文件。
- **添加打开的文件：**单击该按钮，可以将软件中打开的文件直接添加到列表中。

4. 条件模式更改

执行“条件模式更改”命令可以将当前选取的图像颜色模式转换为自定颜色模式。执行“文件”→“自动”→“条件模式更改”命令，弹出“条件模式更改”对话框，如图3-143所示。

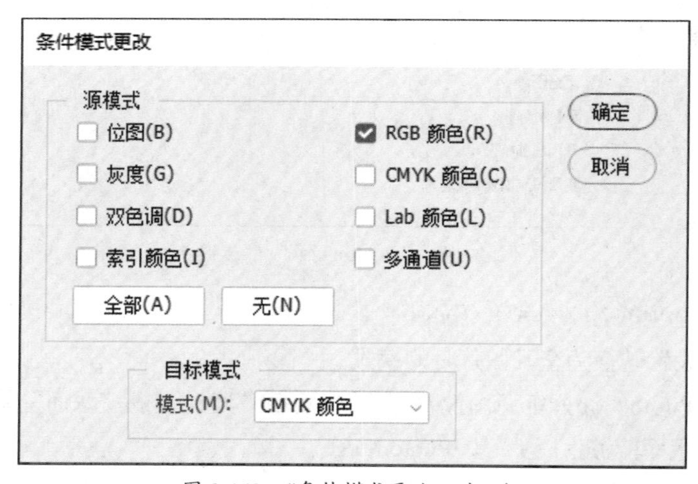

图 3-143 “条件模式更改”对话框

在该对话框中，各选项的含义分别介绍如下：

- **“源模式”选项区：**用于设置将要转换的颜色模式。
- **“目标模式”选项区：**用于设置图像的目标颜色模式。

5. 联系表

执行“联系表Ⅱ”命令，可以将多个文件图像自动拼合在一张图里，生成缩览图。执行“文件”→“自动”→“联系表Ⅱ”命令，打开“联系表Ⅱ”对话框，如图3-144所示。

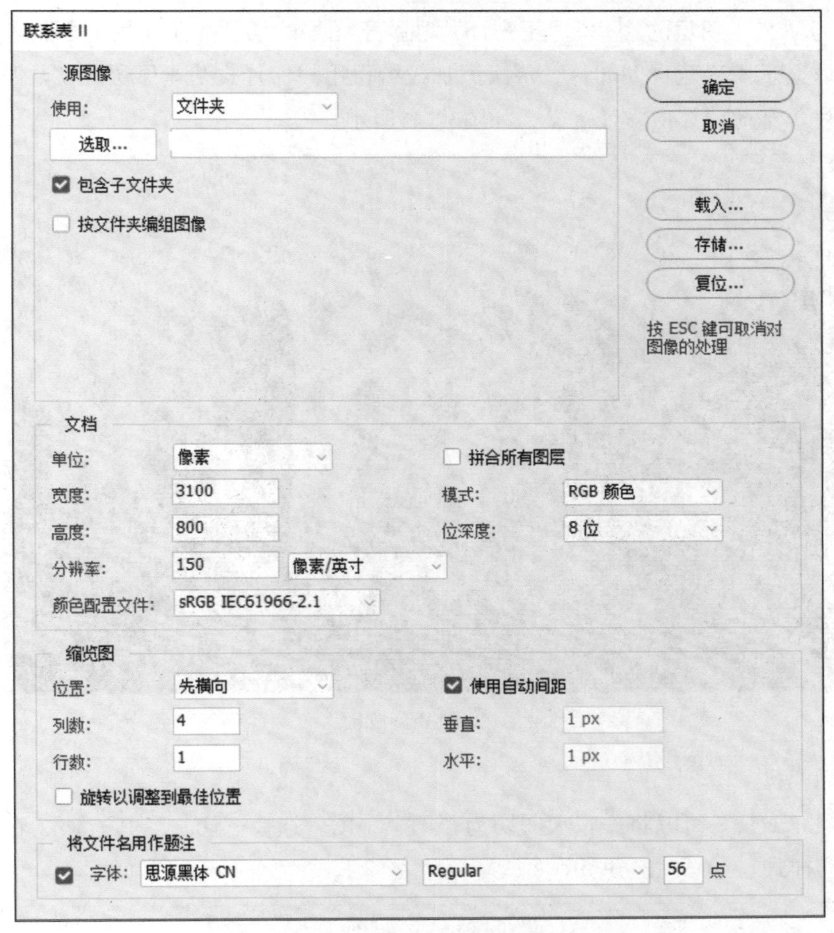

图 3-144 “联系表Ⅱ”对话框

该对话框中各选项的含义分别介绍如下：

- **源图像：**单击“选取”按钮，在弹出的对话框中指定要生成图像缩览图所在文件夹的位置。勾选“包含子文件夹”复选框，可选择所在文件中所有子文件的图像。
- **文档：**设置拼合图片的参数，包括尺寸、分辨率、颜色配置文件等。勾选“拼合所有图层”则合并所有图层，取消勾选则在图像里生成独立图层。
- **缩览图：**设置缩览图生成的规则，如先横向还是先纵向、行列数目、是否旋转等。
- **将文件名用作题注：**设置是否使用文件名作为图片标注、设置字体与大小。

3.8 切片及其辅助工具的应用

本节将对辅助设计的相关知识进行介绍，如切片工具的应用、标尺的应用、网格的应用、参考线的应用、图像的缩放显示等。熟练掌握这部分技能可提高设计效率。

■3.8.1 切片的创建与编辑

在Photoshop中存在两种切片，使用“切片工具”创建的切片为“用户切片”；通过图层创建的切片为“基于图层的切片”。用户切片和基于图层的切片显示不同的图标，均由实线定义，可以选取显示或隐藏自动切片。每次添加或编辑用户切片或基于图层的切片时，都会重新生成自动切片，自动切片由虚线定义，如图3-145所示。

图 3-145 切片

1. 切片工具

使用“切片工具”可以将一张大图切为若干个小图。选择“切片工具”，在选项栏中可以设置切片的样式，如图3-146所示。

图 3-146 “切片工具”选项栏

该选项栏中3种样式的含义介绍如下：

- **正常：**在拖动时确定切片比例。
- **固定长宽比：**设置长宽比，可使用整数或小数。
- **固定大小：**指定切片的高度和宽度，可使用整数像素值。

2. 基于参考线创建切片

在图像中创建参考线，选择“切片工具”，在选项栏中单击“基于参考线的切片”按钮，通过参考线创建切片时，将删除所有现有切片，如图3-147和图3-148所示。

图 3-147 创建参考线

图 3-148 基于参考线的切片

3. 选择和移动切片

使用“切片选择工具”可选择和移动切片，拖动切片框可调整切片大小。按住Alt键可拖动复制，按住Shift键可加选，按Delete键可删除切片。选择“切片选择工具”，在选项栏中可以调整堆叠顺序，进行对齐与分布、提升、划分等操作，如图3-149所示。

提升 划分... 隐藏自动切片

图 3-149 切片选项栏

该选项栏中各按钮选项的含义介绍如下：

- **堆叠顺序组**：切片重叠时，最后创建的切片是堆叠顺序中的顶层切片。若要调整顺序，可以在堆叠顺序组中进行调整，按钮依次为“置为顶层”“前移一层”“后移一层”“置为底层”。
- **提升**：单击该按钮，可以将所选的自动切片或图层切片提升为用户切片。
- **划分**：单击该按钮，在弹出的“划分切片”对话框中可以对所选的切片进行划分，如图3-150和图3-151所示。

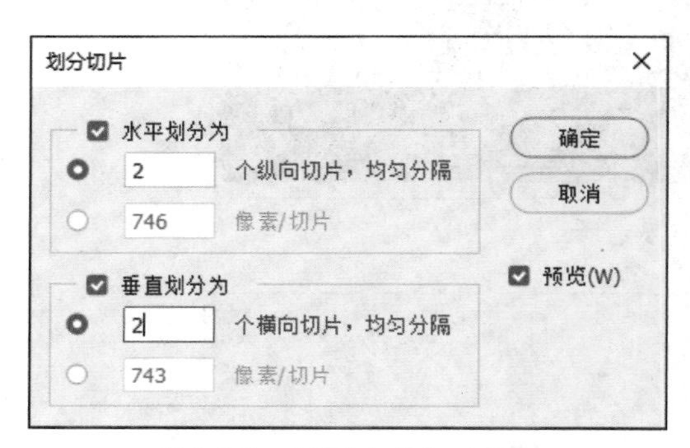

图 3-150 “划分切片”对话框

图 3-151 划分效果

- **对齐与分布**：选择多个切片后，单击“对齐与分布”组中的按钮可对齐或分布切片。
- **隐藏自动切片**：单击该按钮可隐藏自动切片，再次单击则可显示自动切片。
- **为当前切片设置选项**：单击该按钮，在弹出的“切片选项”对话框中可设置切片类型、名称、URL、尺寸等参数，如图3-152所示。

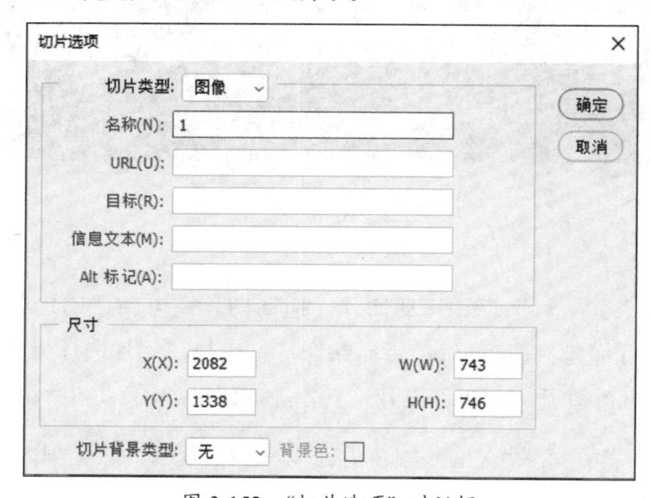

图 3-152 “切片选项”对话框

4. 导出切片

执行“文件”→“导出”→“存储为Web所用格式”命令，在弹出的“存储为Web 所用格式”对话框中可以优化和导出切片图像，如图3-153所示，存储效果如图3-154所示。

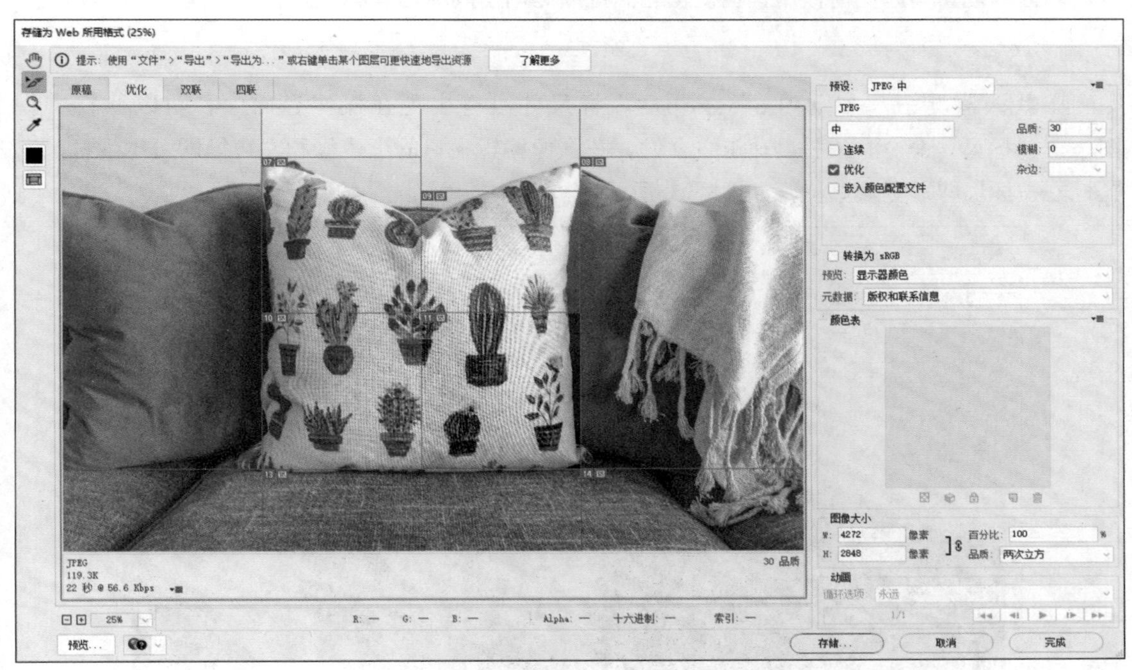

图 3-153 “存储为 Web 所用格式”对话框

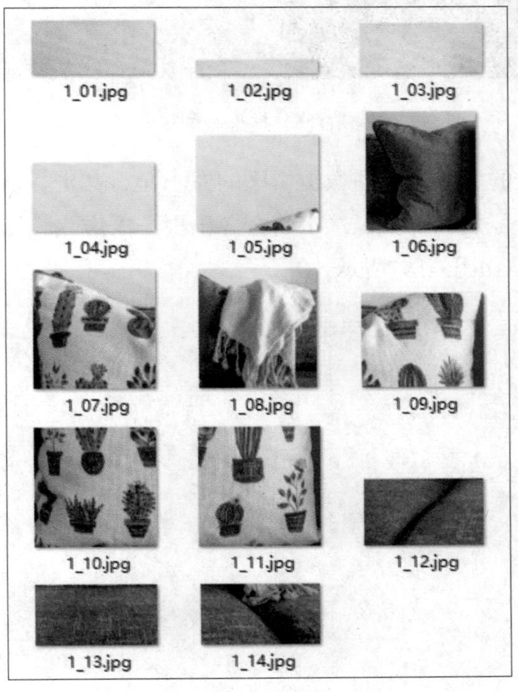

图 3-154 导出切片

■3.8.2　辅助工具的运用

Photoshop提供了多种用于测量和定位的辅助工具，如标尺、网格和参考线等。这些辅助工具对图像的编辑不起任何作用，但使用它们可以更加精确地处理图像。

1. 标尺

在默认情况下，启动Photoshop后，标尺并没有出现在操作界面中，可以执行“视图”→“标尺”命令，或按Ctrl+R组合键，在图像编辑窗口的上边缘和左边缘即可出现标尺，鼠标右击标尺即可更改单位，如图3-155所示。

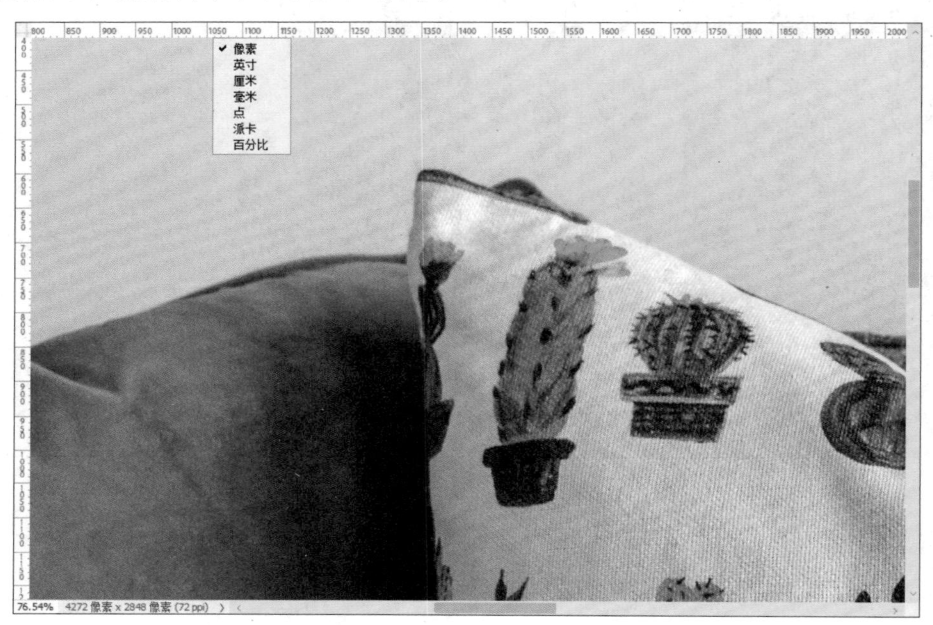

图 3-155　标尺显示效果

在默认状态下，标尺的原点位于图像编辑区的左上角，其坐标值为（0,0）。当鼠标指针在编辑区域中移动时，水平标尺和垂直标尺上将会各出现一条虚线，该虚线所指的数值便是当前位置的坐标值，如图3-156和图3-157所示。

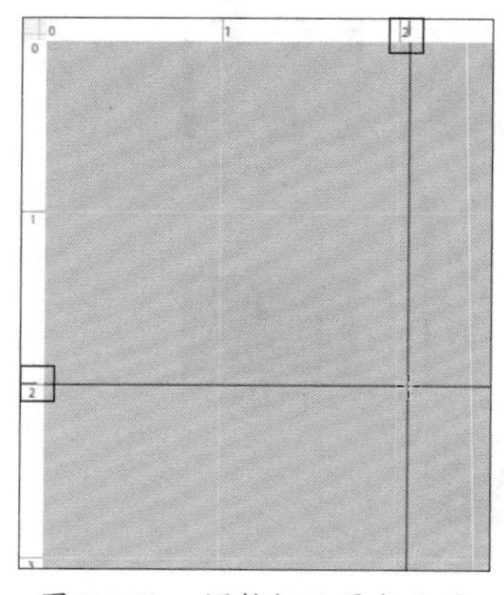

图 3-156　调整标尺原点位置

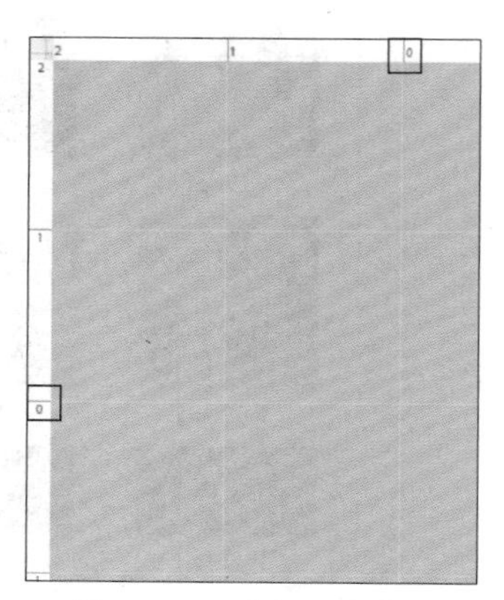

图 3-157　原点位置更改

2. 网格

网格主要用于对齐参考线，以便用户在编辑操作中对齐物体。执行“视图”→“显示”→“网格”命令即可显示网格，如图3-158所示。再次执行该命令，将取消网格的显示。

图 3-158　网格显示效果

注意事项：按Ctrl+K组合键，在弹出的“首选项”对话框中选择“参考线、网格和切片”选项，在右侧区域中可设置网格参数，如颜色、网格线间隔、子网格等，如图3-159所示。

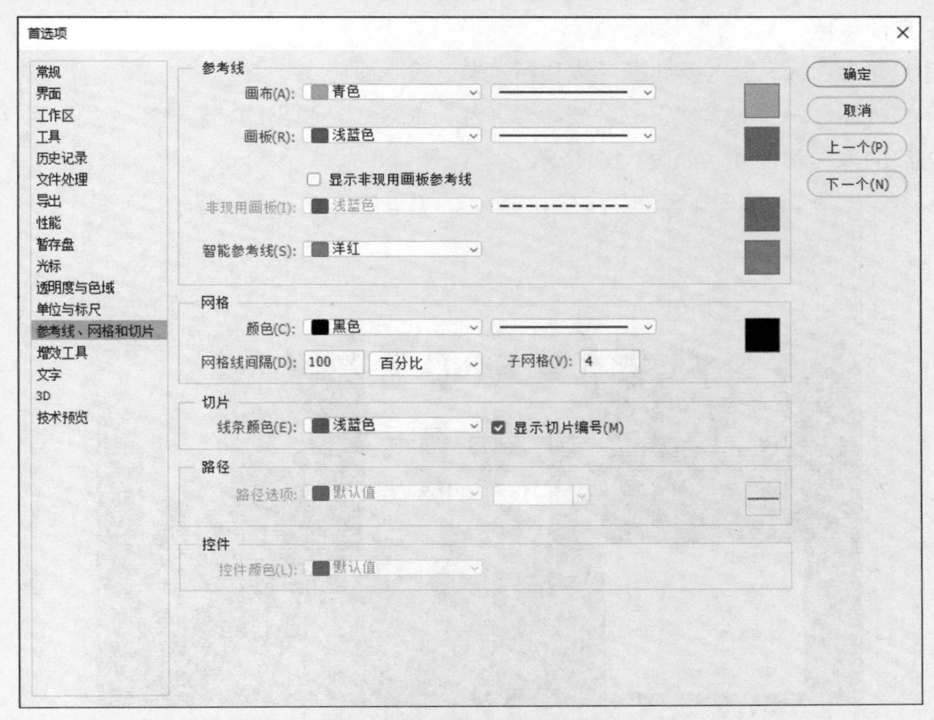

图 3-159　“首选项”对话框

3. 参考线

使用参考线可精确定位图像或元素，其创建方法主要分为手动创建和自动创建两种。

（1）手动创建

在标尺显示的状态下，使用鼠标分别在水平标尺和垂直标尺处按住鼠标左键并向内拖动，即可拖出参考线，如图3-160所示。

图 3-160　创建参考线

（2）自动创建

自动创建参考线又分为新建参考线和新建参考线版面。

执行“视图”→“参考线”→“新建参考线”命令，在弹出的“新建参考线”对话框中可设置参考线的取向和位置，如图3-161所示。

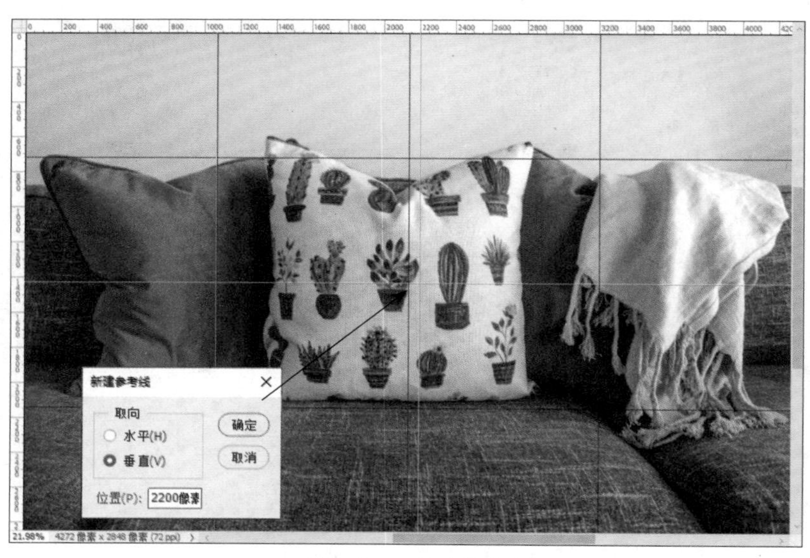

图 3-161　新建参考线

执行“视图”→“参考线”→“新建参考线版面”命令，在弹出的“新建参考线版面”对话框中可设置参考线的行列、宽度、装订线、边距等参数，如图3-162所示。

新建参考线版面
预设(S): 自定
目标: 画布
确定
取消
列
数字 3
宽度
装订线 0 像素
行数
数字 3
高度
装订线 0像素
预览(P)
边距
上: 左: 下: 右:
列居中
清除现有的参考线

图 3-162 “新建参考线版面”对话框

在“新建参考线版面”对话框中设置行和列各为3，效果如图3-163所示。

图 3-163 3×3 参考线效果

注意事项：对创建好的参考线可进行以下操作。

调整移动参考线：使用“选择工具”，将光标放置于参考线上，当变为形状后即可调整参考线。

锁定参考线：执行“视图”→“参考线”→“锁定参考线”命令，或按Alt+Ctrl+；组合键均可。

删除参考线：执行“视图”→“参考线”→“清除参考线”命令，或直接拖动要删除的参考线，将其拖动至画布外。

隐藏参考线：执行“视图”→“显示额外内容”命令，或按Ctrl+H组合键均可。

4. 智能参考线

智能参考线是一种会在绘制、移动、变换的情况下自动显示的参考线，可以帮助用户在移动时对齐特定对象。执行“视图”→“显示”→“智能参考线”命令，即可启用智能参考线。当复制或移动对象时，Photoshop会显示测量参考线，以直观呈现与所选对象和直接相邻对象之间的间距相匹配的其他对象之间的间距，如图3-164所示。

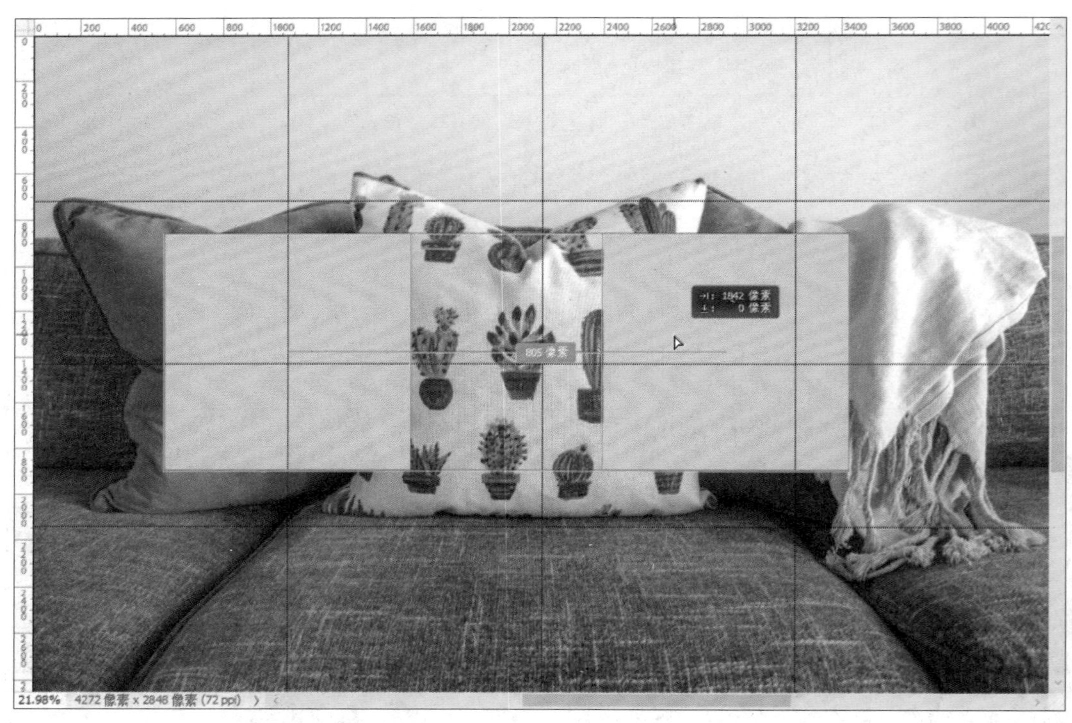

图 3-164　智能参考线效果

■3.8.3　图像的缩放显示

在设计时经常需要适当地放大或缩小图像，从而方便地进行对比或者精细抠图。对于图像的缩放，常用两种方法，一是使用“缩放工具”，二是使用“抓手工具”。

1. 缩放工具

使用“缩放工具”可以将图像的显示比例进行放大或缩小。选择“缩放工具”，在选项栏中可以选择放大、缩小和图像缩放模式，如图3-165所示。

调整窗口大小以满屏显示　缩放所有窗口　细微缩放　100%　适合屏幕　填充屏幕

图 3-165 “缩放工具”选项栏

该选项栏中各按钮选项的含义介绍如下：

- **放大/缩小**：切换缩放方式。单击“放大”按钮切换为放大模式，在画布中单击可放大图像；单击“缩小”按钮切换为缩小模式，在画布中单击则缩小图像。
- **调整窗口大小以满屏显示**：勾选此复选框，当放大或缩小图像视图时，窗口的大小即会调整。
- **缩放所有窗口**：勾选此复选框，同时缩放所有打开的文档窗口。
- **细微缩放**：勾选此复选框，在画面中单击并向左侧或右侧拖动，能够以平滑的方式快速放大或缩小窗口。
- **100%**：单击该按钮或按Ctrl+1组合键，图像以实际像素的比例进行显示。
- **适合屏幕**：单击该按钮或按Ctrl+0组合键，可以在窗口中最大化显示完整图像。
- **填充屏幕**：单击该按钮，可以在整个屏幕范围内最大化显示完整图像。

注意事项：按Ctrl++组合键可放大图像显示，按Ctrl+-组合键可缩小图像显示。

2. 抓手工具

“抓手工具”的快捷键为Space（即空格键）键，按住Alt+Space组合键拖动鼠标，可自由放大、缩小图像，如图3-166所示。

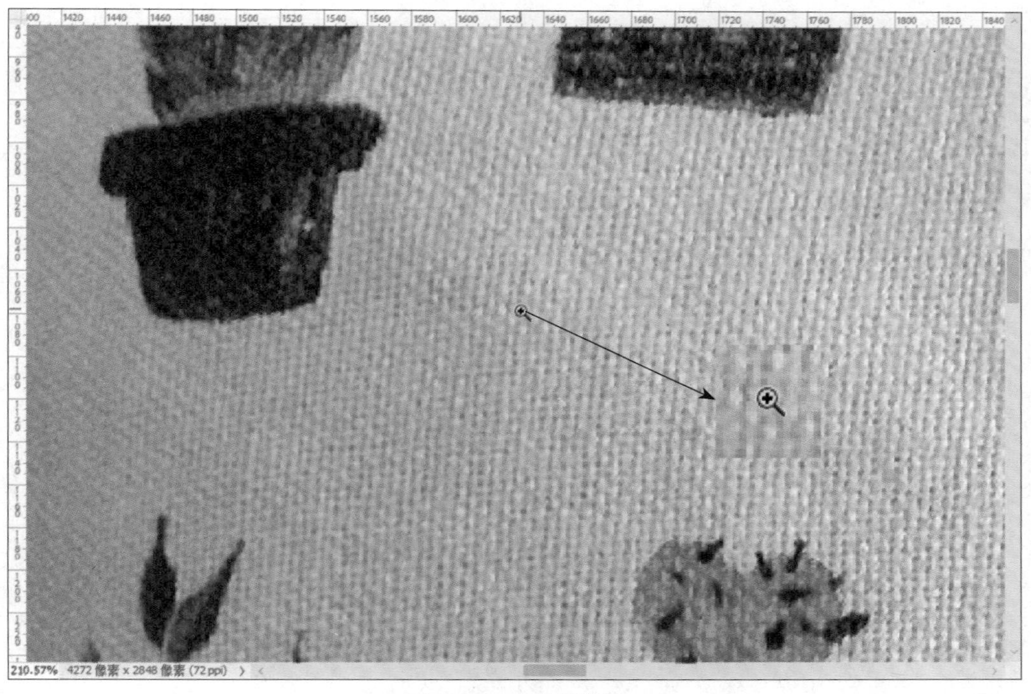

图 3-166 放大图像

按住Space键，在“抓手工具”的状态下，可自由拖动并查看图像的区域，如图3-167所示。

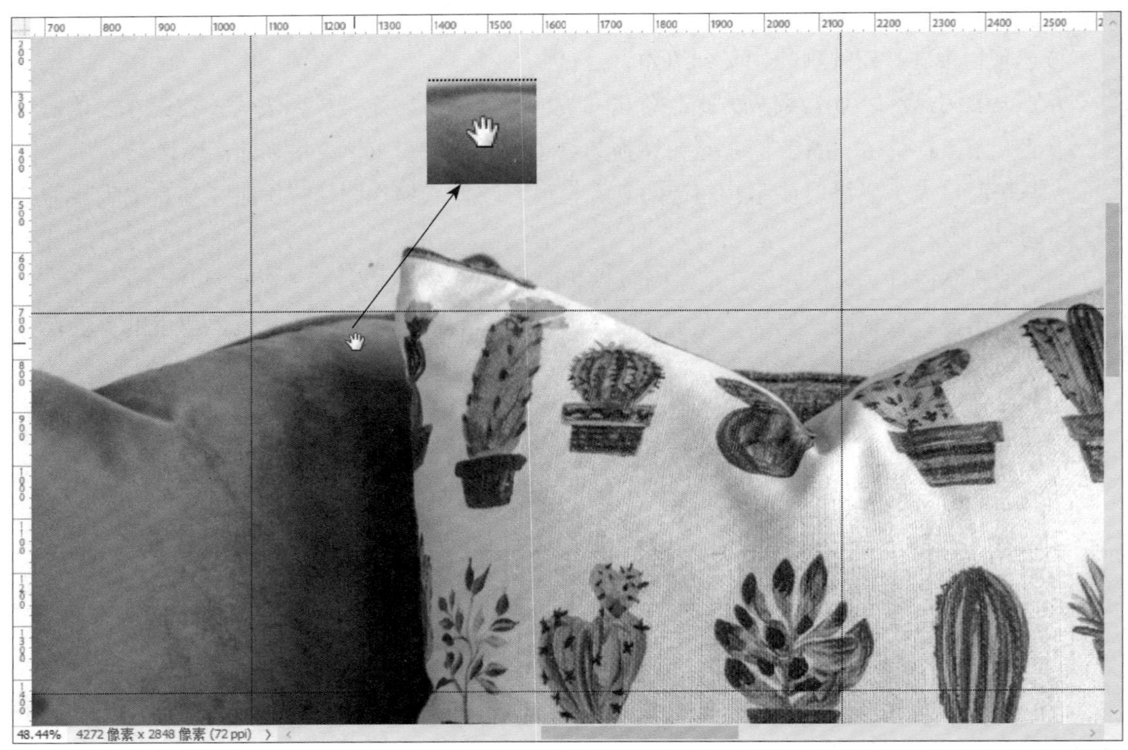

图 3-167　拖动并查看图像

学习体会

上手实操

了解了关于图像美化处理的方法，下面根据所提供的素材（图3-168），将绿色沙发更改为蓝色，要求自然，贴合实际。

图 3-168 素材

知识点考查

选区、色彩调整。

思路提示

原图沙发为绿色，选择主体创建选区，创建“色相/饱和度”调整图层，调整色相和饱和度参数，最终效果如图3-169所示。

图 3-169 最终效果

注意事项：在实际工作过程中，切勿为追求视觉美观，过度美化商品，应贴合实际，适当美化。

第4章

视频的拍摄与剪辑

内容概要

使用电商主图和详情视频可以更好地吸引买家，更全面地展示和介绍商品信息及其使用方法，是店铺装修中必不可少的一个环节，即根据商品特点，搭配辅助修饰道具，选择合适的场景拍摄视频并进行剪辑、上传。

数字资源

【本章素材】："素材文件\第4章"目录下

4.1 主图视频拍摄

相较于静态的商品图片，动态的视频可以全方位地展示商品的细节、功能等。

■4.1.1 视频拍摄流程

主图视频的拍摄流程如下：

1.准备拍摄脚本

在拍摄视频前，首先应对商品有所了解，然后编写拍摄内容的脚本。综合来说，主图视频包含以下3个部分：整体展示、细节特写和功能性测评。以鞋类商品为例：

- **整体展示：**正面+侧面+上脚效果，如图4-1和图4-2所示。
- **细节特写：**鞋子的材质、设计亮点等细节。
- **功能性测评：**在光滑的地面测试防滑、称重证明鞋子的轻便度、按压扭转证实鞋底的柔软度等。

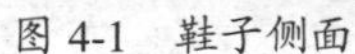
图 4-1　鞋子侧面

图 4-2　上脚效果

知识点拨

商品的正面、侧面和背面拍摄可以全方位地体现商品的全貌。

2. 环境场景布置

环境场景布置主要包括根据编写的拍摄脚本准备道具、布置场景、选择模特等工作，如图4-3和图4-4所示。

- **道具：**根据商品选择相应的道具，若在室内拍摄还需要灯光辅助。
- **场景：**选择和产品契合的场景，没有合适的场景可以搭配布景和道具。在室内拍摄要考虑灯光、背景与布局等；室外拍摄则要考虑选择合适的地点，避免杂乱的场景。
- **模特：**不同的商品选择不同风格的模特，部分类别的商品不需要模特。

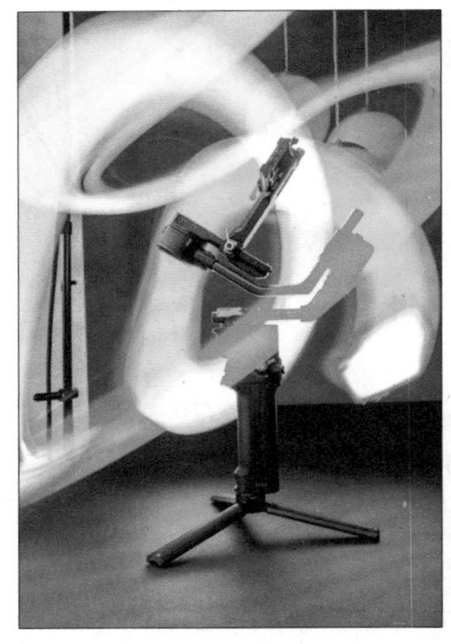

图 4-3　布置场景

图 4-4　拍摄效果

3. 视频拍摄

场景布置完成后便可以根据脚本拍摄视频，脚本不是固定的，可以根据实际情况进行更改。拍摄时的常见手法如下：

- **多角度展示：**产品正面、侧面、背面多角度视图，如图4-5和图4-6所示。
- **强调特点：**展示使用效果、测评等，卖点不宜展示太多，避免模糊焦点。
- **细节特写：**根据卖点进行局部特写拍摄。
- **使用指导：**产品使用方法或效果展示。
- **品牌介绍：**强调本品牌产品的优势。

图 4-5　正面拍摄

图 4-6　高角度斜拍

4. 后期剪辑

拍摄完成后进行后期剪辑，添加背景音效、转场、解说、字幕、片头片尾等。

■4.1.2 视频构图要求

动态的视频构图和静态的照片构图规则相似，在突出主体的前提下保证画面的平衡性。一幅完美的视频构图有以下几点要求。

- **主体明确：**主体位于醒目位置，始终占据视觉中心，如图4-7所示。
- **道具衬托：**选择道具进行辅助装饰，切勿喧宾夺主。
- **环境衬托：**将主体置于合适的环境中，增加现场真实感，如图4-8所示。
- **画面简洁：**根据主体选择背景，棚拍类可以选择简单的背景，通过与简洁背景的对比更能突出主体；若是复杂场景，需注意拍摄角度，避免主次不分。
- **景深处理：**可根据需要创建景深，弥补空白感，增加层次感。
- **注意美感：**利用点、线、面的交织搭配营造美感，利用道具与拍摄手法营造氛围。

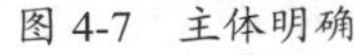

图 4-7 主体明确

图 4-8 环境衬托

■4.1.3 视频景别选择

景别是指因相机与被摄主体的距离不同而造成的成像范围大小的区别。景别越大，环境因素越多；景别越小，强调因素越多，主体也就越突出。

- **远景：**展示被摄主体周围的空间环境，以环境为主。常用于远距离拍摄商品的环境氛围。
- **全景：**展示人物全身或一个具体的场景，常用于展示商品的整体构型，如图4-9所示。
- **中景：**展示某一场景的局部画面或展示人与物、人与环境之间的关系。与全景相比，中景构图比较紧凑，环境为次要地位，主要抓取主体物的明显特征，如图4-10所示。

图 4-9　全景拍摄

图 4-10　中景拍摄

- **近景：**展示人物胸部以上或被摄主体的局部画面，与中景相比，近景画面更加单一，环境和背景为次要地位，需将主体物置于视觉中心，如图4-11所示。
- **特写：**展示人物肩部及其以上的头像或对被摄主体细节的局部放大。与其他景别相比，特写彻底忽略背景与环境，如图4-12所示。

图 4-11　近景拍摄

图 4-12　特写拍摄

知识点拨

景别的不同主要靠人或镜头的运动进行调整。常见的运镜方式有推、拉、摇、移、跟、甩、环绕、升、降等。

- **推**：镜头缓慢向主体方向推进，拍摄主体在画面中的比例逐渐变大。
- **拉**：与“推”相反，镜头逐渐向后拉远并远离主体。
- **摇**：相机或手机的位置保持不变，借助稳定器进行上下、左右、旋转等运动。
- **移**：镜头沿水平方向按一定轨迹移动进行拍摄。
- **跟**：镜头跟随运动的被摄主体一起运动而进行的拍摄。
- **甩**：从一个被摄主体甩向另一个被摄主体，常作为场景变换。
- **空镜头**：画面上没有人，常用于背景介绍、交代时间、推进故事情节等。
- **变焦镜头**：镜头不动，通过变焦，使被摄主体从清晰变模糊或从模糊到清晰。
- **环绕镜头**：镜头环绕主体进行拍摄。
- **升降镜头**：借助稳定器上升或者下降进行拍摄。

4.1.4 主图视频规范要求

在拍摄主图视频时，一定要遵循规定的尺寸、时长等要求。

1. 尺寸

- 1∶1比例：800 × 800 px。
- 3∶4比例：750 × 1 000 px。
- 9∶16比例：720 × 1 280 px。

2. 格式

常用的视频格式有mp4、mov、avi、flv、3gp等。

3. 时长

视频时长建议为15 s，最长不超过60 s。

4. 其他要求

主图详情视频及其他视频都需满足“三要”“六不要”+“三讲三用”原则，具体如下：

（1）基础质量要求：“三要”“六不要”

- 要720 P高清及以上，大小不超过1.5 G。
- 要有声音且能听清楚。
- 重点信息要在详情安全区内。以720 × 1 280 px为例，高度去掉导航区164 px、内容区+控件区180 px，剩下的高度即为安全区。
- 不要有闪屏或闪光灯效果。
- 不要由纯图片组成幻灯片视频。

- 不要有上下左右黑白边，模糊边不超过整体的1/3。
- 不要有环境音。
- 不要有二维码、个人信息、站外logo及水印。
- 不要有涉及国家安全、政治敏感、色情淫秽等内容。

（2）中等和优质内容要求："三讲三用"

- **讲外观：** 前3 s出现商品全貌，展示真实外观。
- **讲名称：** 商品名称、SKU名称透出、系列名称和详情页购买决策信息对应等。
- **讲卖点：** 尽量少用空洞描述形容词，宜定性讲解具体功能、特点等。
- **真人用：** 真人试用或真人测评商品功能，让商品卖点生动传递给买家。
- **场景用：** 在真实场景中使用商品，让买家能将商品和实际场景联系。
- **深度用：** 展示商品多角度特点，延伸其卖点及功能，让买家更全面地了解商品。

知识点拨

"三讲"可延伸内容类型为宝贝讲解视频类型。"三用"可根据不同内容分化为：真人试用、真人测评、功能评测、使用方法、制作教程、知识科普等多种视频类型。

4.2 视频剪辑

使用相机或手机拍摄完视频后，可将视频导入PC端进行剪辑。视频剪辑软件在市面上有很多，其功能大同小异，按照个人喜好进行选择即可。本节主要介绍剪映软件的使用方法。

4.2.1 认识视频剪辑软件——剪映

剪映分为专业版、移动端和网页版，手机、平板、PC三端互通，可随时随地进行剪辑创作。剪映可根据需要在其官网进行下载，如图4-13所示。

图 4-13 剪映主页三端下载部分

打开剪映专业版，单击开始创作开始创作，进入到工作界面，其中可分成工具栏、素材区、预览区、细节调整区、常用功能区和时间线区域，如图4-14所示。

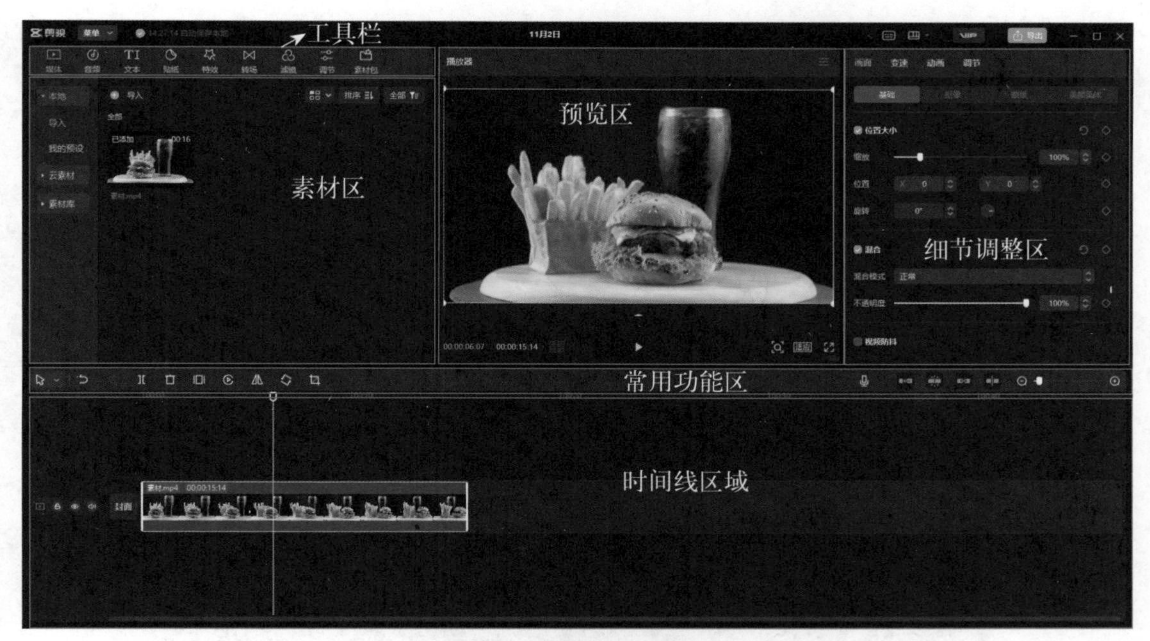

图 4-14 剪映软件的工作界面

注意事项：在操作过程中无须保存，系统会自动保存。在剪辑草稿中将存放操作过的剪辑草稿，单击即可进入编辑界面。单击批量管理可批量删除、备份草稿。

■4.2.2 剪映工作界面详解

本节将对剪映工作界面各区域的功能进行讲解。剪映工作界面中的每个区域都是有所关联的，例如，在工具栏中选择贴纸，素材区将显示贴纸素材，单击后可以在预览区中进行预览，添加后便在时间线区域中显示，选中该轨道后将在细节调整区中显示相关调整选项。

1. 工具栏+素材区

该区域中包含媒体、音频、文本、贴纸、特效、转场、滤镜、调节和素材包9个选项，选择某个工具会在素材区中显示相应的选择项。

① 媒体：选择媒体，可在左侧选择本地、云素材和素材库3个选项。

- **本地**：用于导入视频、音频、图片，如图4-15所示。单击按钮或者拖动添加至轨道，在“我的预设”子选项中可以选择保存的复合片段。
- **云素材**：用于将素材上传至云端，可随时随地使用。
- **素材库**：用于添加转场片段、故障动画、空镜头、片头、片尾等。单击缩览图可下载预览，单击按钮可收藏，单击按钮可添加至轨道，如图4-16所示。

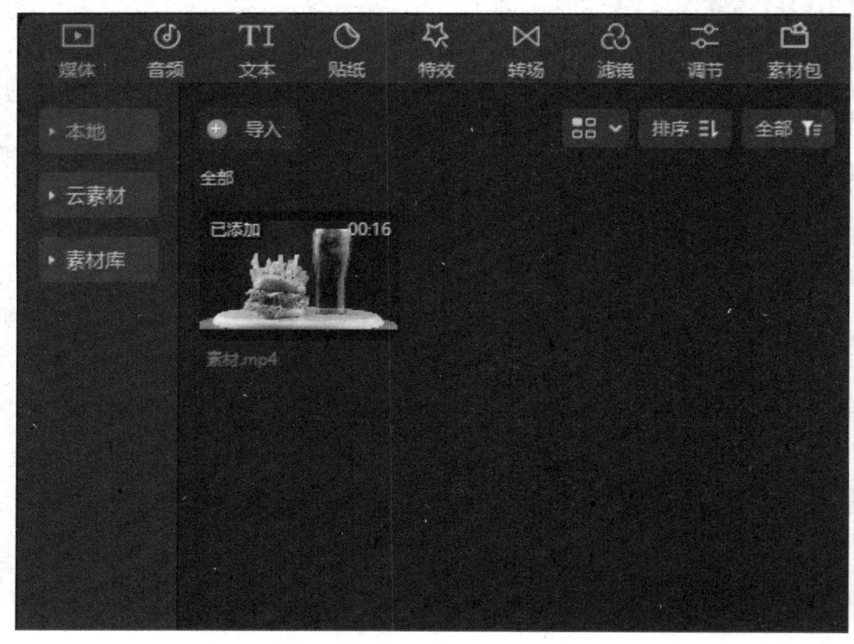

图 4-15　媒体 - 本地

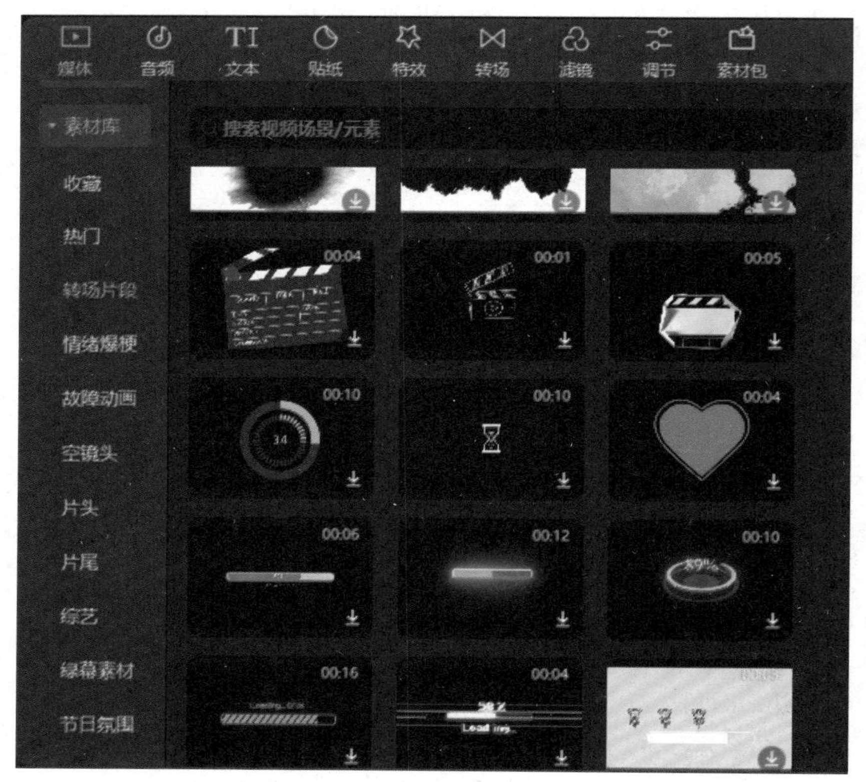

图 4-16　媒体 - 素材库

② 音频：选择音频，可在左侧选择音乐素材、音效素材、音频提取、抖音收藏和链接下载5个选项，在右侧的搜索栏中可直接输入歌曲名称或歌手进行快速搜索，如图4-17所示。

- **音乐素材：**查看并选择抖音、卡点、纯音乐、VLOG、旅行等类别的多种音乐，添加至轨道即可应用，如图4-18所示。
- **音效素材：**查看并选择笑声、综艺、机械、BGM、人声、转场、游戏等类别的多种音效，添加至轨道即可应用，如图4-19所示。

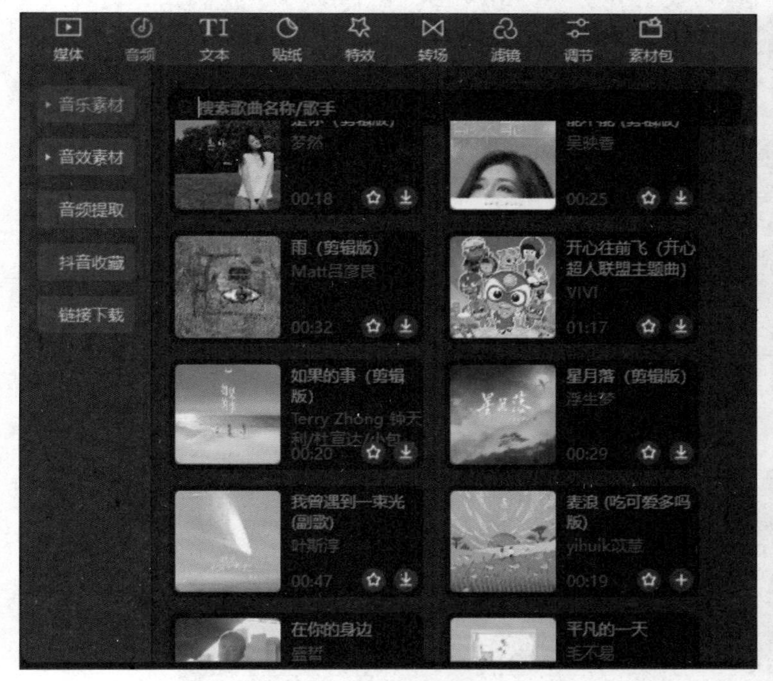

图 4-17 音频素材区

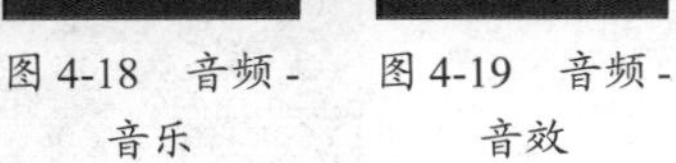

图 4-18 音频-音乐

图 4-19 音频-音效

- **音频提取：**导入素材视频，将其拖动到时间线区域即可获取音频轨道。
- **抖音收藏：**剪映号绑定抖音时，在抖音收藏的音乐可在此显示。
- **链接下载：**粘贴抖音分享的视频、音乐链接，解析完成后可将其拖动到时间线区域获取音频轨道。

③ 文本：选择TI文本，可在左侧选择新建文本、花字、文字模板、智能字幕识别歌词和本地字幕5个选项。

- **新建文本：**可选择默认文本和存储的预设，添加至轨道即可应用。
- **花字：**查看并选择发光、彩色渐变、黄色、黑色、蓝色、粉色、红色等多种花字模板，添加至轨道即可应用，如图4-20所示。
- **文字模板：**查看并选择带货、情绪、综艺感、旅行、好物种草、运动、新闻、气泡等类别的多种文字模板，添加至轨道即可应用，如图4-21所示。

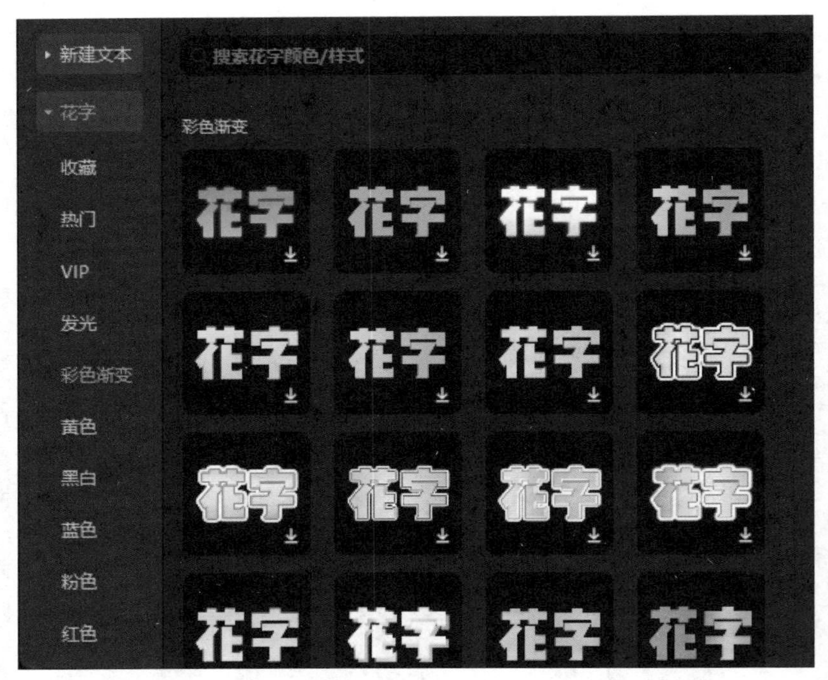

图 4-20　文本 - 花字

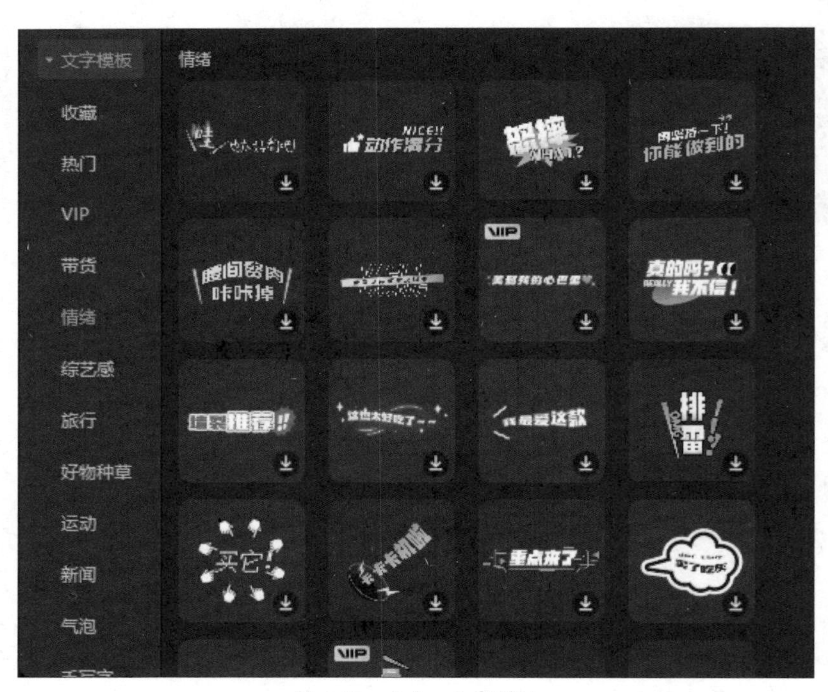

图 4-21　文本 - 文字模板

- **智能字幕：**识别音视频中的人声，自动生成字幕；或输入相应的文稿，自动匹配画面。
- **识别歌词：**识别音轨中的人声，并自动在时间轴上生成字幕文本。
- **本地字幕：**导入本地字幕，支持SRT、LRC、ASS字幕。

④ 贴纸：选择贴纸，查看并选择遮挡、指示、爱心、万圣、情绪、闪闪、互动、自然元素等类别的多种贴纸效果，添加至轨道即可应用，如图4-22所示。

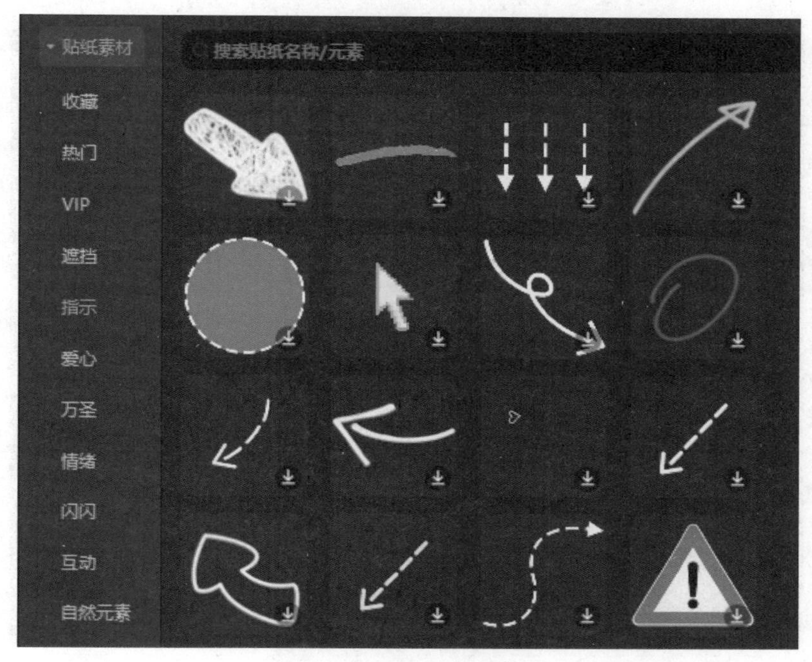

图 4-22　贴纸素材区

⑤ 特效：选择特效，查看并选择基础、氛围、动感、DV、复古、Bling、扭曲、爱心等文字类别的多种文字模板，添加至轨道即可应用，如图4-23所示。

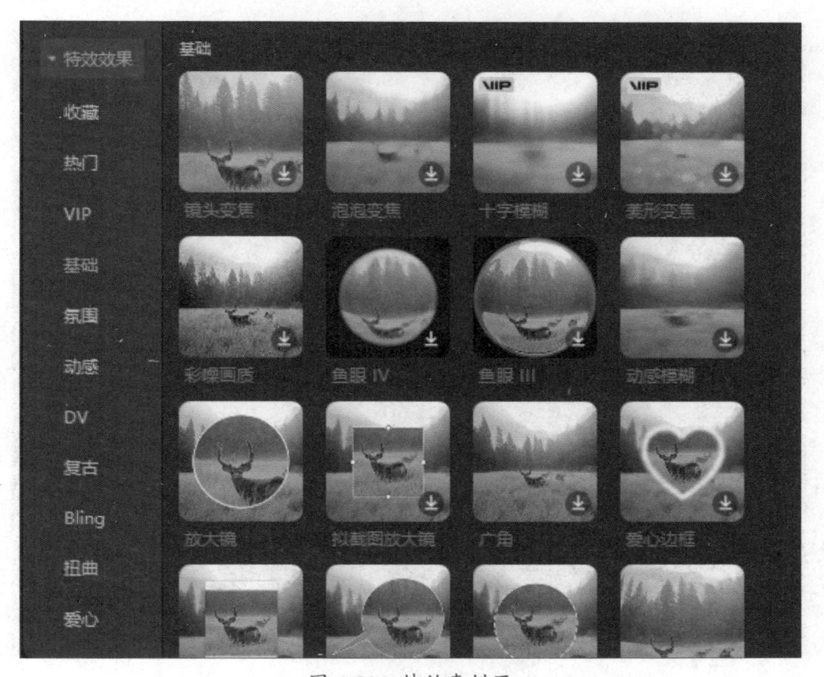

图 4-23　特效素材区

⑥ 转场：选择转场，查看并选择叠化、运镜、模糊、幻灯片、光效、拍摄、扭曲、故障、分割等类别的多种转场效果，添加至轨道即可应用，如图4-24所示。

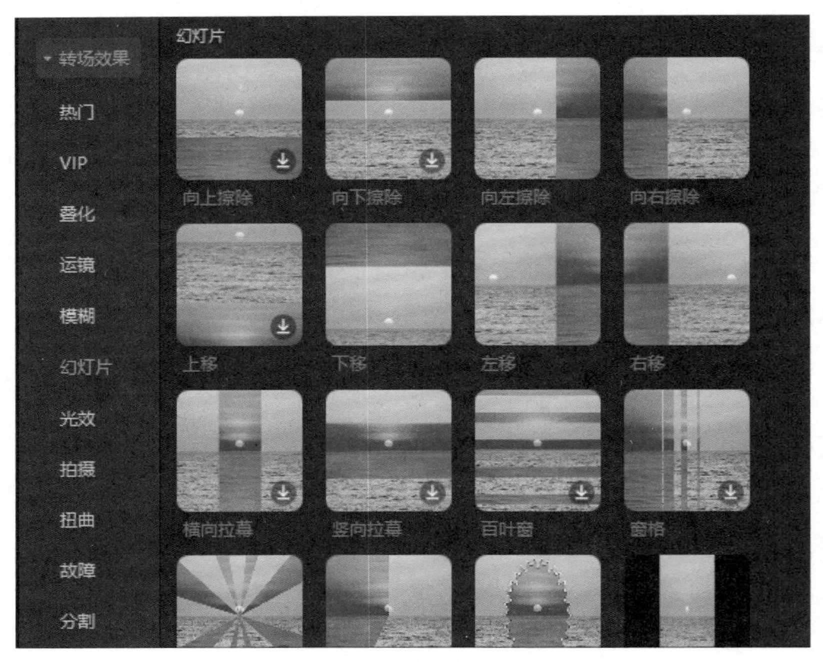

图 4-24　转场素材区

⑦ 滤镜：选择滤镜，查看并选择风景、美食、夜景、风格化、复古胶片、影视级、人像、基础、露营等类别的多种滤镜效果，添加至轨道即可应用，如图4-25所示。

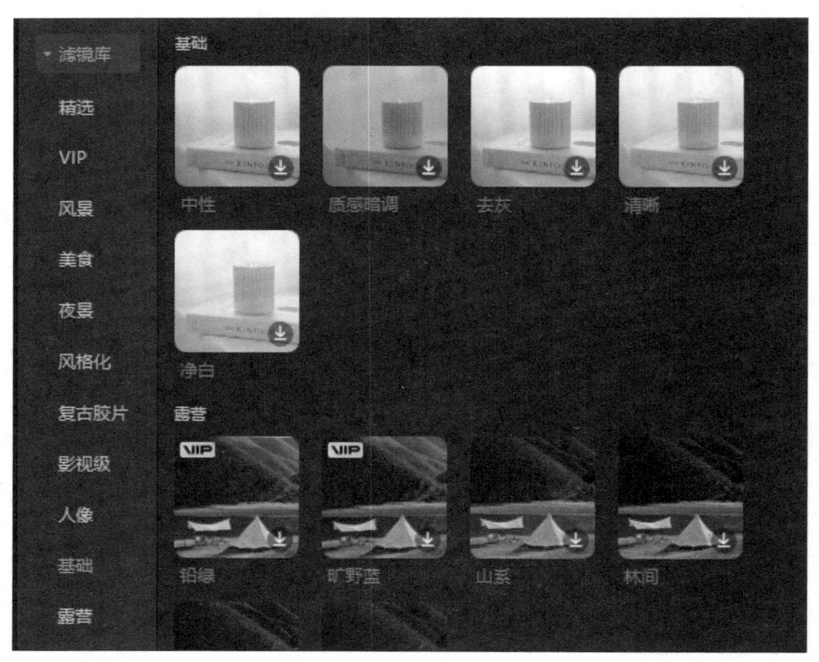

图 4-25　滤镜素材区

⑧ 调节：选择调节，可将自定义调节添加至轨道，在细节调整区进行参数调整，将其保存为预设，在“我的预设”中快速应用，如图4-26所示。

⑨ 素材包：选择素材包，查看并选择情绪、互动引导、片头、片尾、旅行、VLOG、运动、家居等类别的多种素材包，添加至轨道即可应用，如图4-27所示。

图 4-26 调节素材区　　图 4-27 素材包素材区

2. 预览区

预览区即播放器，在剪辑过程中，可随时在播放器中进行查看。单击右上角的菜单按钮，在弹出的菜单中可选择调整调色示波器、预览质量选项参数和导出静帧画面，如图4-28所示。单击按钮可等比例放大/缩小显示界面；单击按钮可在弹出的菜单中调整画面比例，如图4-29所示；单击按钮可全屏预览。

图 4-28 预览区

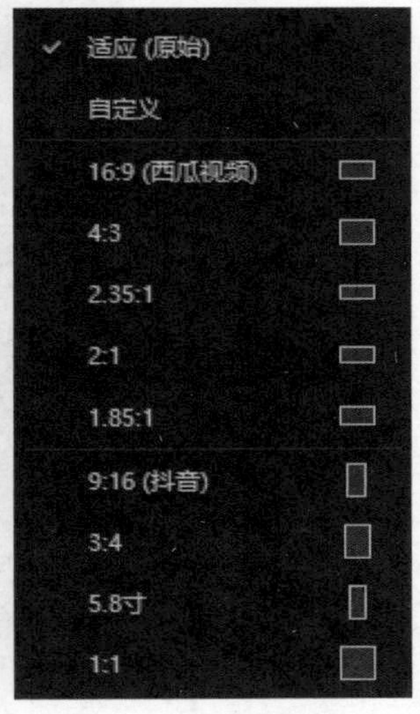

图 4-29 调整画面比例

3. 细节调整区–视频轨道

在时间线区域中选择视频轨道后，细节调整区将显示画面、变速、动画和调节4个选项，可根据需要对该轨道进行细节调整。

① 画面：选择“画面”后将显示基础、抠像、蒙版和美颜美体4个选项。

- **基础：** 调整视频的位置大小、混合模式、视频防抖、背景填充等，如图4-30所示。
- **抠像：** 勾选“色度抠图”复选框，使用取色器取样颜色，可调整强度和阴影进行抠图。若视频中出现人物，可勾选“智能抠像”复选框快速抠图，如图4-31所示。

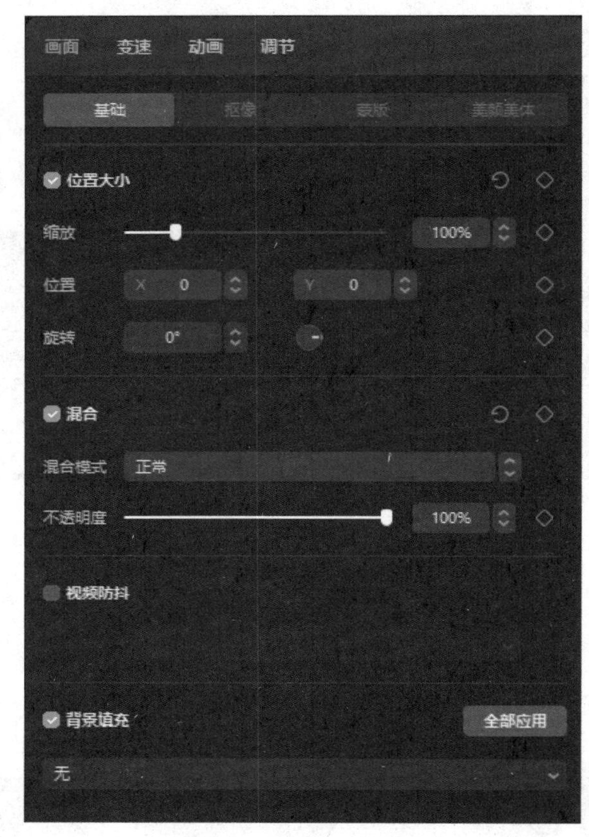

图 4-30　画面 - 基础

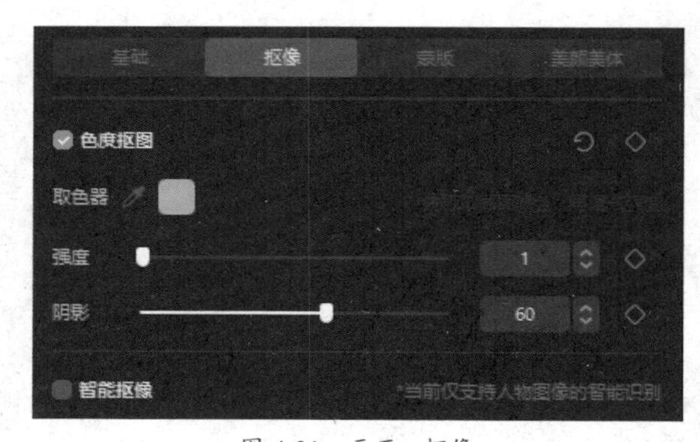

图 4-31　画面 - 抠像

- **蒙版**：可添加线性、镜面、圆形、矩形、爱心和星形蒙版效果，如图4-32所示。
- **美颜美体**：可选择智能美颜、智能美型、手动瘦脸和智能美体选项进行参数设置，如图4-33所示。

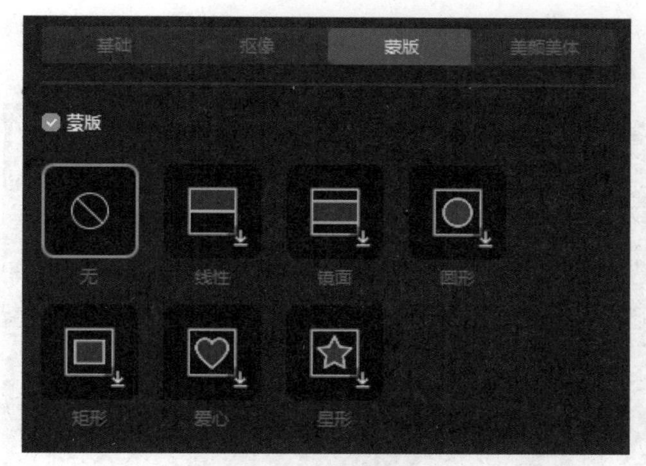

图 4-32 画面 - 蒙版

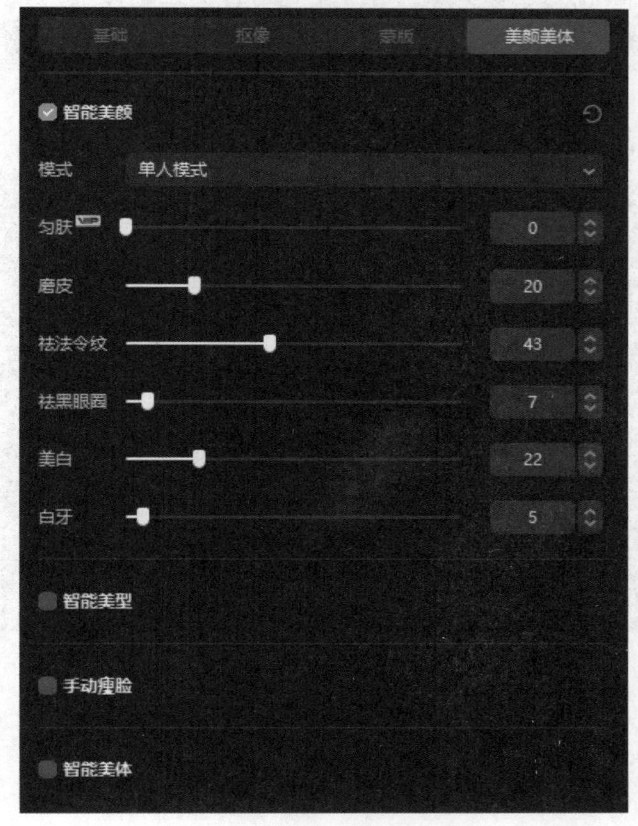

图 4-33 画面 - 美颜美体

② 变速：选择“变速”后将显示常规变速和曲线变速两个选项。

- **常规变速：** 设置视频播放速度或直接设置视频时长，启用“声音变调”可调整声音，如图4-34所示。
- **曲线变速：** 自定义或使用蒙太奇、英雄时刻、子弹时间、跳楼、闪进和闪出预设变速，如图4-35所示。

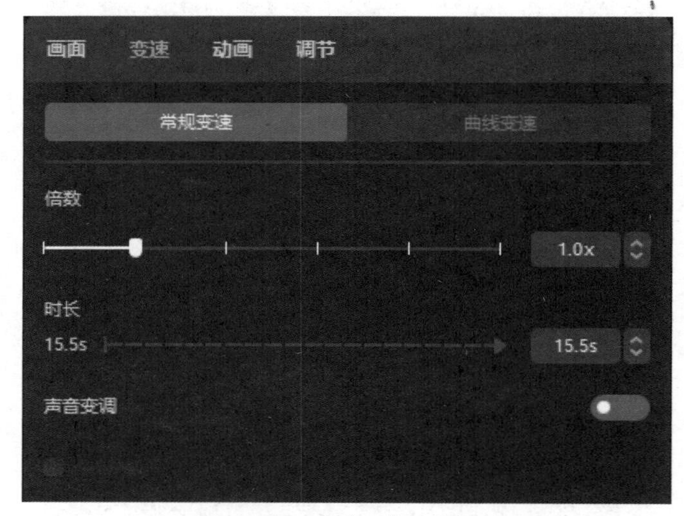

图 4-34　变速 - 常规变速

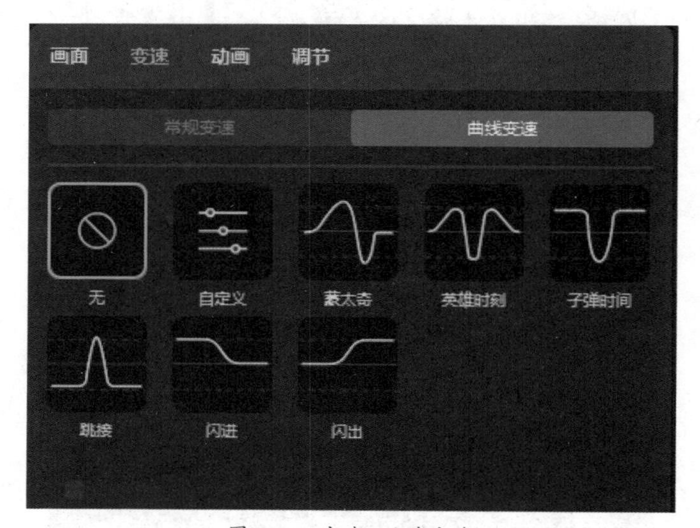

图 4-35　变速 - 曲线变速

③ 动画：选择“动画”后将显示入场、出场和组合3个选项。

- **入场：** 设置视频或照片入场时的动画，如渐显、轻微放大、旋转、钟摆等，如图4-36所示。
- **出场：** 设置视频或照片出场时的动画，如渐隐、轻微放大、旋转、向上转出等，如图4-37所示。

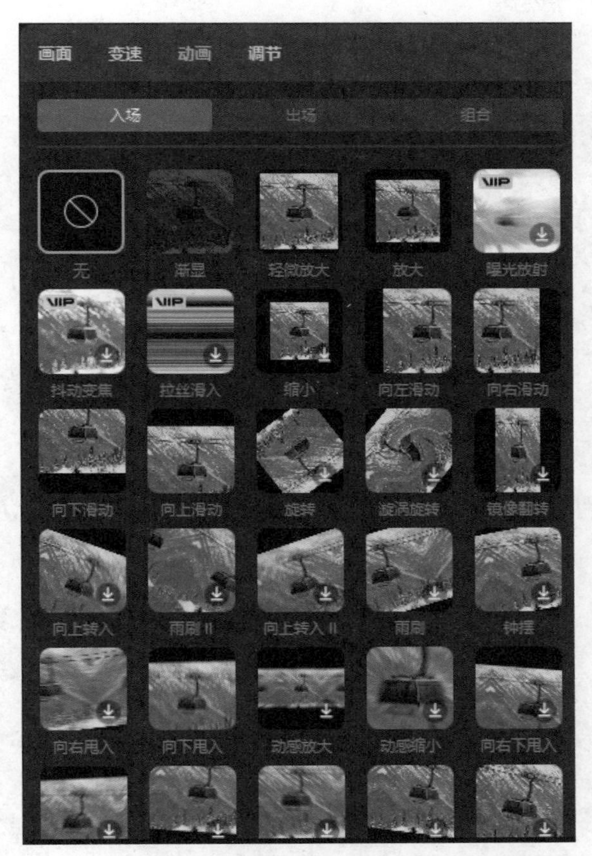

图 4-36 动画 - 入场

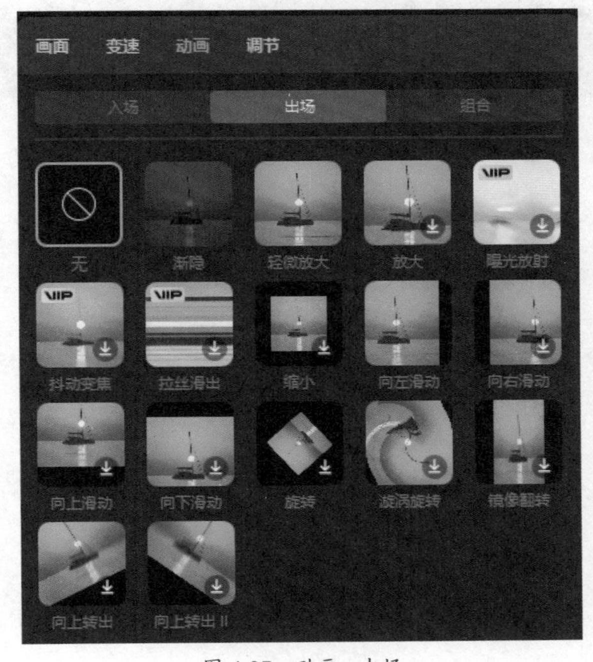

图 4-37 动画 - 出场

- **组合：**设置视频或照片入场、出场时的组合动画，如拉伸扭曲、手机、绕圈圈、斜转等，单击即可应用，在底部可设置动画时长，如图4-38所示。

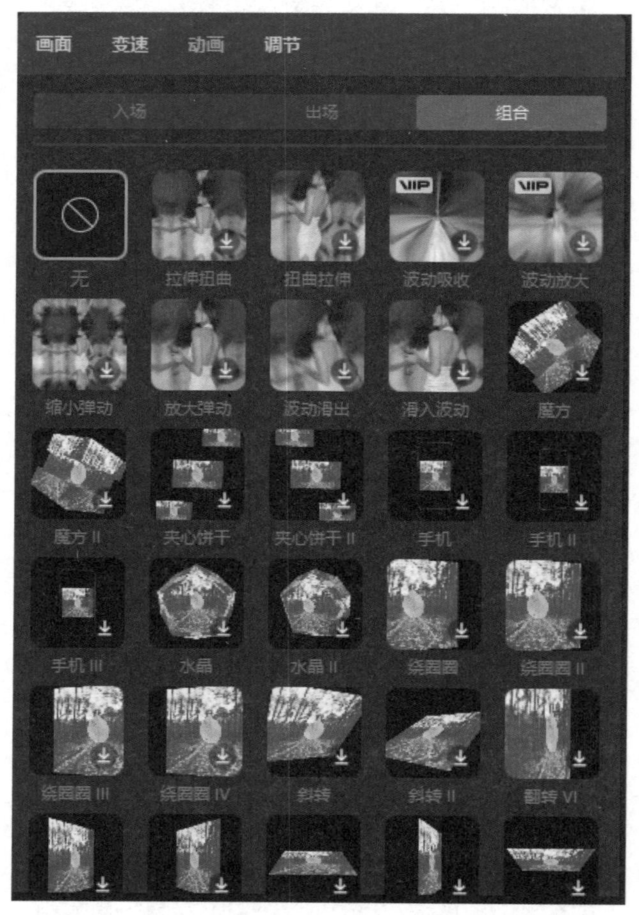

图 4-38　动画 - 组合

④ 调节：选择“调节”后将显示基础、HSL、曲线和色轮4个选项。

- **基础：**启用LUT可对肤色进行设置，启用调节可设置视频的色彩、明度和效果，如图4-39所示。
- **HSL：**设置8种颜色的色相、饱和度和亮度，如图4-40所示。
- **曲线：**可在亮度、红色通道、绿色通道和蓝色通道中调整曲线参数，如图4-41所示。
- **色轮：**可选择一级色轮或Log色轮，设置强度，拖动暗部、中灰、亮部和偏移色轮可调整显示效果，如图4-42所示。

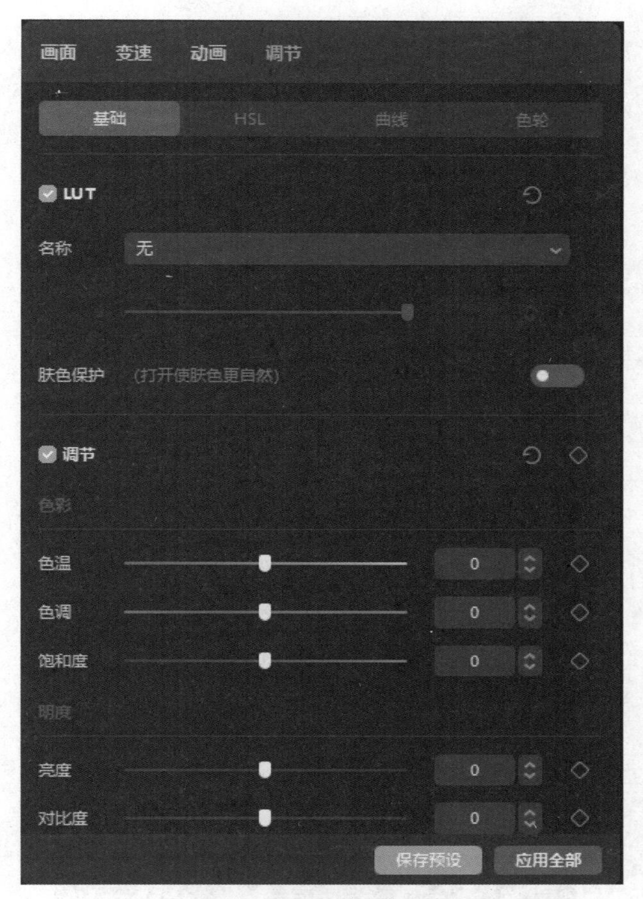

图 4-39 调节 - 基础

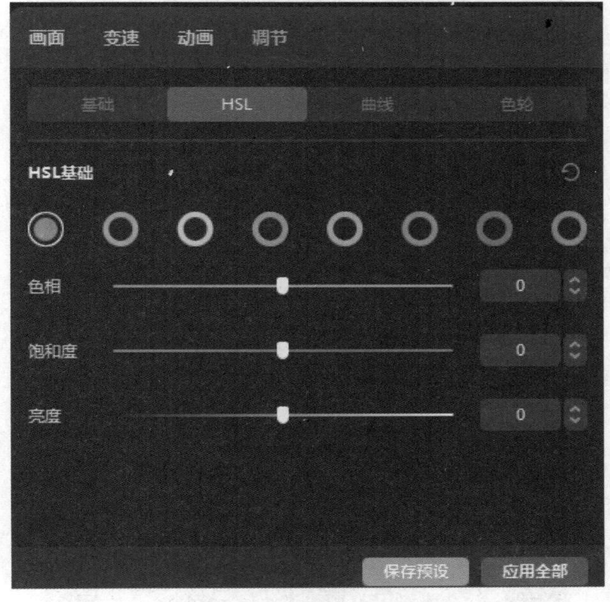

图 4-40 调节 - HSL

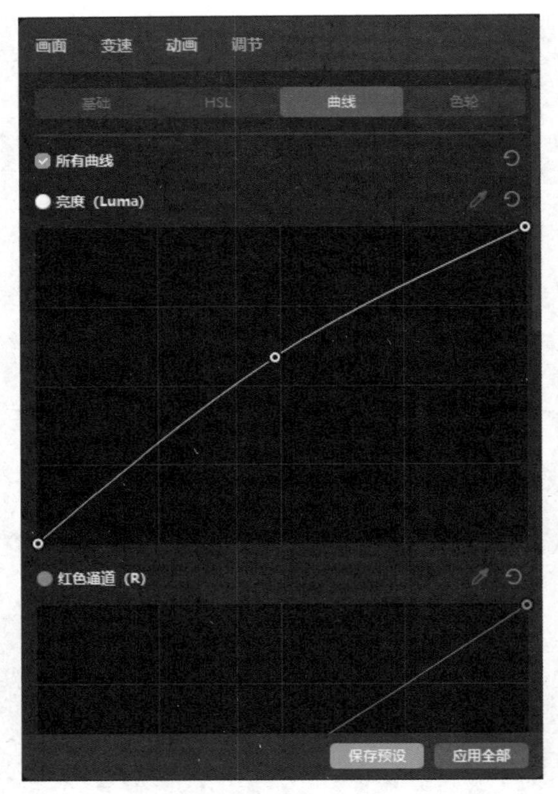

图 4-41　调节 - 曲线

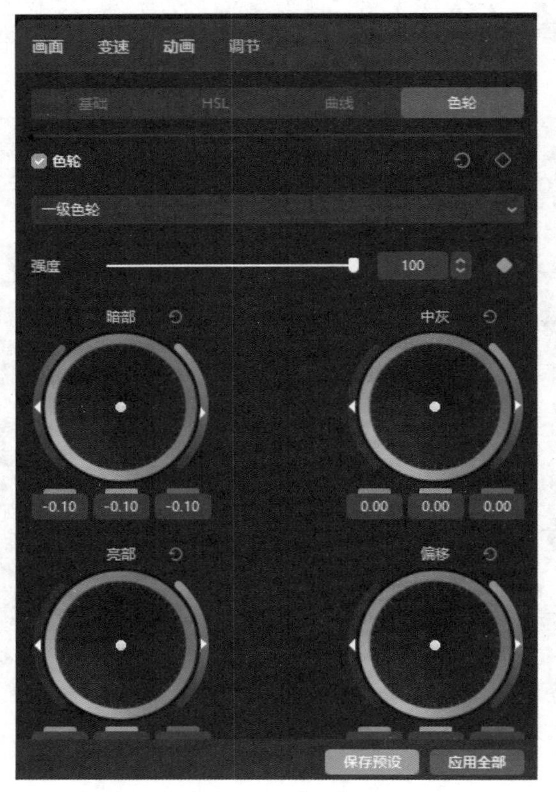

图 4-42　调节 - 色轮

4. 细节调整区–音频轨道

在时间线区域中选择音频轨道后，细节调整区将显示基本和变速两个选项，可根据需要对该轨道进行细节调整。

- **基本**：在“基础”选项区中可调整音频音量、淡入/淡出时长；勾选“音频降噪”复选框可去除噪声；在“变声”选项区中可设置人声增强、低音增强、水下、萝莉等多种声线，如图4-43所示。
- **变速**：设置音频播放速度，启用“声音变调”可调整声音，如图4-44所示。

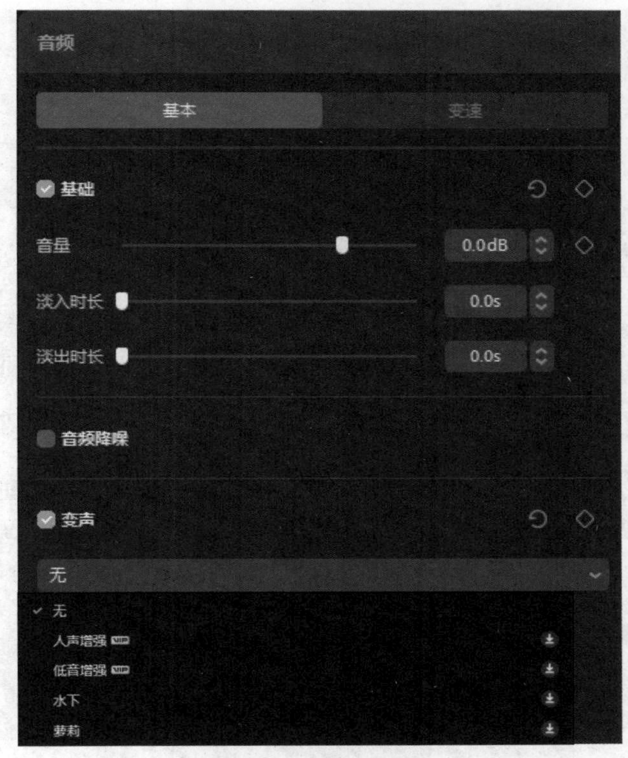

图 4-43　音频 - 基本

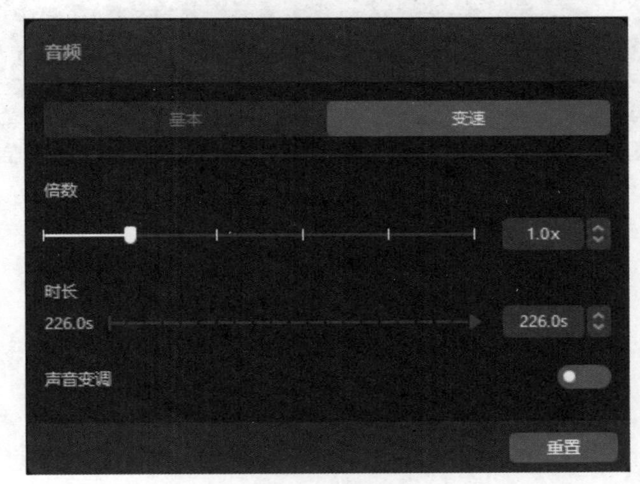

图 4-44　音频 - 变速

5. 细节调整区–文字轨道

在时间线区域中选择文字轨道后，细节调整区将显示字幕、文本、动画和朗读4个选项，可根据需要对该轨道进行细节调整。

① 字幕：选择字幕，单击 查找替换 ，输入文字可进行查找替换。

② 文本：选择“文本”后将显示基础、气泡和花字3个选项。

- **基础：**输入文本后可设置字体、字号、样式、颜色、预设样式、排列等参数，如图4-45所示。

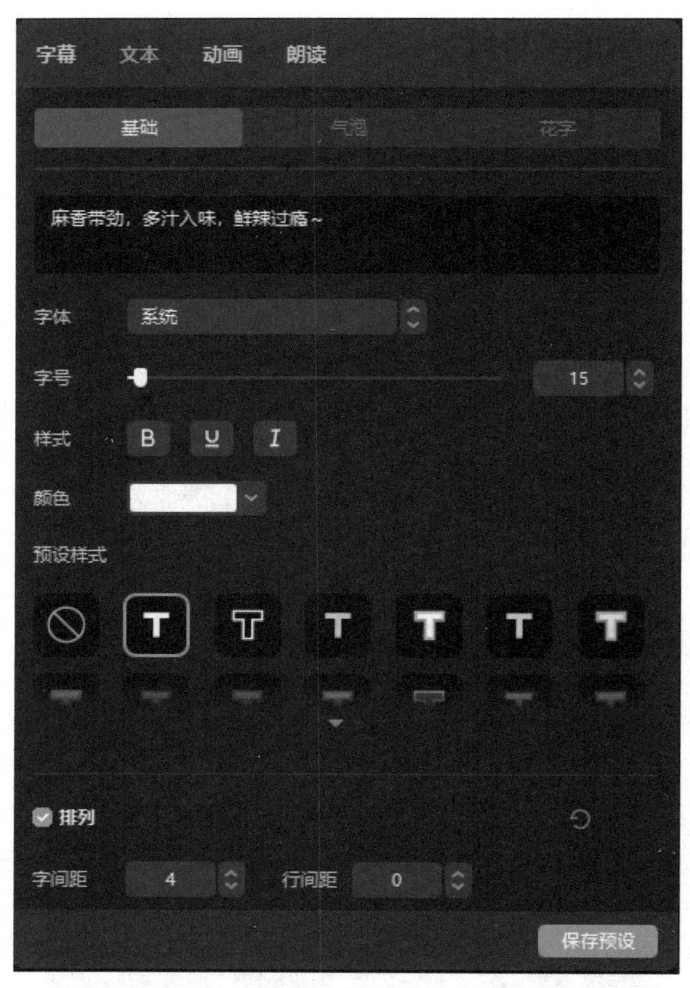

图 4-45　文本 - 基础

- **气泡**：设置文字气泡样式，如图4-46所示。
- **花字**：设置花式字体样式。

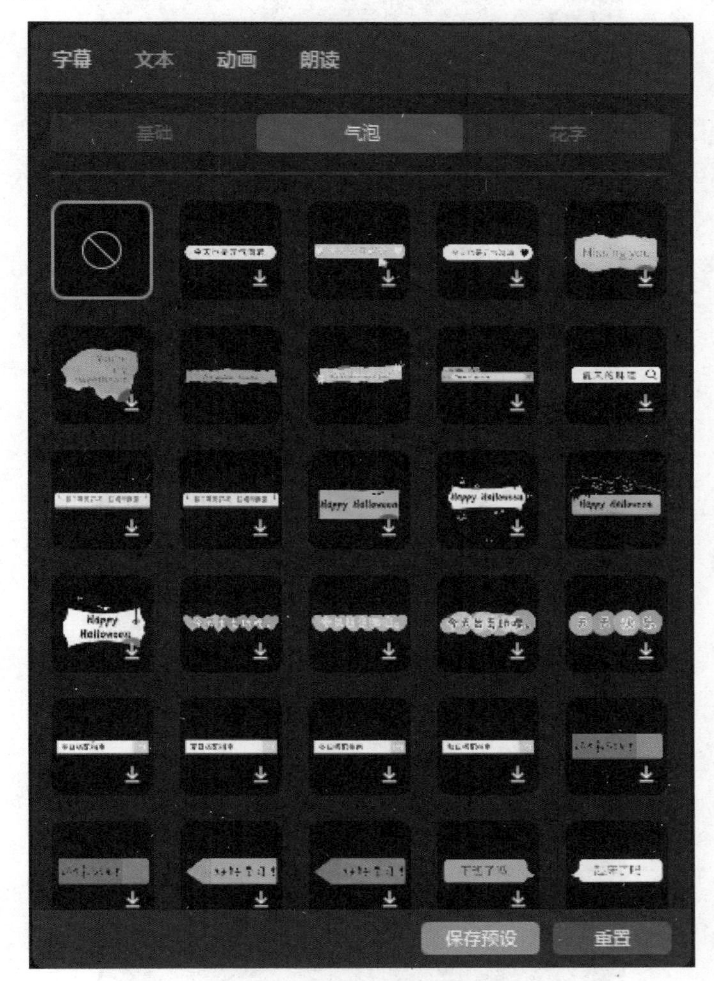

图 4-46　文本 - 气泡

③ 动画：选择“动画”后将显示入场、出场和循环3个选项。

- **入场**：设置文字入场时的动画，如向上弹入、晕开、闪动、飞入等，单击即可应用，在底部可设置动画时长，如图4-47所示。
- **出场**：设置文字出场时的动画，如逐字翻转、折叠、渐隐、闭幕等，单击即可应用，在底部可设置动画时长，如图4-48所示。

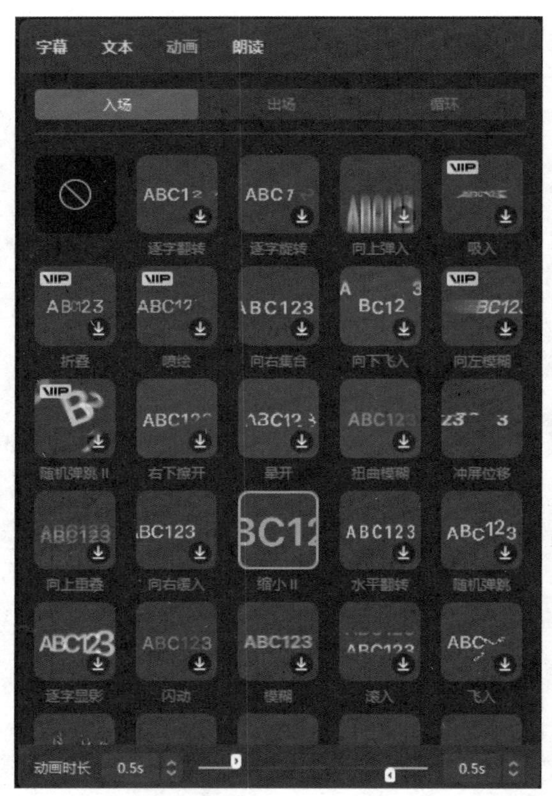

图 4-47　动画 - 入场

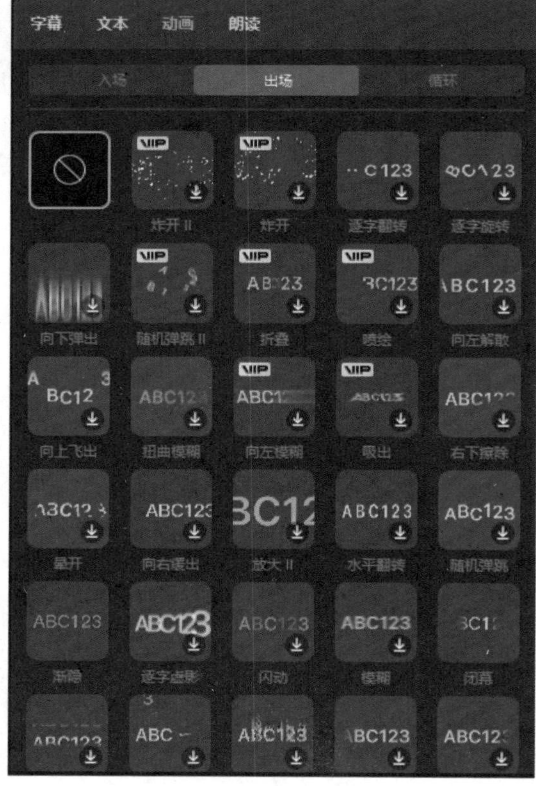

图 4-48　动画 - 出场

- **循环：**设置文字循环动画，如弹幕、吹泡泡、故障闪动等，单击即可应用，在底部可设置动画时长，如图4-49所示。

图 4-49　动画 - 循环

④ 朗读：选择“朗读”后可设置朗读音色，如甜美女孩、小萝莉、萌娃等，单击 开始朗读 可将文字转换为音频。

6. 细节调整区–贴纸轨道

在时间线区域中选择贴纸轨道后，细节调整区将显示贴纸和动画两个选项，可根据需要对该轨道进行细节调整。

① 贴纸：选择“贴纸”后可设置贴纸的缩放、位置、旋转角度参数，如图4-50所示。

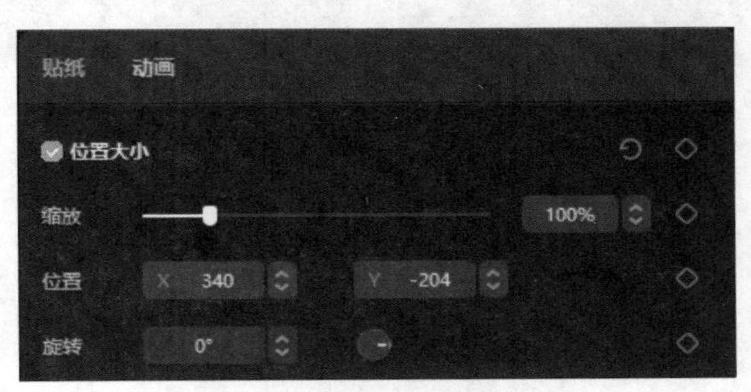

图 4-50　贴纸

② 动画：选择“动画”后将显示入场、出场和循环动画3个选项。其中入场和出场可以组成一套完整的动作，如弹入/弹出、渐隐/渐显等，如图4-51和图4-52所示。在循环动画中可以设置字幕滚动、闪烁、旋转等动作，单击即可应用，在底部可设置动画速度，如图4-53所示。

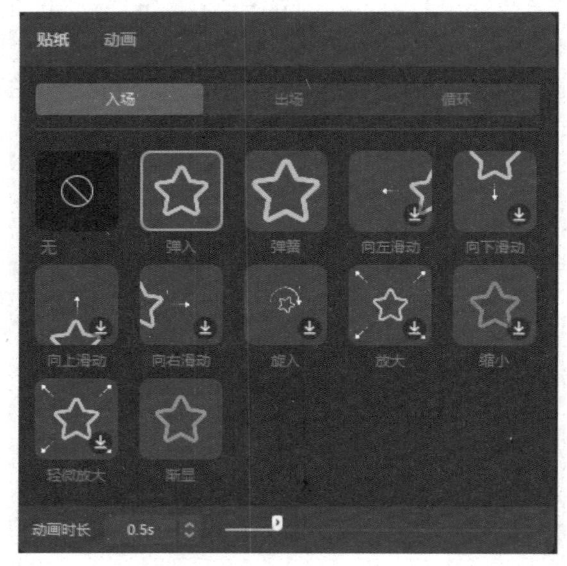

图 4-51　动画 - 入场

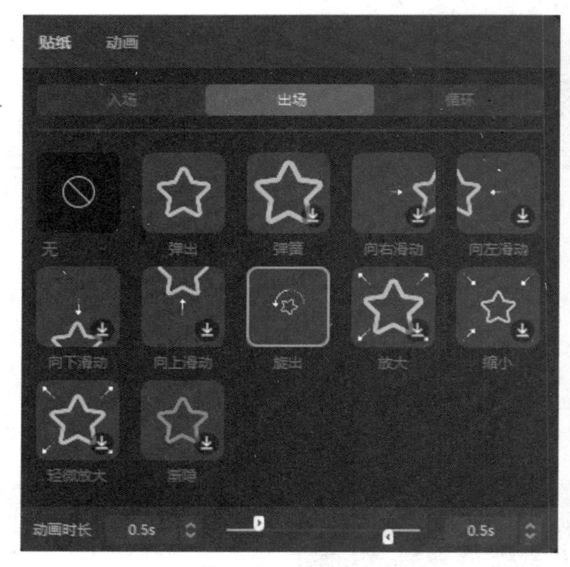

图 4-52　动画 - 出场

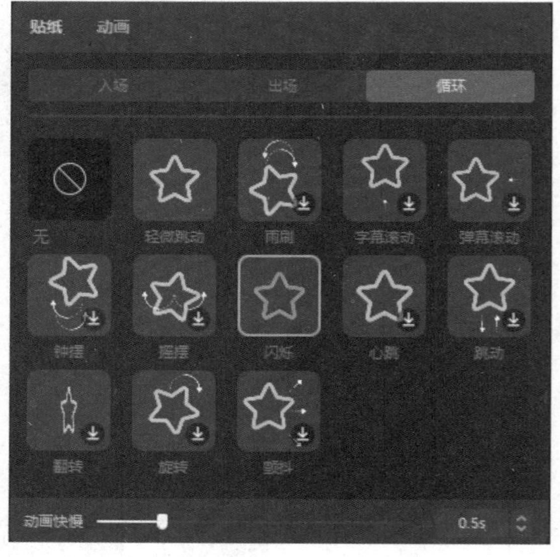

图 4-53　动画 - 循环

7. 常用功能区+时间线区域

使用常用功能区中的各种按钮可以快速对轨道进行分割、删除、定格、裁剪等操作，而时间线区域主要分为时间线、时间轴及各种轨道，如图4-54所示。按住Alt键多选轨道，右击鼠标即可创建/取消组合。

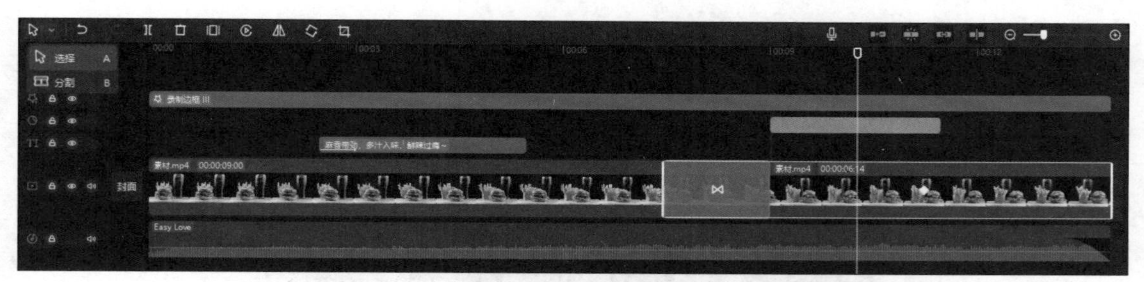

图 4-54 常用功能区＋时间线区域

常用功能区中各按钮的功能介绍如下：

- **选择**：单击按钮可将鼠标设置为选择或分割，当为分割时，单击按钮即在当前位置进行分割，如图4-55所示。
- **撤销/恢复**：单击按钮撤销操作，单击按钮恢复操作。
- **分割**：将时间线移动到合适位置，单击按钮分割。
- **删除**：选择目标轨道或片段，单击按钮删除。
- **定格**：单击按钮定格，在时间线指针后方将生成时长为3 s的独立静帧画面，如图4-56所示。

图 4-55 分割

图 4-56 定格

- **倒放**：单击按钮倒放，系统自动将素材视频倒放。
- **镜像**：单击按钮镜像，视频画面水平翻转。
- **旋转**：单击按钮旋转，在播放器中按住可自由旋转。
- **裁剪**：单击按钮裁剪，在弹出的界面中拖动裁剪框即可自由裁剪。单击自由按钮，在弹出的菜单中可选择裁剪比例，如图4-57所示。在左下角拖动滑块可调整旋转角度，如图4-58所示。单击重置按钮恢复默认状态。

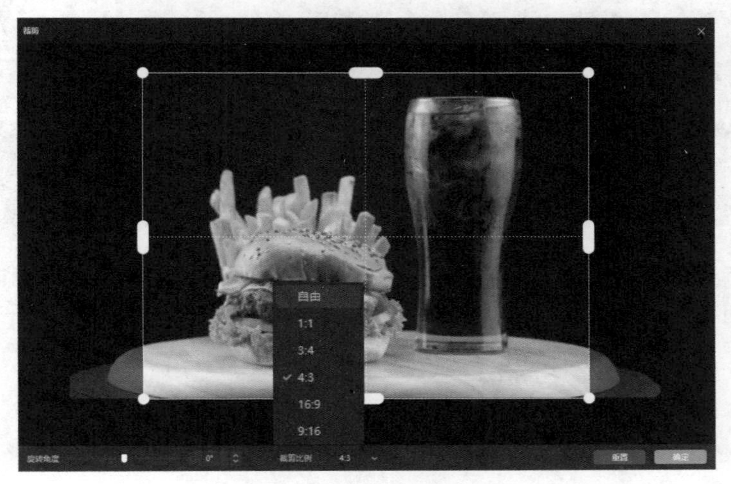

图 4-57 等比例裁剪

图 4-58　旋转裁剪

时间线区域中各按钮的功能介绍如下：

- **锁定轨道：** 单击按钮锁定轨道，锁定后无法对其进行任何操作，再次单击取消锁定。
- **隐藏轨道：** 单击按钮隐藏轨道，隐藏后无法对其进行任何操作，再次单击取消隐藏。
- **关闭原声：** 单击按钮关闭原声，轨道呈静音状态，再次单击取消静音。
- **封面：** 单击封面按钮，打开“封面设计”对话框，从中可选择视频帧或上传本地照片。单击去编辑按钮可选择模板或文本进行修饰调整。在模板中可选择生活、时尚、影视、美食等类别的多种封面模板，单击即可应用。选中模板中的文字，可更改其样式，如图4-59所示。单击完成设置按钮完成调整。

图 4-59　封面设置

- **录音：** 单击按钮录音，录制完成后将自动生成音频。
- **主轨磁吸：** 单击按钮关闭主轨磁吸。
- **自动吸附：** 默认将素材自动对齐时间轴，单击按钮可关闭自动吸附。
- **联动：** 单击关闭按钮联动，字幕将不跟随视频联动。

- **预览轴：**单击按钮可关闭预览轴。
- **时间线缩小/放大：**单击按钮时间线缩小，单击按钮时间线放大。

> **注意事项：**在工作界面中单击右上角的 快捷键 按钮可查看快捷键。

4.2.3 导出视频

视频剪辑完成后，单击右上角的 导出 按钮可弹出“导出”对话框，从中可设置作品名称、导出路径、视频导出等参数，设置完成后单击 导出 按钮即可，如图4-60所示。

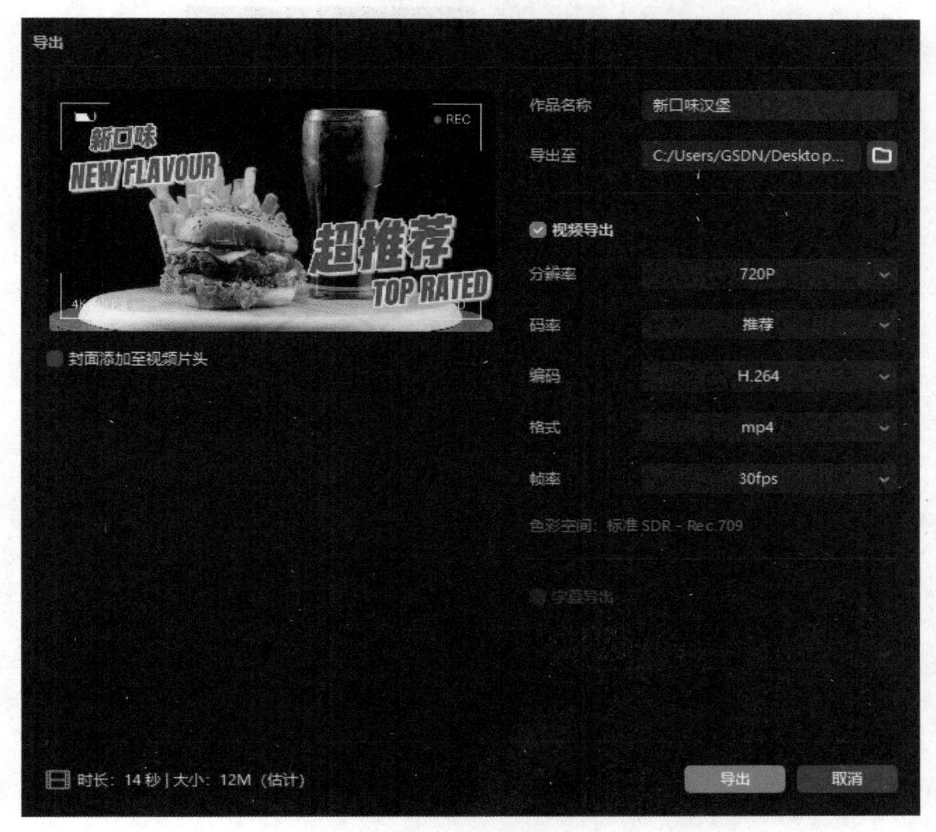

图 4-60 导出设置

“导出”对话框中视频导出选项的功能介绍如下：

- **分辨率：**代表图像所包含像素的多少，单位为ppi。以720 P为例，P指的是逐行扫描，画面分辨率为1 280 × 720。
- **码率：**编码器每秒编出的数据大小，单位为kb/s。在该选项中选择“推荐”即可。
- **编码：**通过特定的压缩技术，将某个视频格式文件转换成另一种视频格式文件的方式。在该选项中可选择H.264和HEVC两种。
- **格式：**设置视频导出的格式，有mp4和mov两种。
- **帧率：**即FPS（每秒要多少帧的画面），帧率越高，画面越流畅，越低则越卡顿。

4.3 上传与应用视频

视频导出后可以上传至后台的素材中心，还可以在“发布宝贝”页面中直接上传视频。下面介绍这两种方式的应用方法。

■4.3.1 上传至后台

在淘宝平台中进入到千牛卖家中心，选择“商品”→“商品管理”→“图片空间”选项，进入到“淘宝旺铺”，选择“视频”选项，即可上传无线视频和PC视频，如图4-61和图4-62所示。

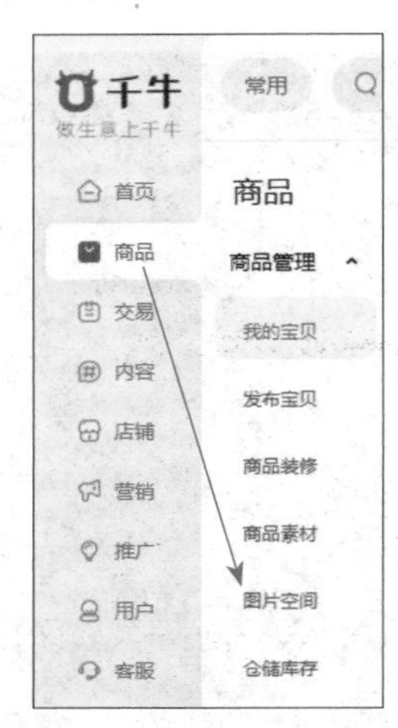

图 4-61 商品 - 图片空间

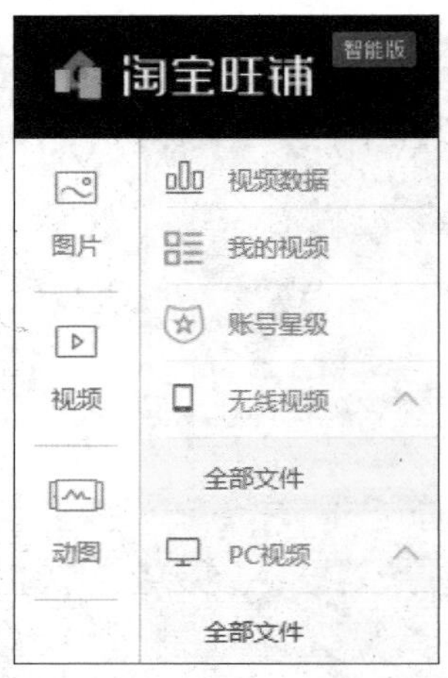

图 4-62 图片空间 - 视频

单击该界面右上角的 上传 按钮上传视频，打开如图4-63所示的上传界面。

单击“上传”按钮后，在弹出的界面中可设置上传到无线视频库还是PC电脑端视频库，如图4-64所示。

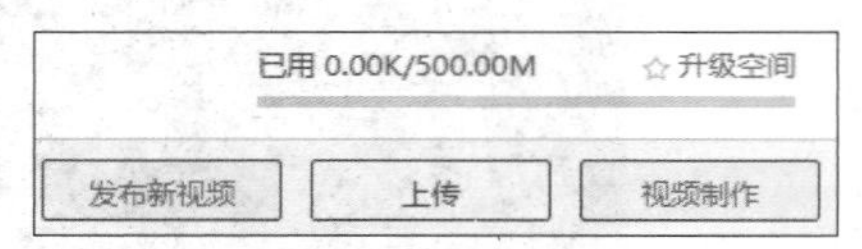

图 4-63 上传界面

图 4-64 上传视频界面

单击“上传”按钮后，在弹出的界面中选择视频，设置标题文案和封面图，如图4-65所示。确认后还需要等待审核。

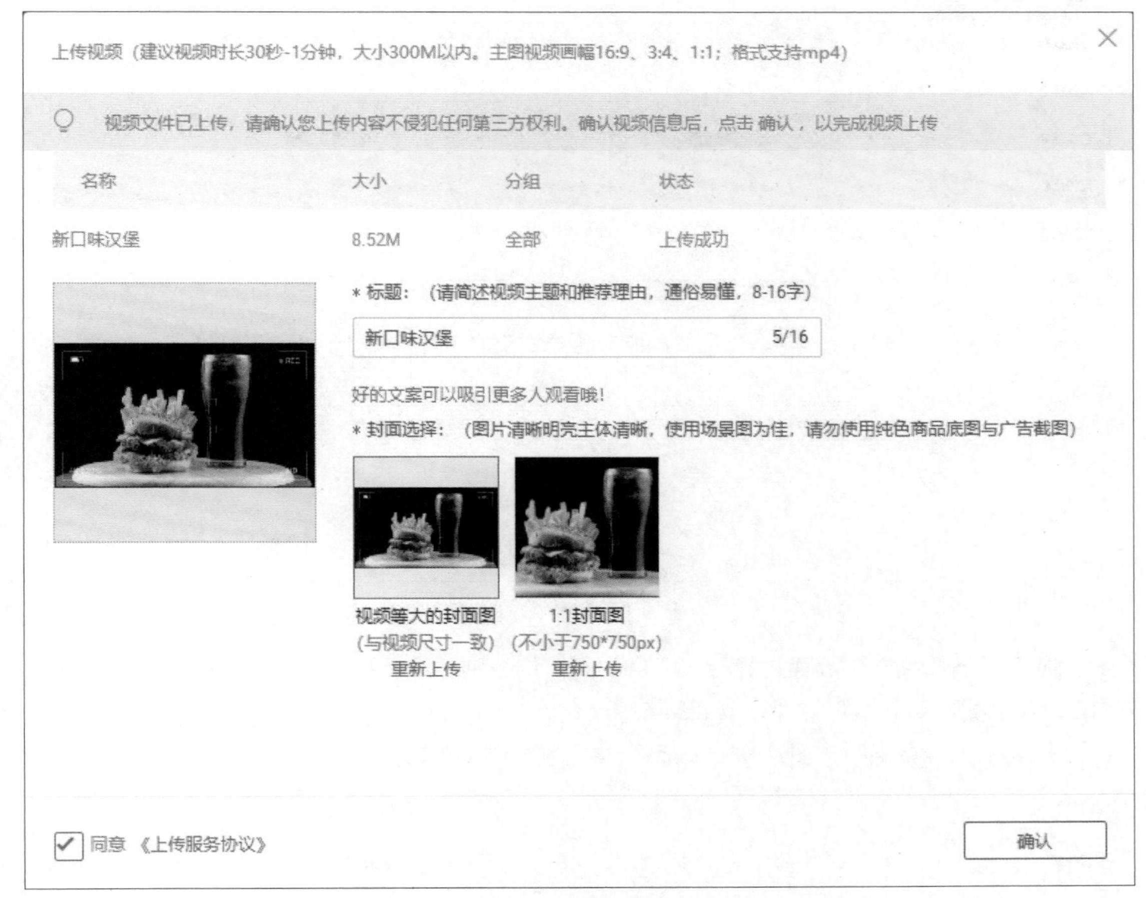

图 4-65　上传视频界面

■4.3.2　发布宝贝

在“商品管理”选项中选择“发布宝贝”，进入到“商品发布”界面，设置发布类目，单击“下一步”发布商品，在打开的界面中单击选择“图文描述”选项，在右侧可选择“主图视频比例”及上传多个主图视频，如图4-66所示。

选择“1：1或16：9”视频比例后，在“主图多视频”中单击 按钮，在打开的“选择视频”界面中上传视频，可选择“主图视频”或“微详情视频”，其中“微详情视频”格式只支持1：1视频比例，如图4-67所示。

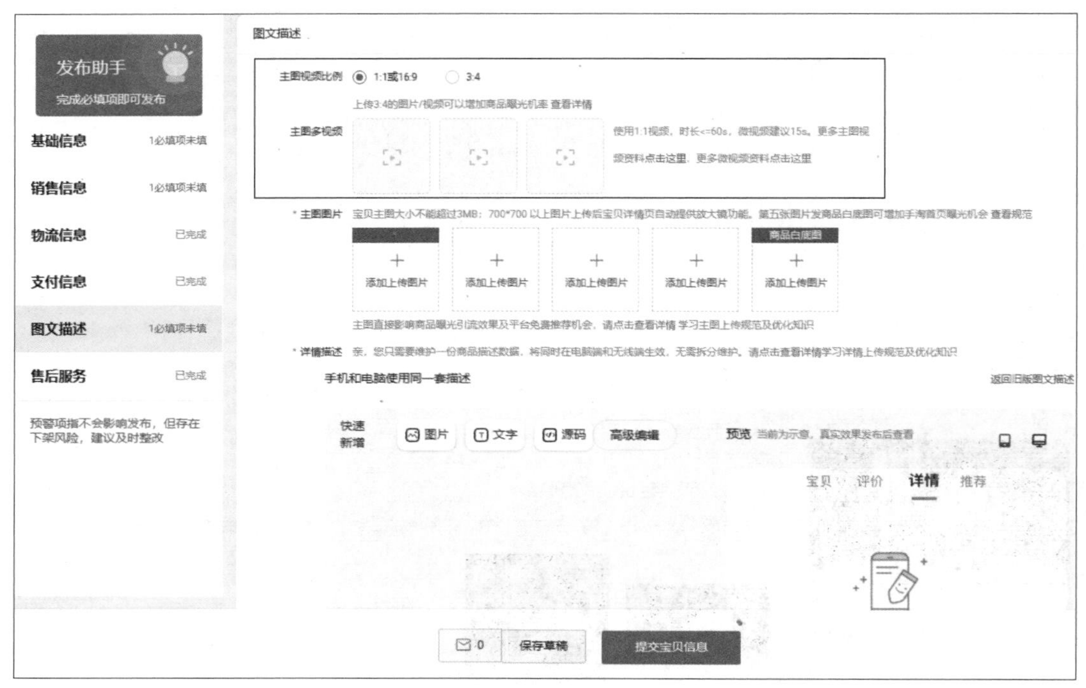

图 4-66 “商品发布”界面

如果在“商品发布”界面选择“3：4”视频比例，则“选择视频”界面中的“主图视频”和“微详情视频”尺寸也都是3：4，如图4-68所示。

根据要求上传完视频、图片和文案后，单击提交宝贝信息即可。

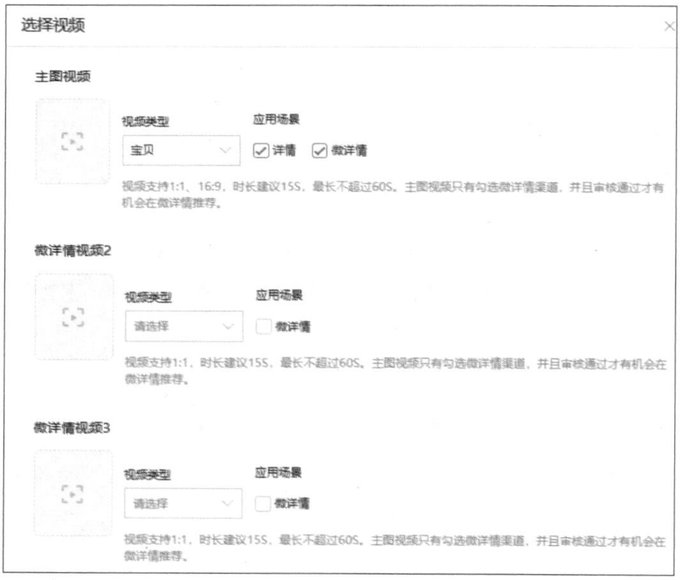

图 4-67 “选择视频”界面

图 4-68 3 ：4 视频比例

注意事项： 无论是上传视频还是图片，如果不符合格式比例要求，该缩览图将自动变暗并显示“尺寸不符合要求”的提示信息，如图4-69所示。

图 4-69 提示信息

上手实操

了解了关于视频拍摄和剪辑的相关知识之后，使用手机或者其他专业设备选择某个商品、特定场景或者人物，拍摄并剪辑时长为15 s的视频。

思路提示

在拍摄前需要构思拍摄主题、构图方式、拍摄角度等，在最合适的时机和位置点击快门开始录制。录制前后和录制时需要注意以下几点。

- 根据不同平台要求选择画幅方向。
- 选择好角度后按快门录制，有效避免边拍边调整视角所造成的画面不稳定。
- 在移动过程中，避免大动作造成的画面抖动，可借助三脚架、稳定器稳定手机或其他专业设备。
- 在视频录制过程中，谨慎选择对焦，不要随意改变焦点，避免视频发生从模糊到清晰的缓慢过程。
- 在视频录制过程中，需保持平稳的呼吸，避免收声时出现杂音。
- 录制结束时，镜头需保持静止3 s左右，避免草率收尾。

拍摄完成后需要对其进行剪辑润色，如调色，添加音乐、字幕，转场等，剪辑完成后导出规定尺寸。在剪辑视频时需要注意以下几个方面。

- 确定剪辑思路，明确视频传达的主题和态度。
- 规避敏感信息。
- 使用无版权的图片、视频、音频，避免侵权。
- 配乐方面需要和视频内容贴合，有歌词或旁白的可以添加字幕。
- 合理使用特效。过度使用特效会让用户忽略视频自身的内容。
- 短视频的标题和封面与视频内容同等重要。

第5章

主图图片视觉设计

内容概要

电商主图作为流量的入口，主图的选择与设计的好坏，直接影响着店铺的点击率。在主图的选择上，一定要选择干净、清晰的大图；在设计上，须突出宝贝的特点、品质、活动力度，还应根据点击率适时优化主图，这样才能有效吸引买家。

数字资源

【本章素材】："素材文件\第5章"目录下

5.1 主图图片设计须知

主图是店铺装修的关键，也是了解商品的第一步。在主图的设计上需要充分体现宝贝的特点和卖点，吸引买家点击了解商品详情。

■5.1.1 主图的构成要素

主图的构成要素主要有3个部分：商品主体、主图背景和信息填充（文案），如图5-1和图5-2所示。

- **商品主体**：商品主体占比要高，文字信息不得遮住主体。
- **主图背景**：选择和商品匹配的场景，要做到干净、协调、融合。
- **信息填充**：文案部分要简洁明了，可适当体现促销、卖点、价格、赠品、售后服务等相关信息。

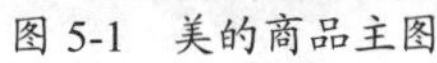
图 5-1 美的商品主图

图 5-2 海尔兄弟商品主图

■5.1.2 主图素材的选择

主图需要准备5张不同类型的图片，确定主图视频比例后，上传相对应的主图图片，如图5-3所示。

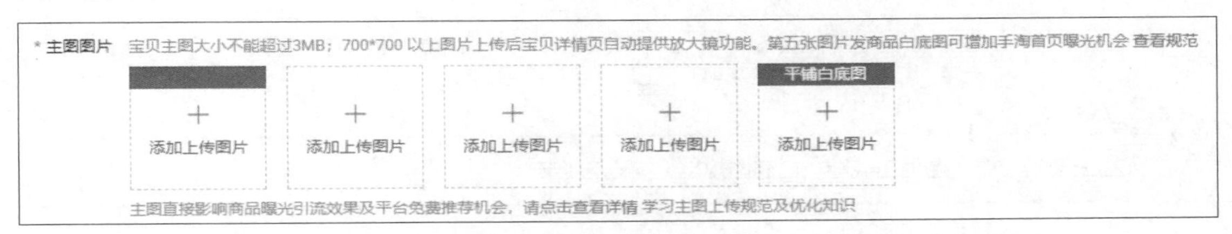

图 5-3 主图图片上传界面

这5张图各有各的功能，每种行业的主图布局会有所出入，比较常见的主图布局如下：

1. 核心主图

第1张图直接影响商品的点击率，需要突出商品核心卖点，描述宝贝卖点需言简意赅，符合实际功能。可以直接放置商品图片，简洁大方，突出商品主体，如图5-4所示。也可以与文案相辅相成，标明活动福利等，如图5-5所示。

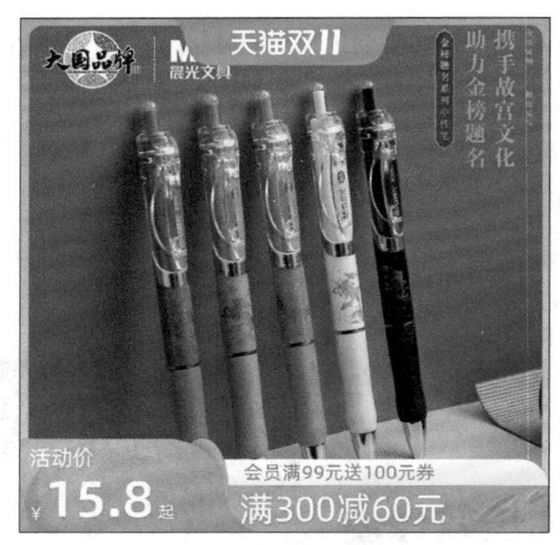

图 5-4　以商品图片为主

图 5-5　标明活动福利

2. 卖点详情图

第2张是卖点延伸图，可以让买家更深入地了解商品，展示商品的特性或与其他相似商品的不同之处，解决“痛点”以吸引更多的消费者，如图5-6和图5-7所示。若是礼包类商品，可以为礼包详情图。

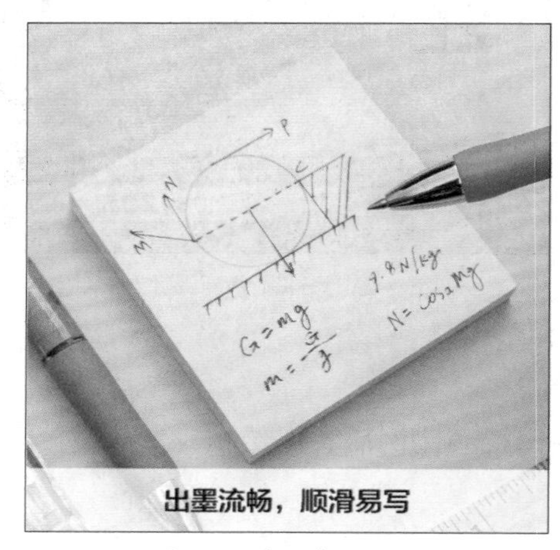

图 5-6　展示商品效果

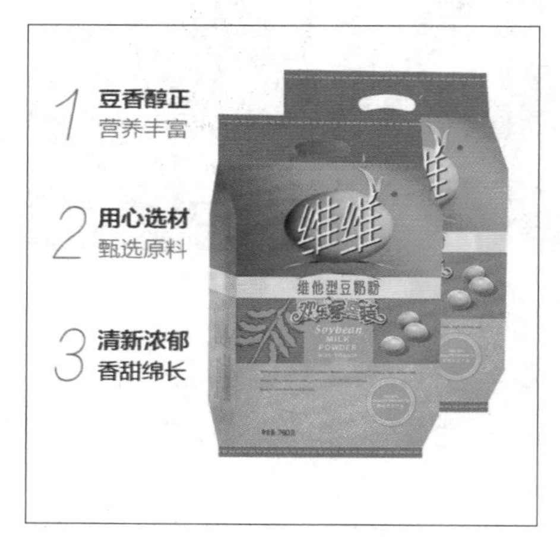

图 5-7　展示商品卖点

知识点拨

天猫主图第 2 张主图为白底图。白底图规范见第 5.2.1 节。

3. 细节展示图

第3张图可以从各个角度展示商品细节，如图5-8所示。也可以选择产品参数图或是详情图等，以进一步了解商品，如图5-9所示。

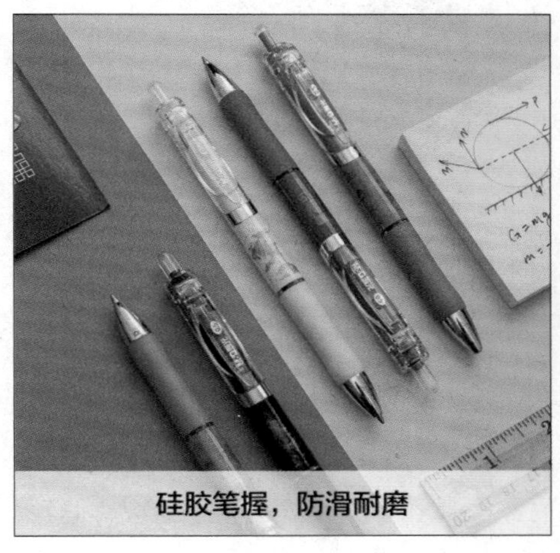

图 5-8 细节展示图

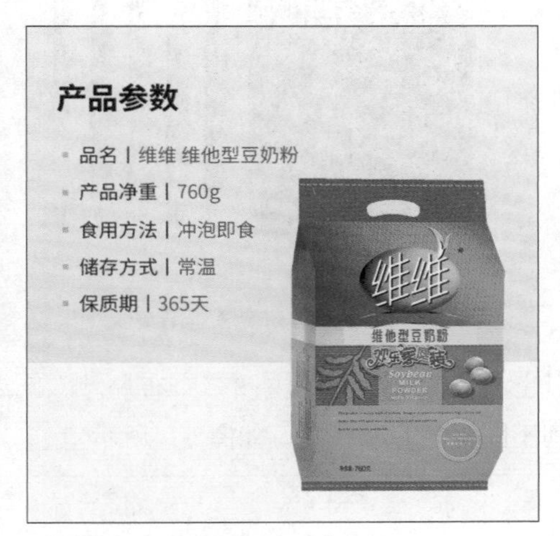

图 5-9 产品参数图

4. 场景氛围图/营销活动图

第4张可以是产品的类别与特点描述图或适用场景图，以更好地引起买家的兴趣，如图5-10所示。也可以放置产品尺寸图或使用方法图，如图5-11所示。若是促销活动，可以添加促销活动信息，刺激买家下单。

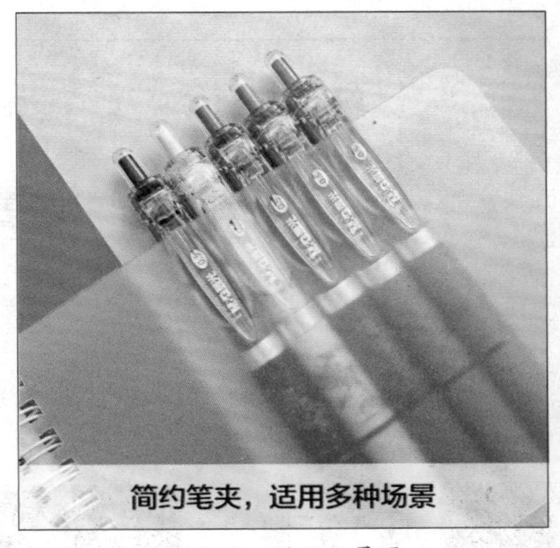

图 5-10 适用场景图

图 5-11 商品使用方法

5. 平铺白底图/售后保证图

第5张大部分为平铺白底图。白底图绘制系统自动抓取，可获得手淘首页推荐流量，如图5-12和图5-13所示。也可以选择卖点说明或售后服务等信息图，增强买家安全感。

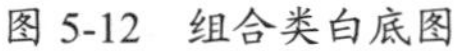
图 5-12 组合类白底图

图 5-13 单品白底图

以上就是比较常见的主图分布布局。除此之外，5张图也可以是商品不同角度的细节图或同系列不同颜色的产品图，如图5-14所示。

图 5-14 不同角度的商品主图

知识点拨

若是系列商品，可以在主图中添加 SKU 图，位置在第 2 张主图左下角显示，如图 5-15 所示。SKU 在淘宝平台是指宝贝的销售属性集合，供买家在下单时选择，如规格、颜色、尺码等。部分 SKU 值可以自定义编辑。其尺寸为 800 × 800 px 或 800 × 1 000 px。

图 5-15 SKU 缩览图

相比1∶1的比例，主图使用3∶4的比例更能增加曝光率，图5-16所示为文教行业主图分布布局。

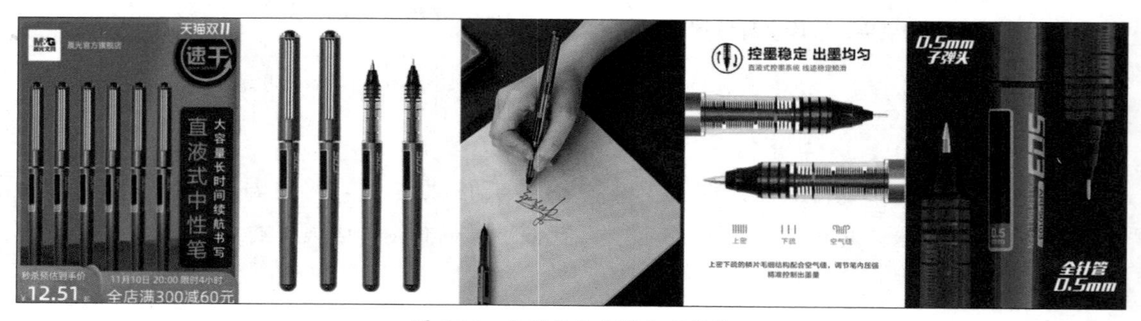

图 5-16 文教行业主图分布布局

图5-17所示为服饰行业主图分布布局。

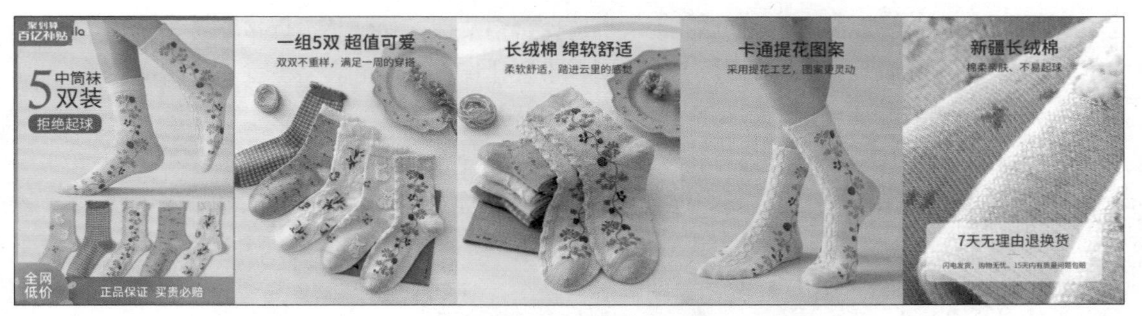

图 5-17 服饰行业主图分布布局

■5.1.3 主图图片设计规范

主图图片在设计时需要选择清晰、精致的实物图，切忌拼接、合成，不允许出现多个主体，特殊产品除外。商品的页面颜色和字体不能太多，避免太过花哨。具体规范如下：

1. 图片规范

- **图片尺寸：**800×800 px（1∶1）（图5-18），750×1 000 px（3∶4）（图5-19），很少会用到720×1 280 px（9∶16）。
- **图片格式：**PNG、JPG、GIF格式，分辨率为72 dpi，图片大小应小于3 MB，最好控制在500 KB左右。

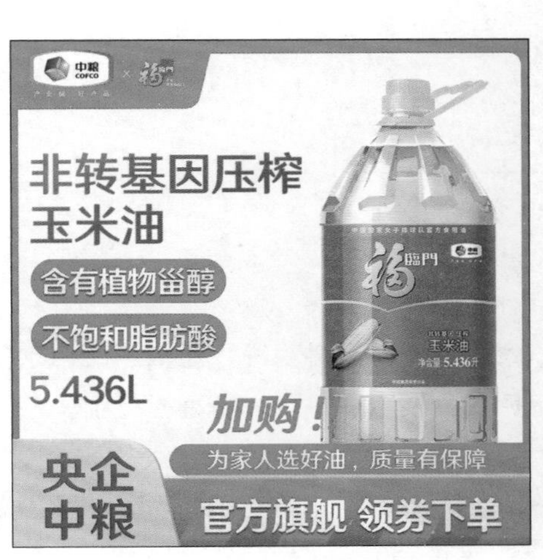

图 5-18 1∶1

图 5-19 3∶4

2. 严禁出现的产品信息

严禁出现违禁商品、政治敏感、宗教敏感等类目产品信息。

3. 注意要点

- 主图需要展示商品卖点、亮点，视情况选择营销文案，如赠品、折扣等。
- 产品主体清晰，占图比例高，主次分明，不要让周围摆件喧宾夺主。
- 5张主图要多维度展示，需要具有组合性、主题性。
- 主图背景、风格与产品契合，符合该产品主要消费人群的审美需求。
- 产品图片要丰富，通过道具、场景、环境、拍摄角度以及搭配小物件营造视觉差异，避免与同行同款同风格。
- 前期拍照要注意光线、构图，后期应适当修图，避免失真。
- 根据数据反馈，可适时进行优化。

4. 构图原则

主图主要是将商品图片和文案排列组合呈现给买家。商品和文案布局不宜过满，也不宜留白太多，建议占比为2/3。比较常见的构图有左右、上下、上中下、对角线排版等。

5.2 商品素材图片设计规范

素材中心是商家维护公域素材的阵地，在素材中心维护的素材将供给至淘宝的多个场景进行投放，帮助商家获得更多公域流量。在店铺素材中心可以上传基础素材，包括商品白底图、商品透明主图、方版场景图和商品长图，如图5-20所示。

商品白底图 ⓘ	商品透明主图 ⓘ	方版场景图 ⓘ	商品长图(2:3) ⓘ
+ 添加图片 800 × 800 px	+ 添加图片 800 × 800 px	+ 添加图片 800 × 800 px	+ 添加图片 800 × 1200 px

图 5-20　商品素材上传规范

5.2.1　商品白底图规范

白底图的使用场景有首页宫格、大促会场、聚划算、猜你喜欢等，还被广泛用于主图的第2张或第5张的位置。使用白底图，可以获得系统抓取，展示在首页和各种栏目上。在发布白底图时需要注意以下几点。

1. 图片规范

白色（#ffffff）背景，图片尺寸为800×800 px，存储为PNG/JPG格式，图片大小需大于38 KB且小于300 KB。

2. 构图原则

主体展示完整，遵循四周顶边、上下顶边、左右顶边和对角顶边原则，正确示意如图5-21

所示，切勿构图偏移超出范围，如图5-22所示；或是构图过小和重心偏移，如图5-23所示。

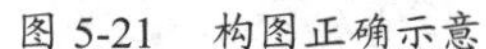

图 5-21　构图正确示意

图 5-22　构图超出范围

图 5-23　构图过小和重心偏移

3. 基础规范

- 背景必须是纯白色，无多余背景、线条等未处理干净的元素。
- 商品主体完整，没有破损瑕疵。
- 商品主体需识别度高，若主体颜色太浅或太深，可以添加内阴影效果，与背景进行区分，如图5-24所示。
- 图中不允许有阴影和毛糙抠图痕迹，如图5-25所示。
- 图中不允许拼合而成的商品图，不可出现人体部位。
- 图中不允许出现模特，必须是拍平铺或者挂拍，不可以出现吊牌、衣架等。
- 图中不允许出现多个主体，如图5-26所示。套装除外，套装不可超过5个。
- 图中不允许出现文字、logo、水印等“牛皮癣”。
- **严禁出现的内容：**色情、暴力、政治敏感、宗教类等商品素材，包含商品自身、图案和形状。

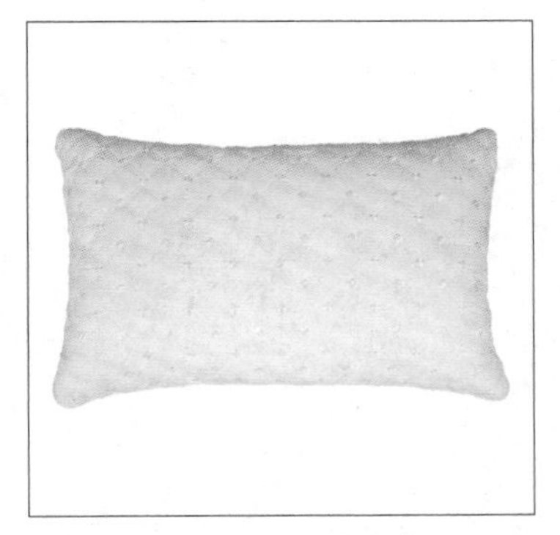

图 5-24　正确示范

图 5-25　毛糙抠图

图 5-26　多个主体

4. 特殊商品规范

- **细长类商品：**餐饮类、小家电类、户外运动类等细长类商品可以出现多个主体，可排成列，或倾斜不顶边摆放，不得出现手、脚等部位。以电动牙刷头为例，如图5-27所示。

- **服装类**：运动服三件套或瑜伽等套装可以多个主体一张图，如图5-28所示。单色单只的袜子等商品，不得出现压迫色及吊牌。
- **家装建材类**：全部定制类可进行拆分摆放；装修设计、施工等颜色不宜太白或过淡；家装主材允许平面商品；壁纸等细长类的可以多个排列；基础建材、电子电工允许商品套装。以瓷砖为例，如图5-29所示。

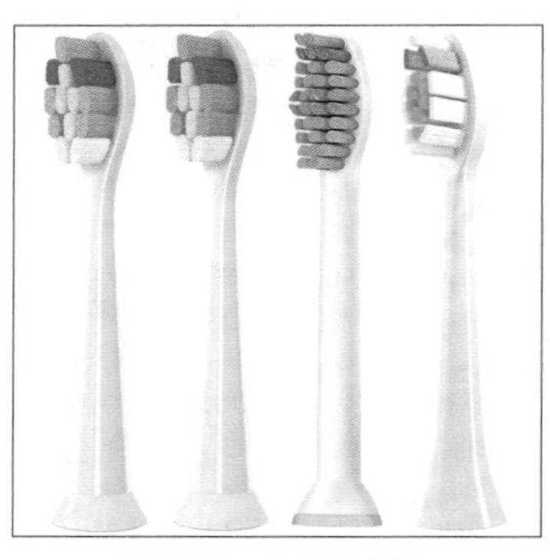

图 5-27 电动牙刷头

图 5-28 运动服三件套

图 5-29 瓷砖

- **服务工具类**：电子词典、纸质书、文化用品允许出现多种颜色类别、细长的商品和组合商品。以中性笔为例，如图5-30所示。
- **二次元类**：允许模特图、动画商品图出现。
- **宠物类**：允许宠物图出现，如图5-31所示。
- **美妆类**：需要正面拍摄，不要有角度或俯视图；纸品湿巾中的卷纸需要有包装，不能只看到产品正面图而看不到商品外包装，如图5-32所示。

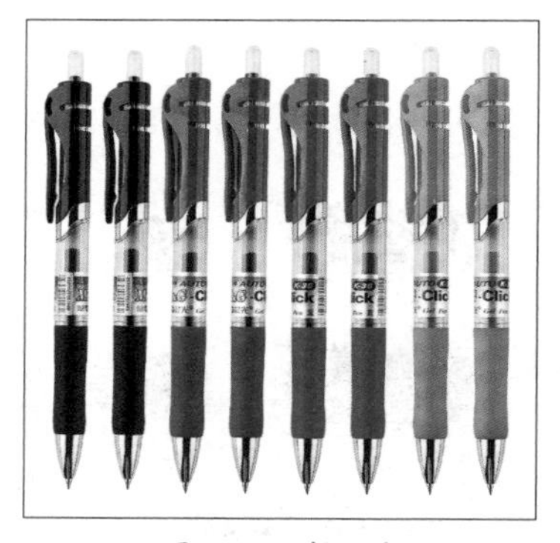

图 5-30 中性笔

图 5-31 宠物图

图 5-32 卷纸

知识点拨

在营销活动中还需要上传透明素材图，图片尺寸不小于800×800 px，大小不超过500 KB。主体在拍摄时不要变形，边缘要处理干净，上下、左右顶边或居中撑满整个界面。其他注意事项参考白底图的基础规范和特殊商品规范详情。

■5.2.2 方版场景图规范

手淘中首页各大栏目的入口，如有好货、每日好店等栏目，都会显示场景图。场景图主要有以下几点要求。

1. 图片规范

图片尺寸为800 × 800 px，图片应存储为PNG/JPG格式。

2. 图片标准

主体展示清晰完整，背景氛围干净、美观。颜色不要太多，不过度修饰图片。

- **基础篇：**画面无明显粗糙修图，无水印、文字、logo等，无画面不清晰、模糊等；背景不要过于复杂、夸张、杂乱，如图5-33所示。主体要与背景和谐搭配，如图5-34所示。

图 5-33　背景复杂

图 5-34　背景和谐

- **构图篇：**画面主体清晰美观，视觉整体中心与画面保持居中，如图5-35所示；不要圆形与留边效果，如图5-36所示。

图 5-35　主体居中

图 5-36　留边

- **色彩篇：**画面整体协调，饱和度适中，如图5-37所示，避免背景色繁杂、图片曝光不足或过度、照片失真等，如图5-38所示。

图 5-37　画面协调

图 5-38　曝光过度

■5.2.3　商品长图规范

部分类目开放上传入口（即第6张主图），在图文描述中会增添宝贝长图选项，如图5-39所示。

图 5-39　宝贝长图选项

具体的图片基础规范要求如下：

- 图片尺寸为800 × 1 200 px，图片格式为JPG，图片大小应小于3 MB。
- 长图主要包含的类目为男装、女装、运动装、童装、孕妇装等。
- 主图不能是白底图，如图5-40所示。需要实拍图、模特图或者有场景的图片，氛围背景要干净整洁，颜色不宜过多，如图5-41所示。

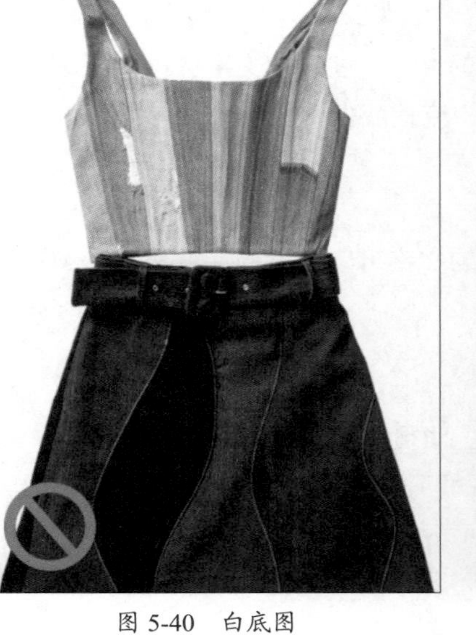

图 5-40 白底图

图 5-41 场景图

- 图片要真实，避免拉伸变形；不要出现衣架和人体局部摆拍，如图5-42所示。纯色背景要修饰干净。
- 主图必须可识别，清晰不虚化，不能使用拼图、合成图，不要过度修图（如曝光过度、颜色偏差等），如图5-43所示。
- 不要出现logo或文字等“牛皮癣”，不要有水印，不要留白边，不要添加暗角。
- 禁止出现引起不适的元素、违禁商品图、政治宗教敏感图等。

图 5-42 出现衣架

图 5-43 颜色偏差

5.3 主图的文案选择

主图中的文案一定要简明扼要，一目了然，让买家快速了解商品特点和活动力度，从而获得流量。主图文字不宜过多，约占整个图片的30%，过多的文字会削弱买家对商品本身的关注，易发生找不到重点的情况，造成一定程度的流量流失。

■5.3.1 主图文案类型

主图中的文案和商品同样重要，有吸引力的文案可以凸显商品优势，获得高流量。主图中的文案主要有以下几种类型。

1. 商品卖点型

商品的卖点要精练表达，避免无价值信息，如图5-44和图5-45所示。

在提取商品卖点时，第一步需要了解该商品的材料、质量、性能等基础信息，第二步了解该产品消费人群的特点、关注点和需求点，最后分析同行的卖点。若有多个卖点，需确定主卖点，其他作为延伸卖点，做到主次分明。文案不可夸大、过度或虚假承诺商品效果及程度，不可使用“国家级”“最高级”等极限词语。

图 5-44　商品信息

图 5-45　商品性能

2. 优惠促销型

在主图中可以适当加入营销文案，标明商品优惠额度、赠品、折扣等，如图5-46和图5-47所示。

图 5-46 优惠额度

图 5-47 显示赠品

3. 限时抢购型

利用限时抢购的倒计时设计，营造危机感，促使买家下单，如图5-48和图5-49所示。

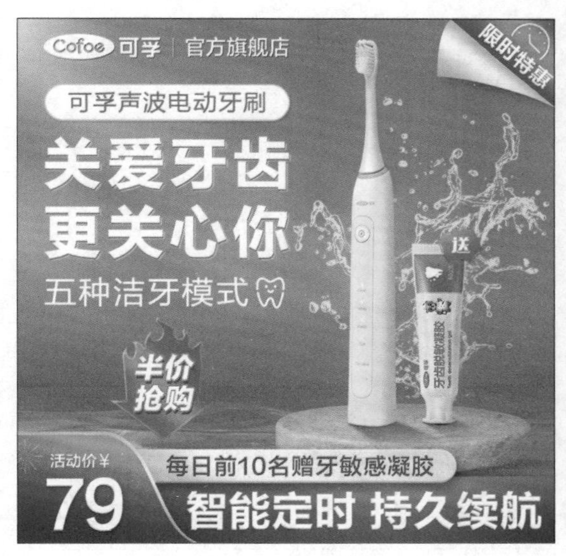

图 5-48 限时特惠

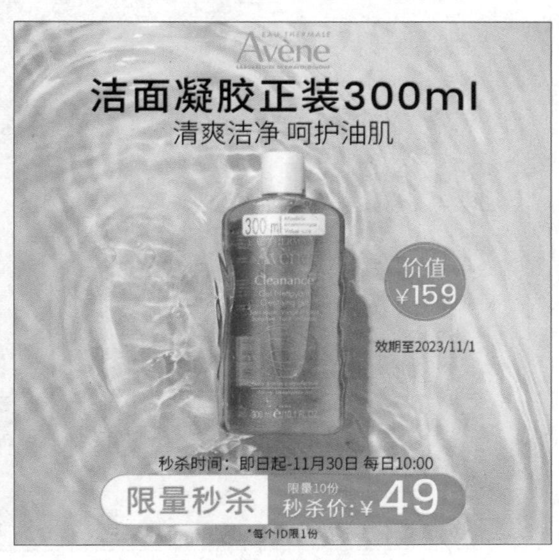

图 5-49 限量秒杀

知识点拨

制作主图时，可以在 Photoshop 中修好图，然后在后台中的“商品管理”→“商品素材”→“素材制作”→“主图打标”中选择模板尺寸、文案行数、logo 位置和价格计算方式，筛选模板后单击“创建投放”按钮，如图 5-50 所示。

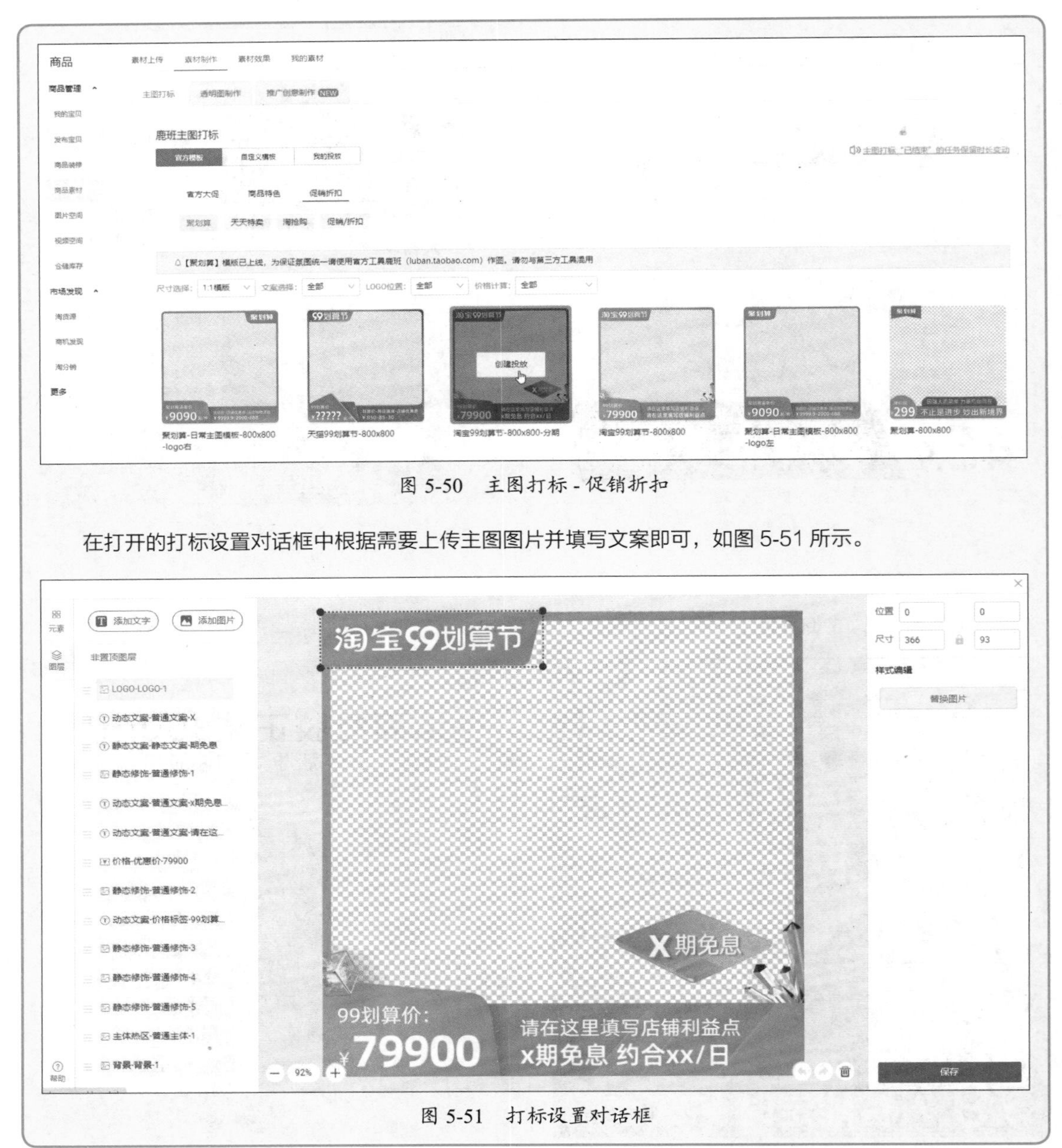

图 5-50 主图打标 - 促销折扣

在打开的打标设置对话框中根据需要上传主图图片并填写文案即可，如图 5-51 所示。

图 5-51 打标设置对话框

■5.3.2 主图文案排版

主图文案的位置可以根据商品主体进行排版，最常见的位置为沉底式，它不破坏主体，整体性较强，符合买家浏览习惯，如图5-52和图5-53所示。

图 5-52 沉底式 1

图 5-53 沉底式 2

另一种常见的位置为左右式。文案偏左或偏右，文字使用单色或双色，字体不宜超过两种，文字应精简，主次分明，如图5-54和图5-55所示。

图 5-54 左右式 - 右

图 5-55 左右式 - 左

文案的版式不是固定的，需根据商品特点和文案内容进行设计。除了这两种常用的文案版式外，还可以在顶部位置添加文案，如图5-56所示，或是进行复合式组合使用，如图5-57所示。

图 5-56　顶部

图 5-57　组合式

5.4　实训案例：制作阅读台灯主图

了解了主图图片设计知识后，下面将根据所提供的素材制作阅读台灯的主图，效果如图5-58所示。

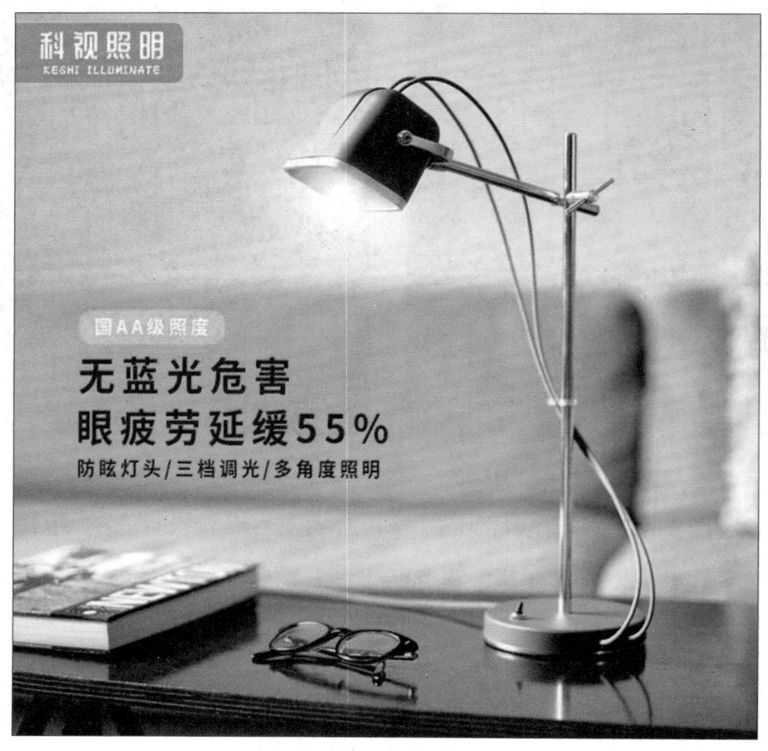

图 5-58　主图效果

■5.4.1 制作商品主图（第1张主图）

扫码观看视频

第1张主图为图片加文案样式，首先在Photoshop中对素材进行裁剪调整，然后添加文案。

步骤 01 在Photoshop中打开素材文件“1.jpg”，如图5-59所示。

步骤 02 选择“裁剪工具”，在选项栏中选择“宽×高×分辨率”选项，设置参数后，拖动裁剪框调整范围，如图5-60所示。

图 5-59 打开素材

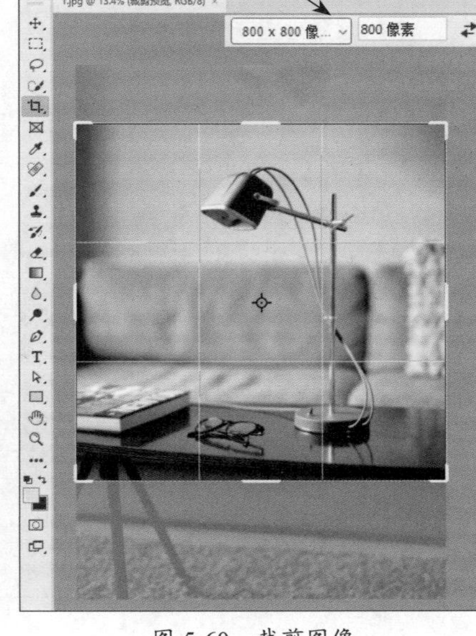

图 5-60 裁剪图像

步骤 03 按住Enter键完成裁剪，效果如图5-61所示。

步骤 04 选择“混合器画笔工具”，从内向外涂抹边缘暗角，如图5-62所示。

图 5-61 裁剪效果

图 5-62 调整边缘

注意事项："混合器画笔工具"的参数设置如图5-63所示。

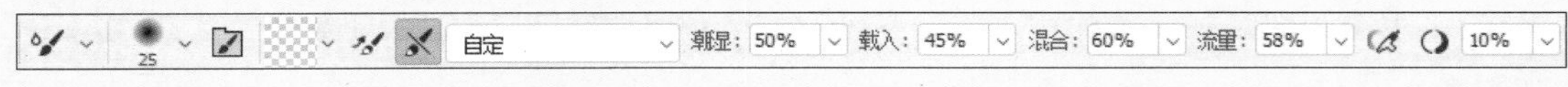

图 5-63 "混合器画笔工具"参数设置

步骤05 按Ctrtl+J组合键复制图层，继续用"混合器画笔工具"处理沙发部分，如图5-64所示。

步骤06 在图层中单击"创建新的填充或调整图层"按钮 ，在弹出的菜单中选择"曲线"选项，如图5-65所示，创建"曲线"调整图层。

图 5-64 处理沙发显示

图 5-65 创建"曲线"调整图层

步骤07 在"属性"面板中设置参数，如图5-66所示，调整效果如图5-67所示。

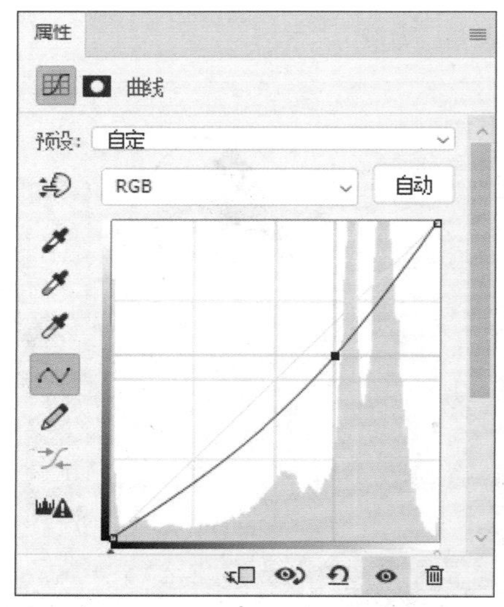

图 5-66 设置曲线参数

图 5-67 调整效果

步骤08 新建透明图层，设置前景色为白色，选择“画笔工具”，单击绘制“光源”，如图5-68所示。

步骤09 按Ctrl+T组合键，调整光源大小，移动到灯泡位置，如图5-69所示。

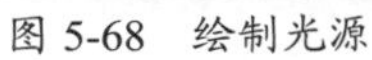

图 5-68 绘制光源

图 5-69 调整光源

步骤10 创建图层蒙版，将前景色设置为黑色，涂抹擦除与灯罩重合部分，如图5-70和图5-71所示。

图 5-70 创建图层蒙版

图 5-71 擦除效果

步骤 11 在“图层”面板中创建“色阶”调整图层，在“属性”面板中设置参数，如图5-72所示，调整效果如图5-73所示。

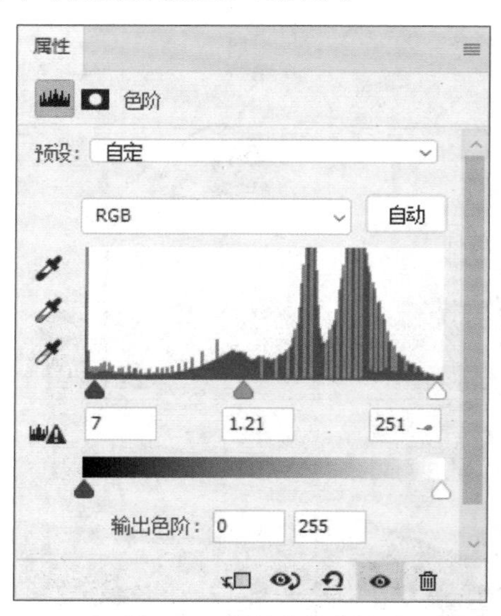

图 5-72　调整色阶参数

图 5-73　调整效果

步骤 12 选择“横排文字工具”，输入文字，在“字符”面板中设置参数，如图5-74和图5-75所示。

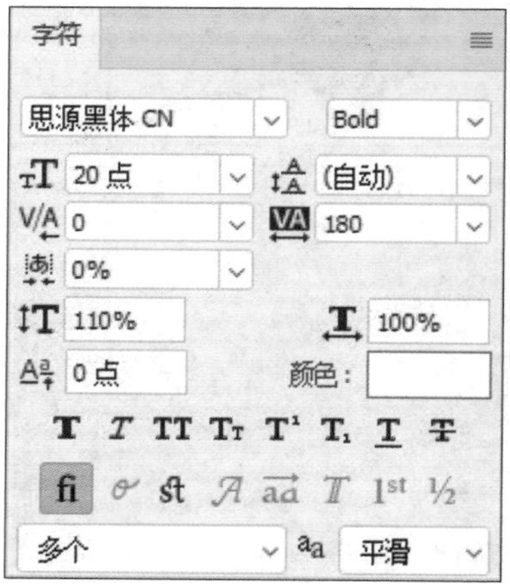

图 5-74　设置字符参数

图 5-75　文字效果

步骤13 选择“矩形工具”，绘制矩形（R225，G169，B102），在“属性”面板中设置半径，如图5-76所示。

步骤14 调整图层顺序，选中文字和矩形，使其水平、垂直居中对齐，如图5-77所示。

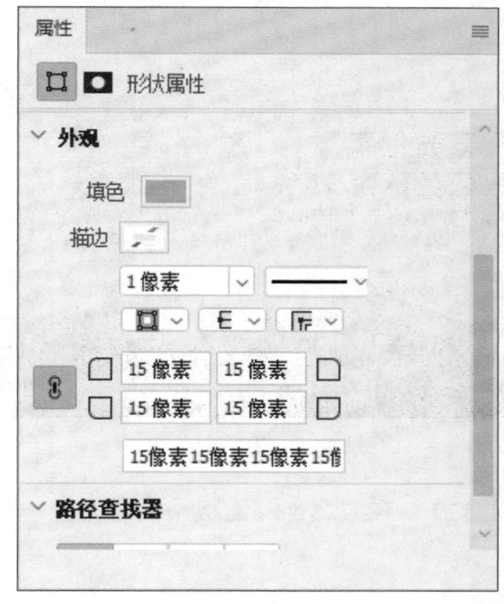

图 5-76 设置矩形参数

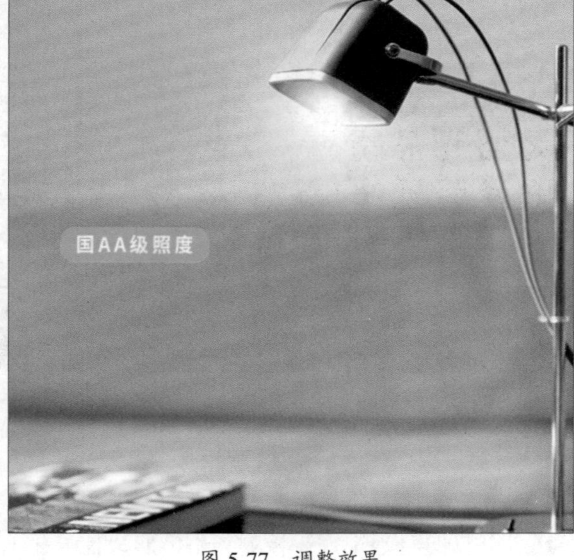

图 5-77 调整效果

步骤15 选择“横排文字工具”，输入文字并更改参数，如图5-78和图5-79所示。

图 5-78 设置文字参数

图 5-79 调整效果

步骤16 将字号更改为20，继续输入文字，如图5-80所示。

步骤17 置入素材文件“logo.png”，调整大小并放置在左上角，如图5-81所示。

图 5-80　输入文字

图 5-81　置入 logo

步骤18 选择“矩形工具”，绘制矩形（R52，G157，B212），在“属性”面板中设置半径，如图5-82所示。

步骤19 调整图层顺序，选中文字和矩形，使其垂直居中对齐，第1张主图的最终效果如图5-83所示。

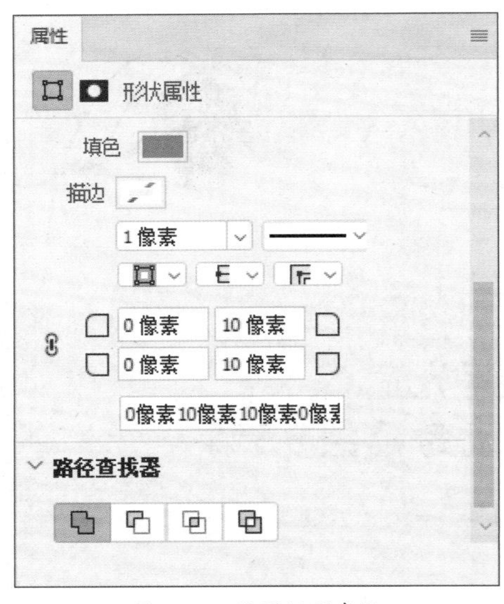

图 5-82　设置矩形参数

图 5-83　最终效果

■5.4.2　制作商品主图（第2～第4张主图）

第2～第4张主图主要用于展示该商品的不同款式，主要操作是在Photoshop中打开素材后进行裁剪和调色。

扫码观看视频

步骤01 在Photoshop中打开素材文件“2.jpg”，如图5-84所示。

步骤 02 选择“裁剪工具”，拖动裁剪框调整范围，如图5-85所示。

图 5-84　打开素材

图 5-85　裁剪图像

步骤 03 选择“套索工具”，框选台灯创建选区，如图5-86所示。

步骤 04 按Ctrl+J组合键复制选区，在“图层”面板中隐藏该图层，如图5-87所示。

图 5-86　创建选区

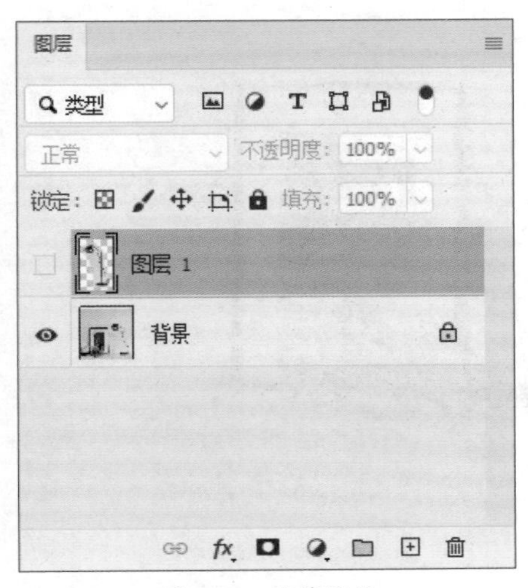

图 5-87　隐藏图层

步骤 05 选择“多边形套索工具”，框选台灯创建选区，如图5-88所示。

步骤 06 按Shift+F5组合键，在弹出的“填充”对话框中设置填充内容为“内容识别”，单击“确定”后，按Ctrl+D组合键取消选区，如图5-89所示。

图 5-88　创建选区

图 5-89　内容识别

步骤 07 选择“污点修复画笔工具”，涂抹瑕疵区域，如图5-90所示。

步骤 08 显示复制图层，按Ctrl+T组合键，将该图层调整至合适大小，如图5-91所示。

图 5-90　修复画面

图 5-91　放大隐藏的复制图层

步骤 09 按Ctrl+Shift+Alt+E组合键盖印图层，如图5-92所示。

步骤 10 执行“滤镜”→“Camera Raw滤镜”命令，使用“白平衡工具”单击图片并调整参数，如图5-93所示，调整效果如图5-94所示。

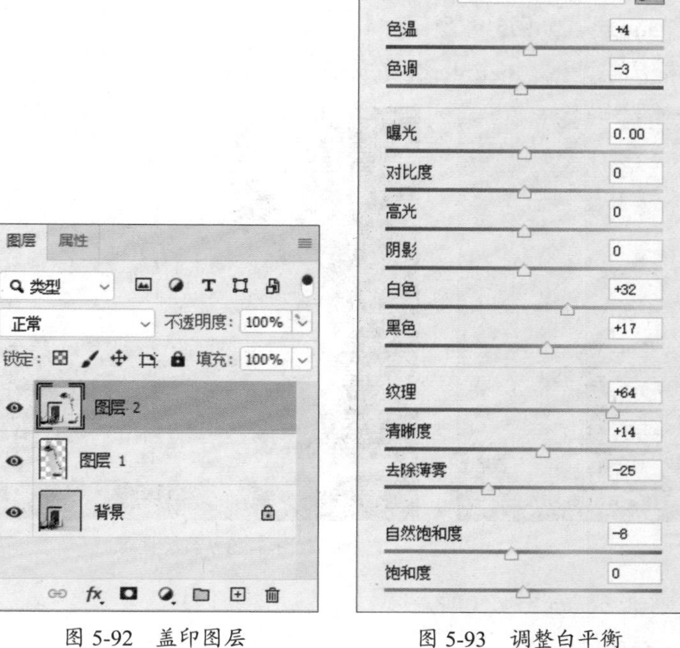

图 5-92 盖印图层

图 5-93 调整白平衡

图 5-94 调整效果

步骤 11 执行相同的操作，对第3张和第4张主图进行调整，效果如图5-95和图5-96所示。

图 5-95 第 3 张主图

图 5-96 第 4 张主图

■5.4.3　制作商品透明图和白底图

制作透明图和白底图，一方面可用于参加促销活动的报名，另一方面可用于主图的第2张或第5张图，便于进行流量抓取。主要操作为：在Photoshop中打开素材后进行裁剪和抠取，并适当地进行调色。

扫码观看视频

步骤 01 在Photoshop中打开素材文件“5.jpg”，如图5-97所示。

步骤 02 选择“裁剪工具”，拖动裁剪框调整范围，按Enter键完成裁剪，如图5-98所示。

图 5-97　打开素材

图 5-98　裁剪图像

步骤 03 选择“钢笔工具”，沿边缘绘制路径，如图5-99所示。

步骤 04 按Ctrl+Enter组合键创建选区，如图5-100所示。

图 5-99　绘制路径

图 5-100　创建选区

步骤05 按Ctrl+J组合键复制选区，隐藏背景图层，如图5-101所示。

步骤06 按Ctrl+T组合键，等比例放大选区，如图5-102所示。

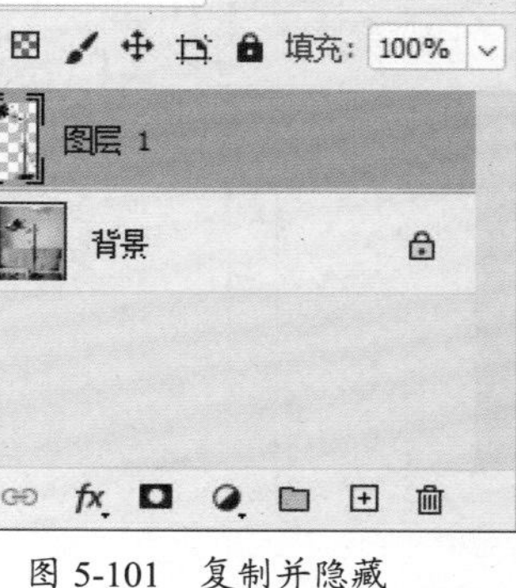

图 5-101 复制并隐藏

图 5-102 隐藏背景效果

步骤07 按Ctrl+L组合键，在弹出的“色阶”对话框中设置参数，如图5-103所示，调整效果如图5-104所示。

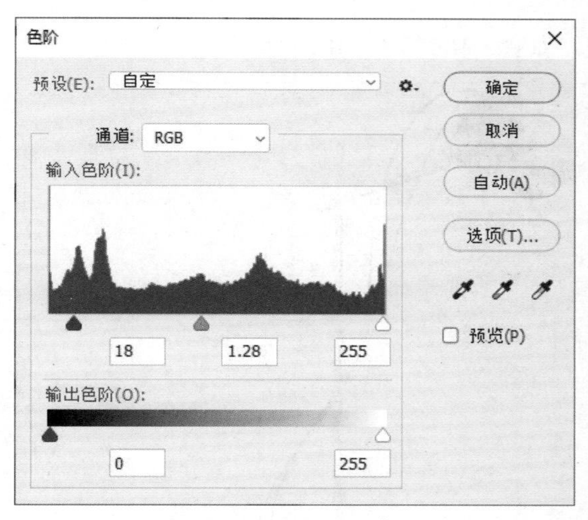

图 5-103 调整色阶参数

图 5-104 调整效果

步骤08 执行“文件”→“导出”→“存储为Web所用格式（旧版）”命令，在弹出的“存储为Web所用格式”对话框中设置参数，完成后单击“存储”按钮即可，如图5-105所示。

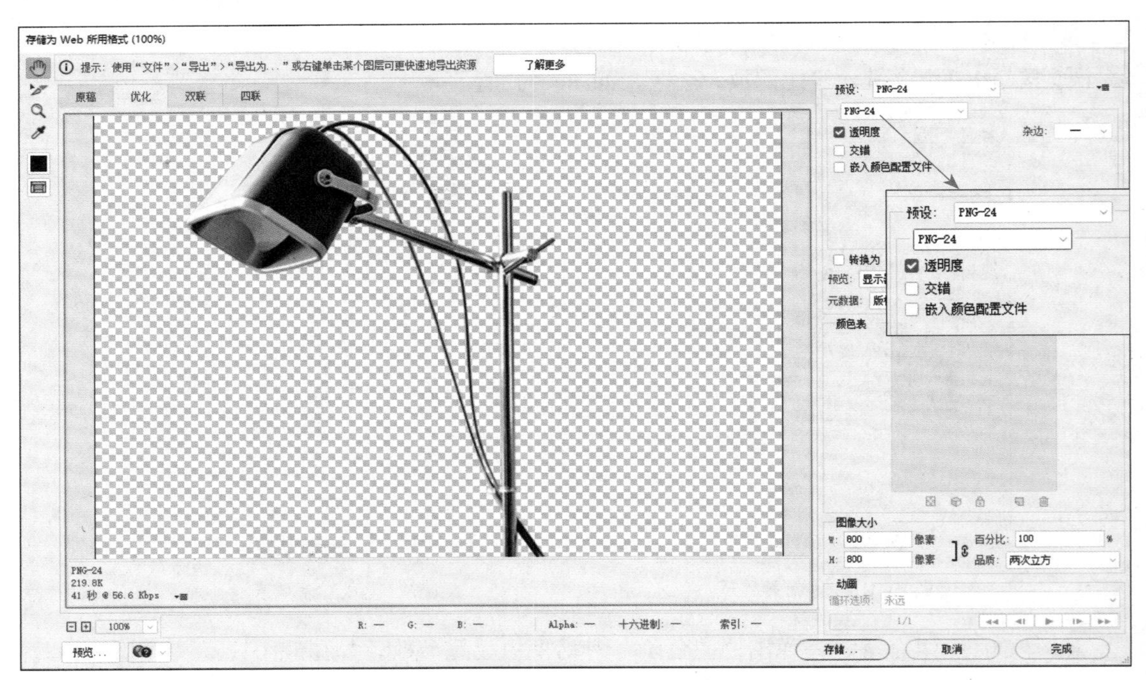

图 5-105 存储为 PNG 格式

步骤 09 新建透明图层，调整图层顺序并填充白色，如图5-106和图5-107所示。

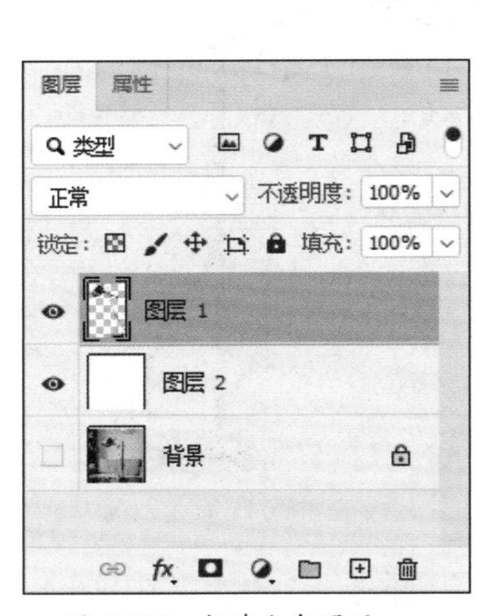

图 5-106 新建白色图层

图 5-107 白底图

注意事项：在实际操作中，对主图商品的修饰要更加细致，尤其是细节部分，如添加高光、平滑商品表面颜色等。

上手实操

了解了关于主图图片视觉设计的相关知识之后，下面根据提供的素材（图5-108），分别制作白底图和透明图。

图 5-108 素材图

知识点考查

选择并遮住、钢笔工具、色阶、导出。

思路提示

打开素材图像，在“选择并遮住”工作区中选择主体并调整边缘，输出图像后使用“钢笔工具”精细调整，并调整明暗对比，分别导出为PNG格式和JPG格式的图片，如图5-109和图5-110所示。

图 5-109 透明图

图 5-110 白底图

注意事项：导出为JPG格式时，背景会默认为白色。

第6章

宝贝详情页视觉设计

内容概要

宝贝详情页的存在尤为重要，它是买家了解商品的一个重要途径。该页面主要放置商品海报、活动详情页、商品的优势、款式、细节介绍等，详情页设计详尽、重点突出，可以充分带动消费，促进商品成交。

数字资源

【本章素材】："素材文件\第6章"目录下

6.1 详情页设计须知

店铺的主图决定了点击率，详情页则可提高转化率。了解商品具体详情，可激发买家购买欲望。

6.1.1 详情页制作规范

制做详情页之前，需首先分析商品卖点，深挖痛点，确定目标消费人群，然后根据买家需求并结合商品特点进行多维度展示。制作详情页的具体规范如下：

1. 上传规范

PC端和无线端的宝贝详情描述都可以使用文本编辑和旺铺编辑，如图6-1所示。

- **文本编辑：**总大小不超过10 MB，文字不超过5 000字。
- **旺铺编辑：**宽度为750 px，高度不超过35 000 px。

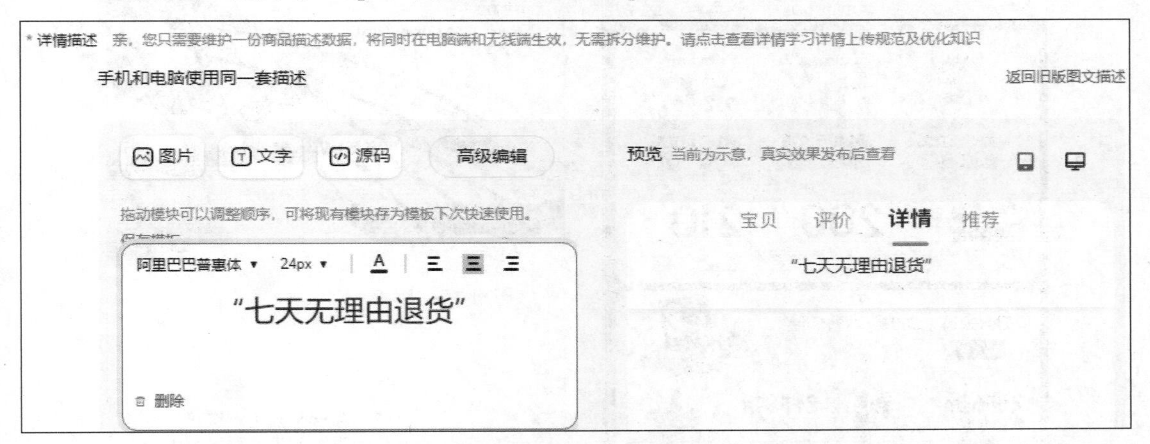

图 6-1 详情描述

单击“高级编辑”按钮可进入到旺铺详情编辑，如图6-2所示。

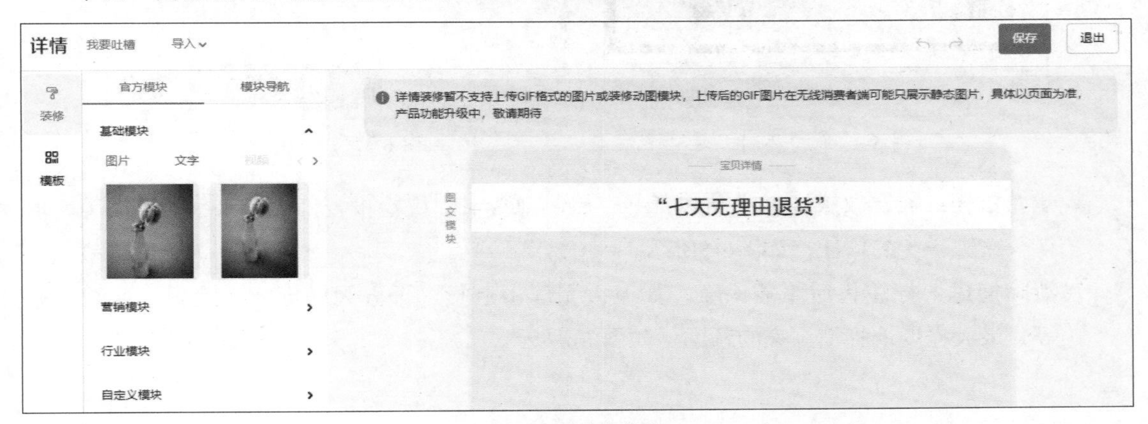

图 6-2 详情装修

2. 策划逻辑

- **引起注意：**使用优惠券、满赠、店铺活动、平台活动、会员福利等方式引起买家注意，如图6-3所示。也可以进行关联营销，带动其他商品的销售。
- **提升兴趣：**从产品成分、穿戴效果、功能对比等角度突出核心卖点，如图6-4所示。

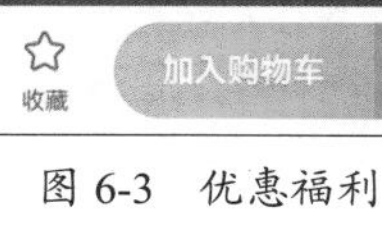

图 6-3　优惠福利

图 6-4　产品成分

- **建立信任：**展示权威证书或品牌背书、原产地背书、质检报告、代言人、授权书等，取得买家进一步的信任，如图6-5所示。
- **消除疑虑：**标注售后服务保障，如七天无理由退货、十五天保价、运险费、换货保修等，最大程度地打消买家的顾虑，如图6-6所示。

图 6-5　权威认证

图 6-6　服务保障

3. 制作流程

- **确定风格：** 设计之前首先进行前期调研，然后根据店铺风格、商品定位、目标消费人群、商品换季、大促活动主题等确定页面风格。
- **收集素材：** 收集商品实拍素材，或在网上搜集装饰用的素材。
- **页面布局：** 根据文案内容和商品图片对页面进行合理布局。
- **选择配色：** 可以从店铺风格、商品本身、店铺logo等元素中提取合适的配色。
- **版式设计：** 将文案和图片在Photoshop中进行设计排版。
- **切片存储：** 受网络加载速度的影响，若详情页太长容易卡顿，可对其进行切片处理，如分为8～10屏。
- **上传图片：** 将切片好的图片上传至后台。

> **注意事项：** 在收集素材过程中一定要注意素材的版权问题，可以在网站上选择可商用无版权的素材，也可以购买素材。

■6.1.2　详情页基本构成

详情页是由各个模块构成的，包括但不限于以下模块。

- **商品海报：** 商品海报是买家对商品的第一印象，用于将商品的特点表现出来，吸引买家，如图6-7所示。
- **商品参数：** 引导买家了解商品具体参数，包括尺码尺寸、品牌名称标志、颜色材质、使用方式等，如图6-8所示。

图 6-7　商品海报

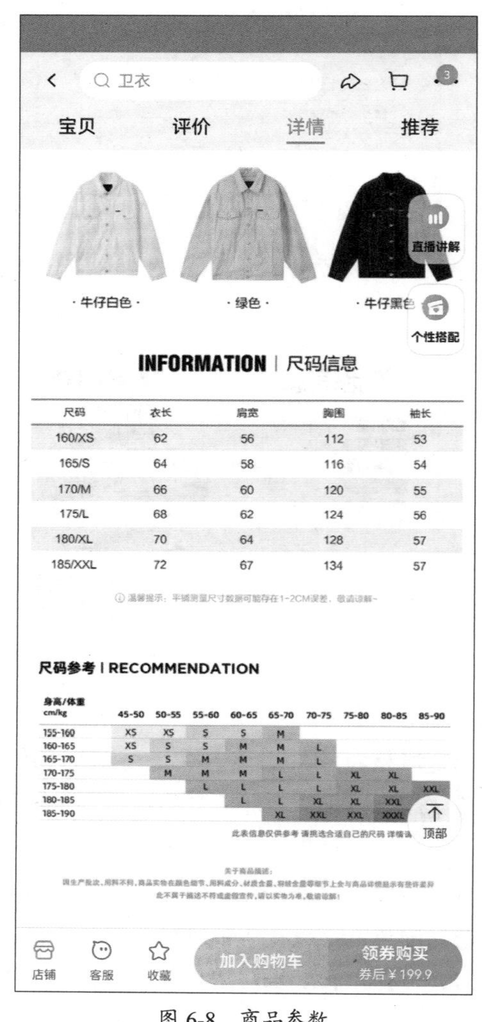

尺码	衣长	肩宽	胸围	袖长
160/XS	62	56	112	53
165/S	64	58	116	54
170/M	66	60	120	55
175/L	68	62	124	56
180/XL	70	64	128	57
185/XXL	72	67	134	57

身高/体重 cm/kg	45-50	50-55	55-60	60-65	65-70	70-75	75-80	80-85	85-90
155-160	XS	XS	S	S	M				
160-165	XS	S	S	M	M	L			
165-170	S	S	M	M	M	L			
170-175		M	M	M	L	L	XL	XL	
175-180			L	L	L	L	XL	XL	XXL
180-185				L	L	XL	XL	XXL	
185-190					XL	XXL	XXL	XXXL	

图 6-8　商品参数

- **细节展示：** 商品的详细描述，针对重点参数进行详细讲解，如图6-9所示。
- **商品优势：** 可适当地和同类商品进行比较，突出自家商品的特色与亮点，如图6-10所示。
- **配件物流：** 列举商品的包装配件信息、物流、购物须知等事项，如图6-11所示。

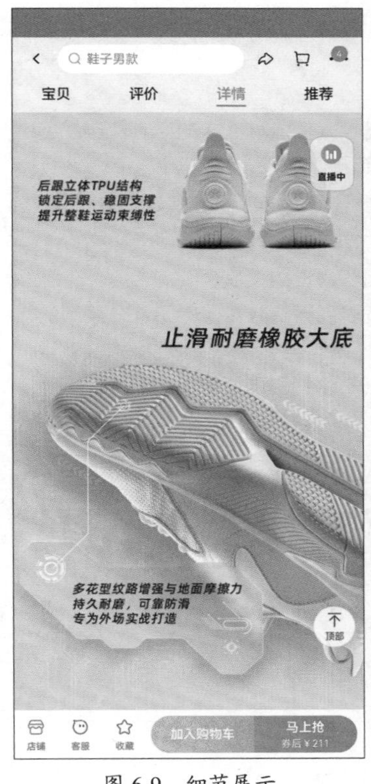

图 6-9 细节展示

图 6-10 商品优势

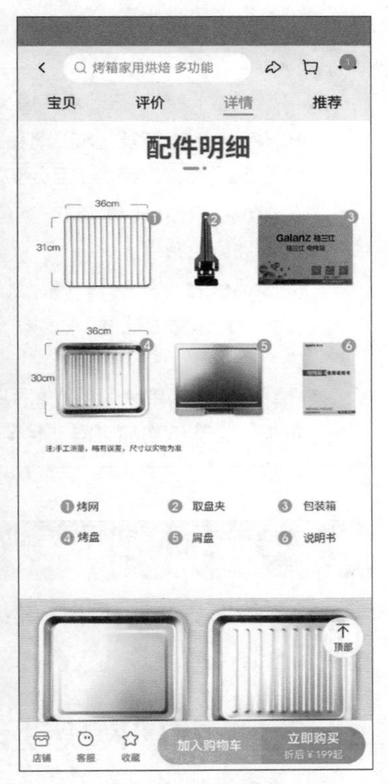

图 6-11 配件物流

■6.1.3 详情页注意事项

详情页设计的注意事项如下：

- 详情页的设计应与宝贝主图、宝贝标题一致，切勿“挂羊头，卖狗肉”。
- 充分做好商品的市场调研、同行业调查，规避同款。做好买家的市场调研，包括消费能力、消费喜好、痛点等。
- 根据店铺宝贝和市场调研分析，精准确定目标消费人群。
- 根据市场调研结果对店铺商品进行分析，深挖出不同于其他竞品的卖点，做到主次分明，切忌无重点。
- 商品核心卖点必须重点展现，若不突出，不足以吸引买家。
- 在文案描述上切忌使用专业术语，应使用简洁易懂的用语代替专业术语。
- 在卖点表述上可以站在买家角度去表达：商品卖点+显示效果+阐述证明。
- 文案应简而精，字体选择上应具有可读性，切忌使用花式难读文字，字号适量放大，配图也要大，减少不必要的背景和装饰。
- 避免使用禁用词，如“最”字、国家级、世界级、祖传、奇效等。
- 在设计上所使用的元素既要具有美感又要符合潜在客户的需求，在第一时间吸引买家。在描述上应真实不夸张，文案宣传与实物相符。

知识点拨

可以根据 FABE 法则对详情页进行如下优化。

- Feature（特征）：即商品的特质、特性等基本功能，以及是如何满足人们各种需求的。可从产品名称、产地、材料、工艺定位、特性等方面深挖内在属性，找出差异点。
- Advantage（优点）：商品特征所产生的优点。它发挥了什么功能？与同类竞品相比较，列出其比较优势、特点。
- Benefits（利益）：商品优势带来的好处。通过强调买家得到的利益，激发购买欲。
- Evidence（证据）：列举足够客观性、权威性、可证实性的技术报告或品牌效应等来印证一系列的介绍。

FABE法则简单来说就是帮买家找出最感兴趣的特征，并分析这一特征产生的优点所带来的利益，然后展示证据，证实该商品可以满足买家需求。

6.2 详情页装修模块解析

后台的图文描述使用旺铺编辑详情页。详情页的装修主要分为基础模块、营销模块、行业模块和自定义模块等几大类。

6.2.1 基础模块设计

在基础模块中可以添加图片、文字、动图、尺寸信息和富文本模块。

1. 图片

图片模块中有两种模板，一种是无背景色框架，另一种是有背景色框架。确认图片模块后选择图片置入，单击图片后可对图文模块参数进行编辑，如图6-12所示。

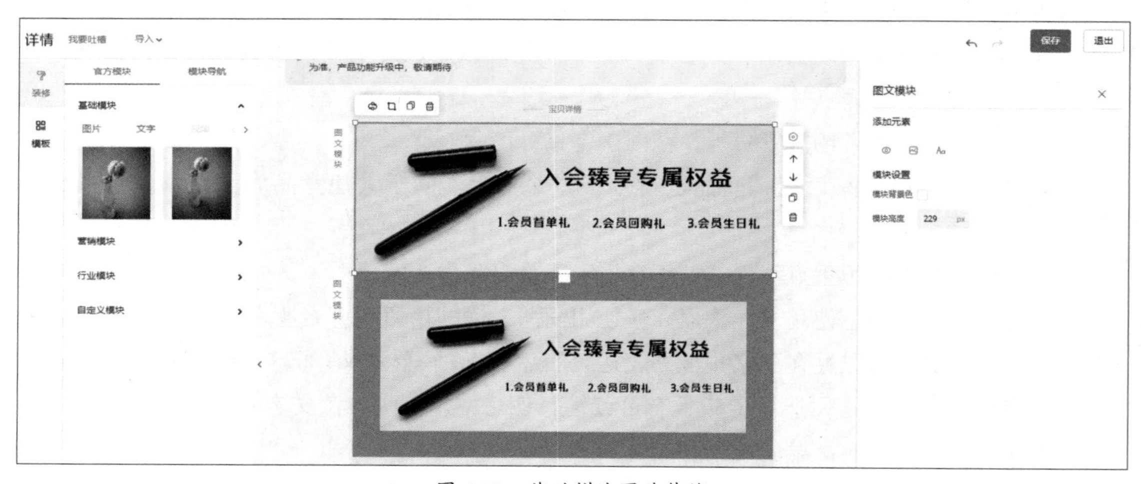

图 6-12　基础模块图片装修

图文模块上侧按钮组：

- **替换图片**：单击该按钮可替换图片。
- **编辑图片**：单击该按钮可自定义裁剪、移动图片。
- **复制**：单击该按钮可复制图片。
- **删除**：单击该按钮可删除图片。

图文模块右侧按钮组：

- **设置**：单击该按钮可显示图文模块，并在弹出的图文模块中设置相关参数。
- **向上/下移动**：单击↑按钮可后移一层，单击↓按钮可下移一层。
- **复制**：单击该按钮可复制图文模块。
- **删除**：单击该按钮可删除图文模块。

图文模块按钮组：

（1）添加元素

- **小工具** ：单击该按钮可添加链接，单击该区域范围可跳转到链接的界面。可添加的链接界面有宝贝链接、店铺活动、店铺首页、宝贝分类、新品上架等。单击链接可进行“更改链接” 、“预览链接”、“复制”和“删除”操作，如图6-13所示。
- **图片**：单击该按钮可添加图片。
- **文字**：单击该按钮可添加文字。

图 6-13　小工具 - 添加链接

（2）模块设置

- **模块背景色**：单击色块可设置背景颜色，如图6-14所示。
- **模块高度**：设置模块高度。

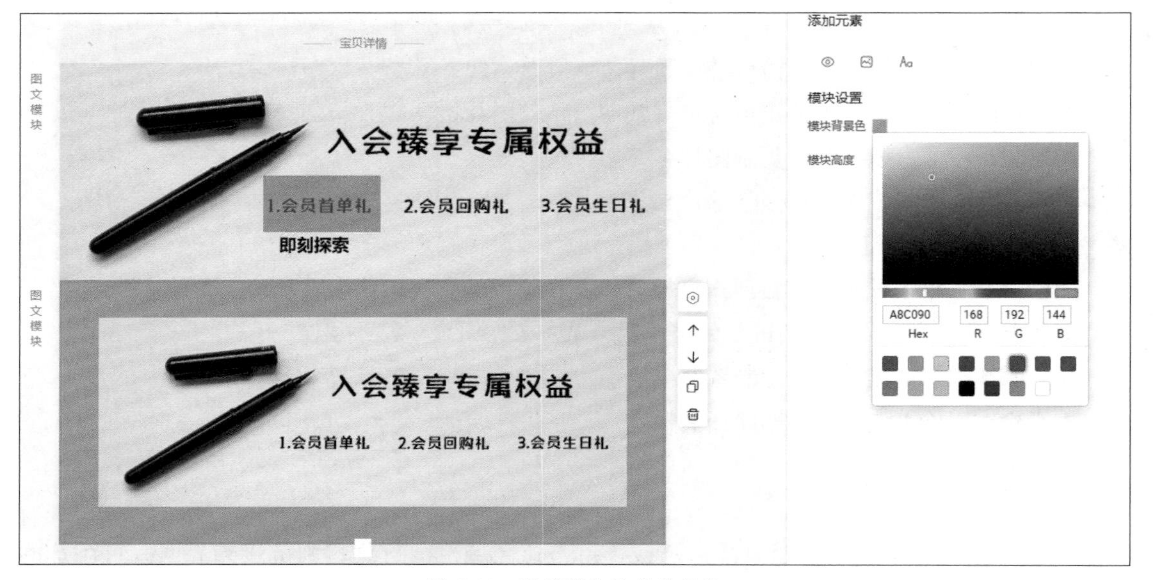

图 6-14　设置模块的背景颜色

2. 文字

文字模块中有4种模板，如图6-15所示。在“文字”选项卡中单击选择所需的文字模板，在右侧的编辑区域中可对文字进行编辑，包括字体、字号、加粗、倾斜、字体颜色、背景颜色、复制、删除，如图6-16所示。

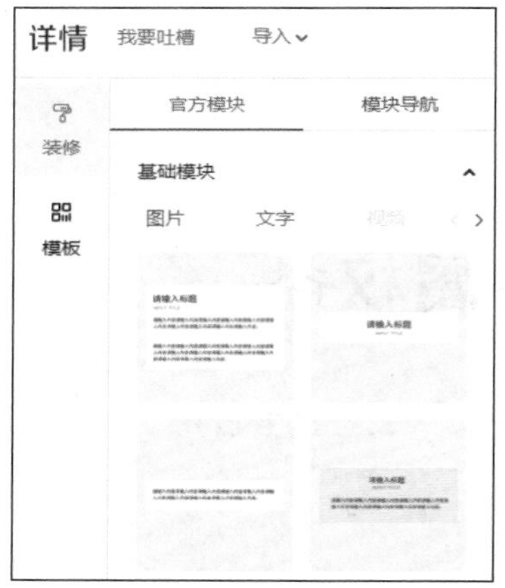

图 6-15　基础模块 - 文字

图 6-16　文字设置

3. 动图

动图模块中有多种模板，只须根据所选模板规范，上传照片和编辑文案，即可生成动图。选择自定义模板界面，该模板尺寸为640 × 420 px，可上传2～9张图片和7种转场动画，并可选择间隔时间（慢—中—快），如图6-17所示。

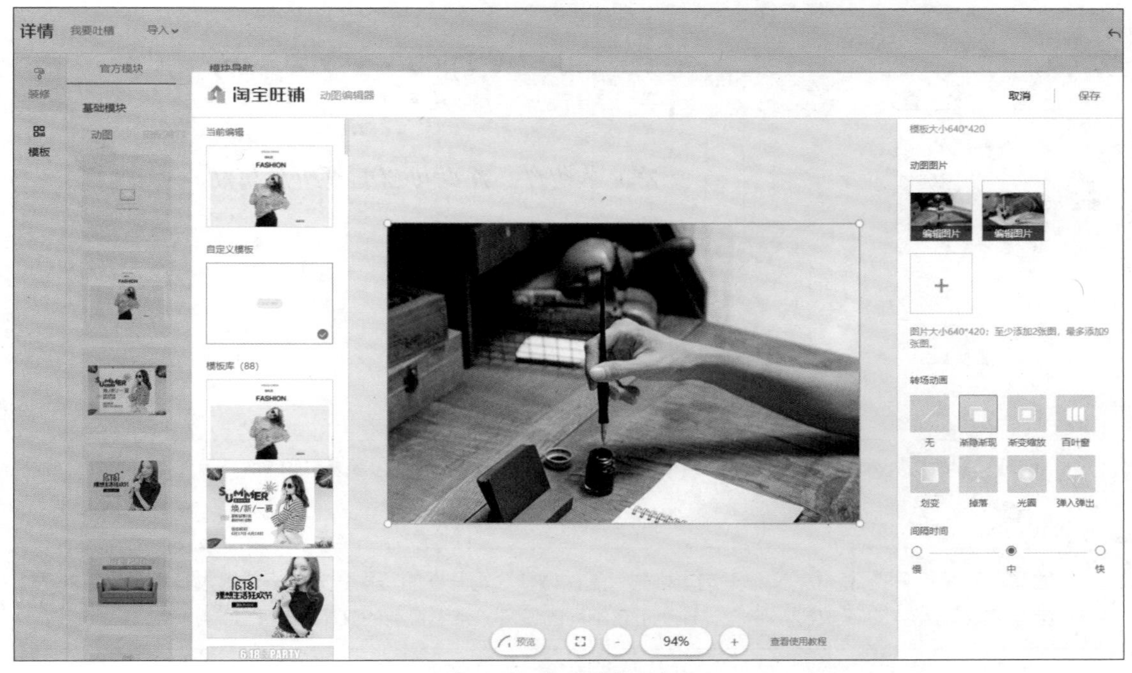

图 6-17　基础模块 - 动图

4. 尺码信息

尺码信息模板中只有一种，如图6-18所示。选择该模板显示的为样例数据，不支持编辑，如图6-19所示。若要编辑尺码，可在“商品发布”中编辑尺码数据，或者编辑完成后返回当前界面，单击“发布”按钮即可生效。

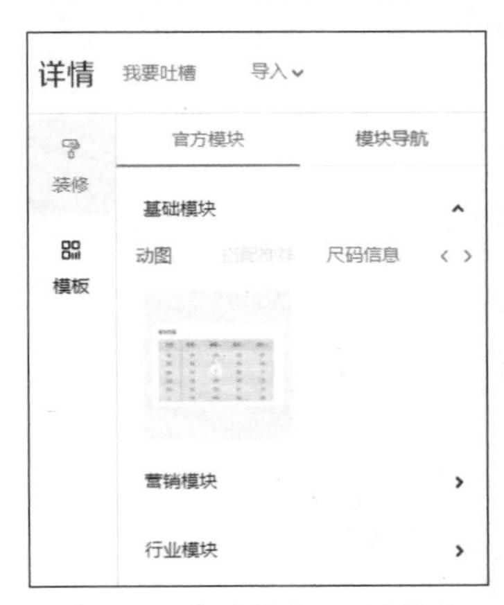

图 6-18　基础模块 - 尺码信息

宝贝详情

尺码　放心！真实的尺码内容会发布后显示。

尺码	肩宽cm	胸围cm	袖长cm	衣长cm
XL	45	108	63	67
2XL	46	114	64	69
3XL	47	12[illegible]	65	71
4XL	49	126	66	73
5XL	51	132	67	75
L	44	102	62	65

图 6-19　尺码信息预览

5. 富文本

富文本模板同样只有一种，如图6-20所示。在“富文本模块”中配置组件属性即可应用，如图6-21所示。

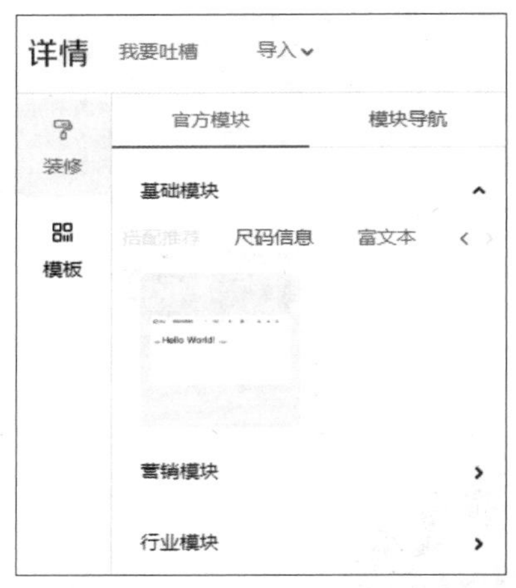

图 6-20　基础模块 - 富文本

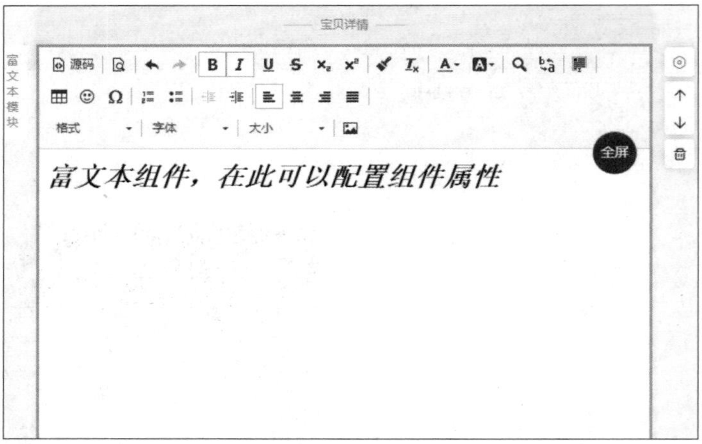

图 6-21　富文本预览

知识点拨

富文本格式即 RTF 格式，又称多文本格式，是由微软公司开发的跨平台文档格式。大多数的文字处理软件都能读取和保存 RTF 文档。它是一种便于在不同的设备、系统查看的文本和图形文档格式。

■6.2.2　营销模块设计

营销模块中包括店铺推荐、店铺活动、优惠券和群聊，如图6-22所示。其中，店铺推荐、店铺活动和群聊仅限无线端（手淘）可用。

1. 店铺推荐

单击“店铺推荐”模板，在右侧的宝贝详情中将显示店铺推荐模块，在该模块中可以选择两种排序方法：千人千面和商品添加顺序，如图6-23所示。

- **千人千面：**6个商品全由算法个性排序。
- **商品添加顺序：**6个商品中前3个由商家设置，后3个由算法推荐。

图 6-22　营销模块

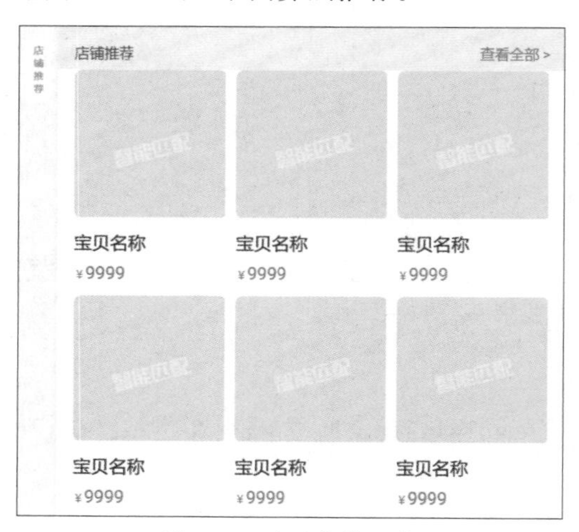

图 6-23　店铺推荐预览

❗ **注意事项**：当店铺中出售宝贝大于或等于7个商品时，才会进行展示。

2. 店铺活动

单击“店铺活动”模板，在右侧的宝贝详情中将显示店铺活动模块，在该模块中可上传店铺活动海报，如图6-24所示。活动图片的宽、高比为750：360，格式为JPG或PNG，活动地址可输入天猫、聚划算、淘宝活动URL，链接以https://或http://开头。

图 6-24　店铺活动预览

URL 即网络地址，是互联网上标准的资源地址。

3. 优惠券

单击“优惠券”模板，在右侧的宝贝详情中将显示优惠券模块。在该模块中可选择系统默认优惠券，也可以选择自定义优惠券，如图6-25所示。

4. 群聊

单击“群聊”模板，在右侧的宝贝详情中将显示群聊模块，如图6-26所示。添加该模块后，在浏览该商品的详情页时，系统会自动推荐可以加入的商家群。

图 6-25　优惠券预览

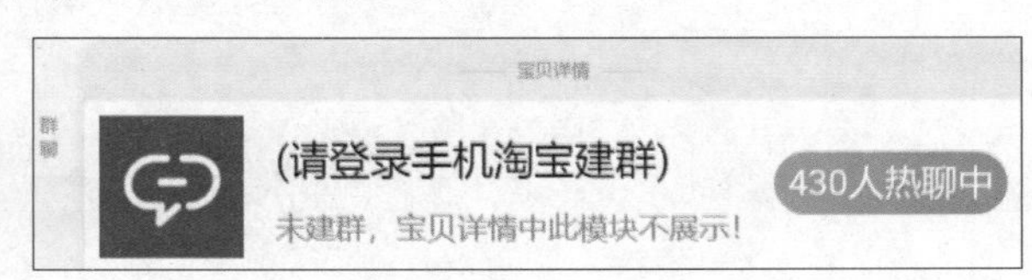

图 6-26　群聊预览

■6.2.3　行业模块设计

行业模块中包括宝贝参数、颜色款式、细节材质、商品吊牌、品牌介绍、商家公告等。

1. 宝贝参数

“宝贝参数”模块中有3种模板，如图6-27所示。选择任意模板后，在宝贝详情中将显示宝贝参数模块，从中可修改已有参数（包括图片和文字），并使用浮动按钮组替换、编辑、复制、删除图片或是设置文字的字体、字号、加粗等样式，如图6-28所示。

图 6-27　行业模块 - 宝贝参数

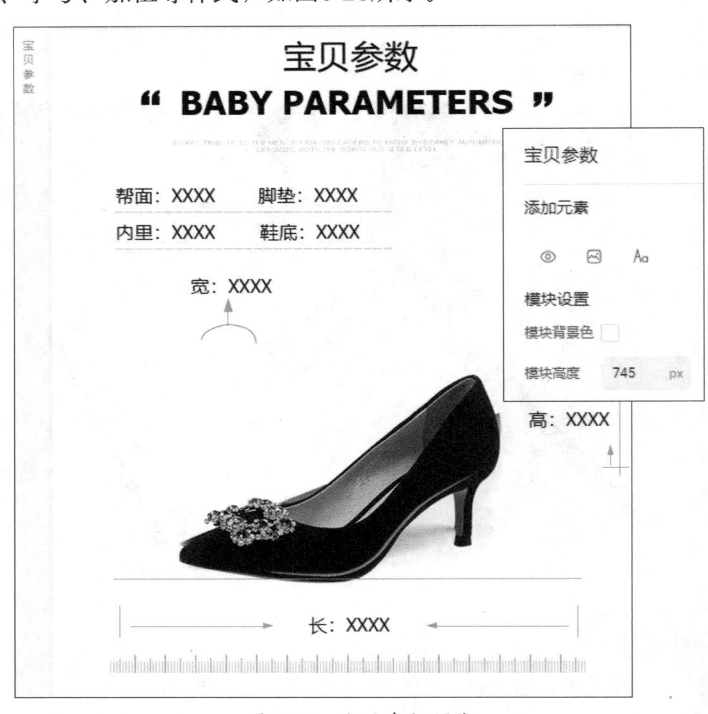

图 6-28　宝贝参数预览

2. 颜色款式

“颜色款式”模块中有12种模板。选择任意模板后，在宝贝详情中将显示颜色款式模块，从中可修改已有参数（包括图片和文字），并使用浮动按钮组替换、编辑、复制、删除图片或是设置文字的字体、字号、加粗等样式，如图6-29所示。

图 6-29 颜色款式预览

3. 细节材质

“细节材质”模块中有10多种模板。选择任意模板后，在宝贝详情中将显示细节材质模块，从中可修改已有参数（包括图片和文字），并使用浮动按钮组替换、编辑、复制、删除图片或是设置文字的字体、字号、加粗等样式，如图6-30所示。

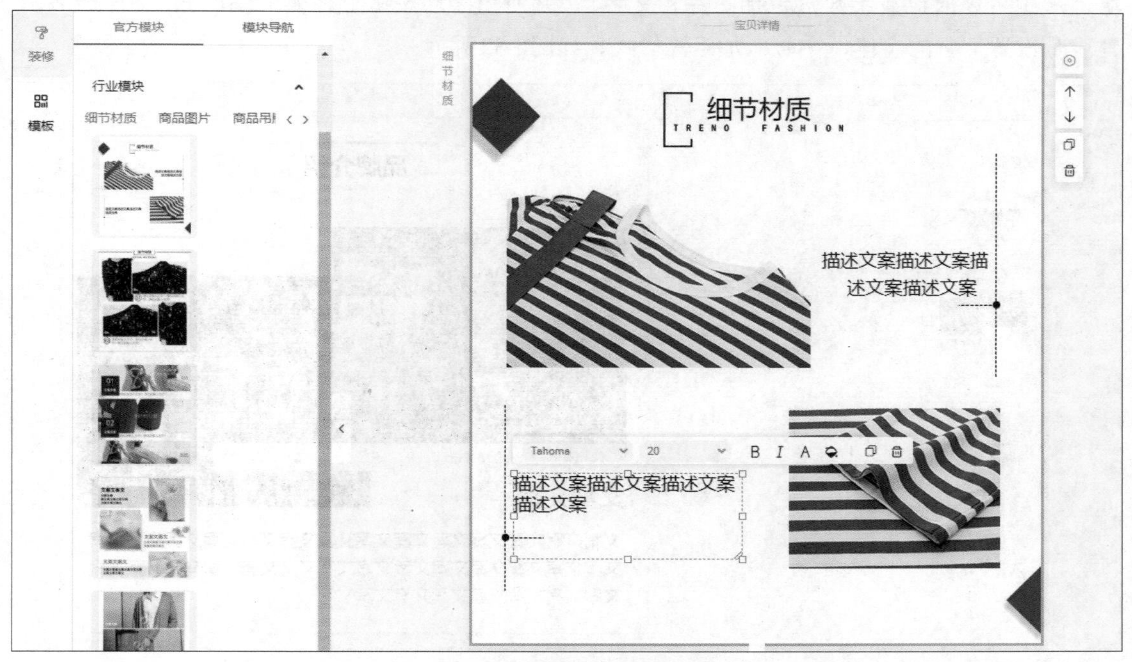

图 6-30 细节材质预览

4. 商品吊牌

“商品吊牌”模块中有10种模板。选择任意模板后，在宝贝详情中将显示商品吊牌模块，从中可修改已有参数（包括图片和文字），并使用浮动按钮组替换、编辑、复制、删除图片或是设置文字的字体、字号、加粗等样式，如图6-31所示。

图 6-31　商品吊牌预览

5. 品牌介绍

“品牌介绍”模块中有10多种模板。选择任意模板后，在宝贝详情中将显示品牌介绍模块，从中可修改已有参数（包括图片和文字），并使用浮动按钮组替换、编辑、复制、删除图片或是设置文字的字体、字号、加粗等样式，如图6-32所示。

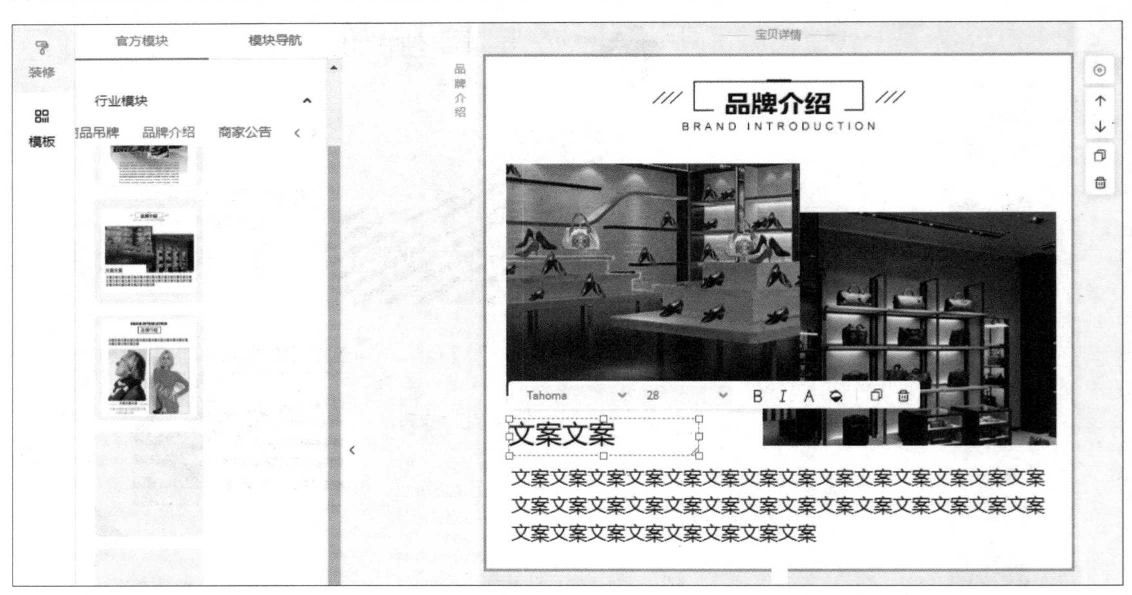

图 6-32　品牌介绍预览

6. 商家公告

“商家公告”模块中有10多种模板。选择任意模板后，在宝贝详情中将显示商家公告模块，从中可修改已有参数（包括图片和文字），并使用浮动按钮组替换、编辑、复制、删除图片或是设置文字的字体、字号、加粗等样式，如图6-33所示。

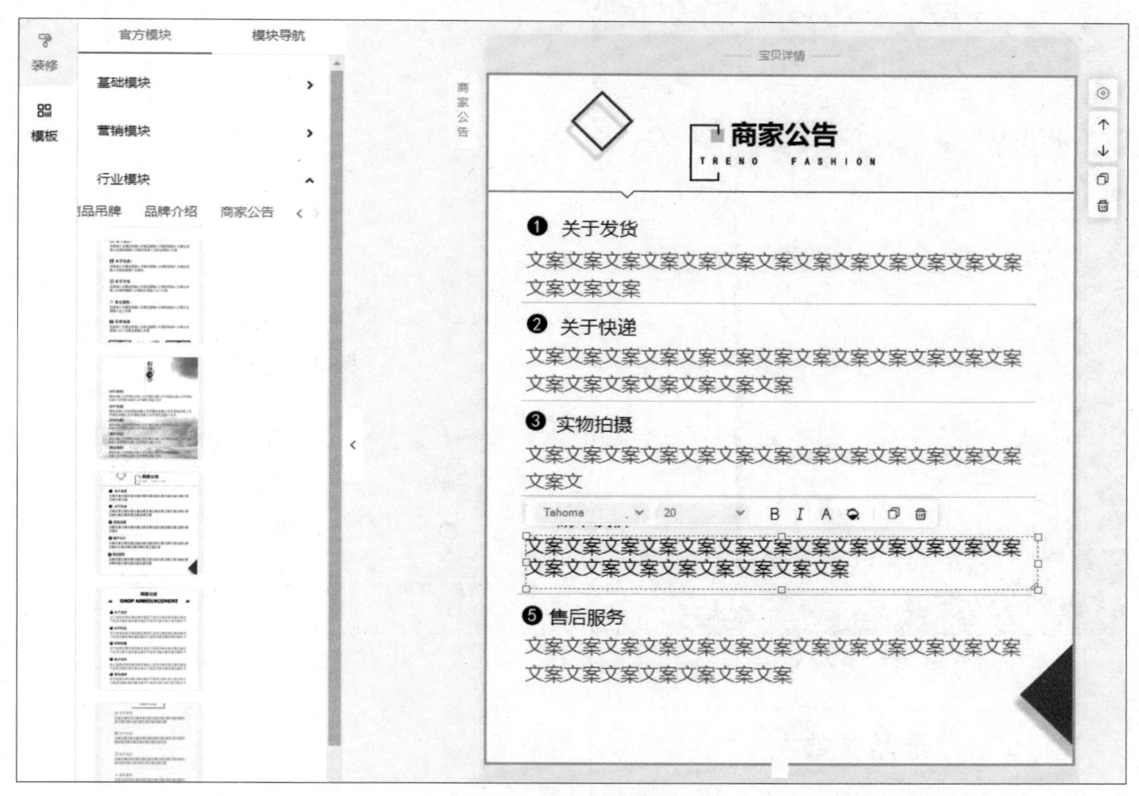

图 6-33 商家公告预览

6.3 实训案例：制作阅读台灯详情页

了解了详情页设计知识后，下面将根据所提供的素材制作阅读台灯的详情页。本章将选取详情页中的商品海报、核心优势、产品参数和细节展示部分的制作方法进行展示，效果分别如图6-34～图6-37所示。

图 6-34　商品海报

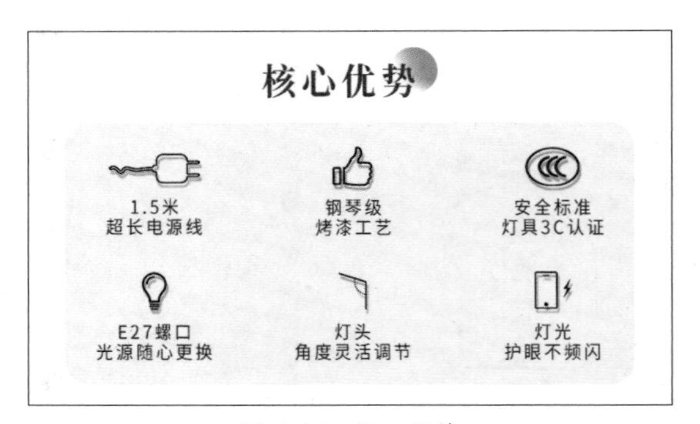

图 6-35　核心优势

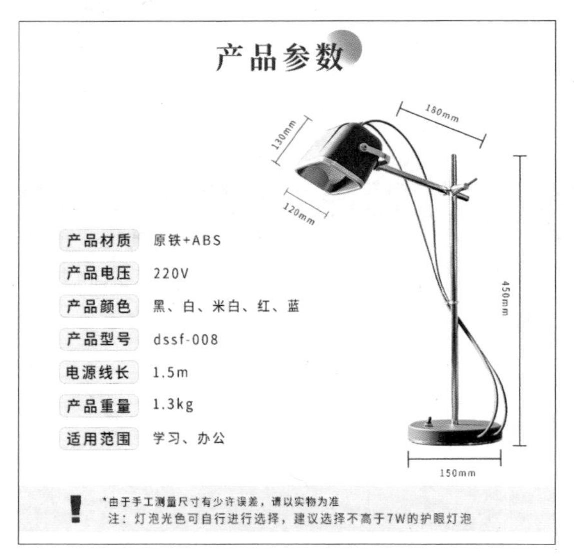

图 6-36　产品参数

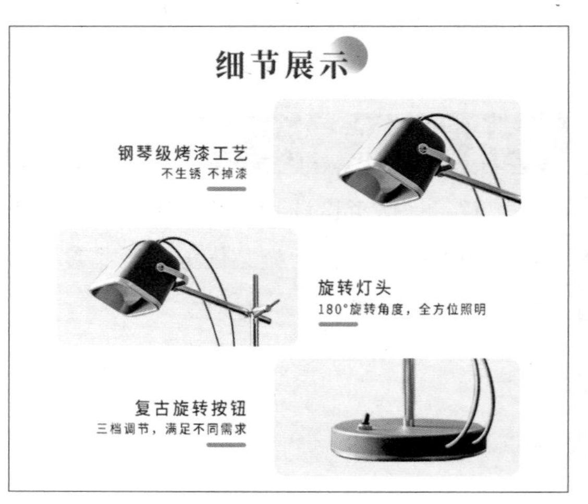

图 6-37　细节展示

■6.3.1 制作详情页-商品海报

详情页是对商品的使用方法、材质、细节和公司简介等内容进行展示，在新建文档时，宽度为750 px，高度不限。本节将讲解详情页的商品海报部分。

扫码观看视频

步骤01 在Photoshop的开始界面中单击“新建”创建文档，打开“新建文档”对话框，其右侧的参数设置区如图6-38所示，设置完成后单击“创建”按钮即可。

步骤02 在Photoshop中打开素材图片“1.jpg”，如图6-39所示。

图 6-38 新建文档

步骤03 使用“混合器画笔工具”柔化边缘，如图6-40所示。

步骤04 将该图片复制移动到刚创建的详情页文档中，调整大小后显示网格，如图6-41所示。

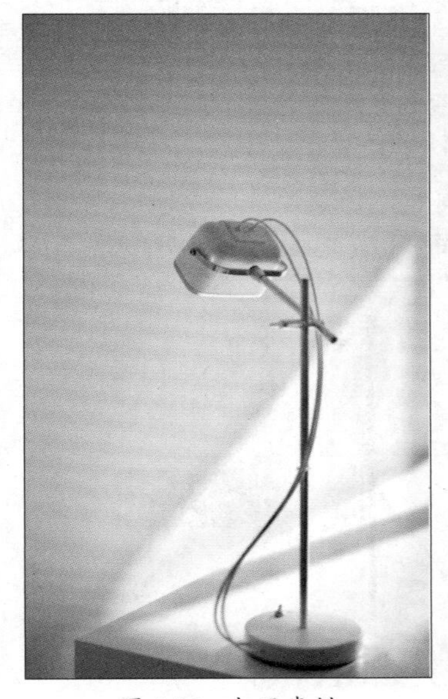

图 6-39 打开素材

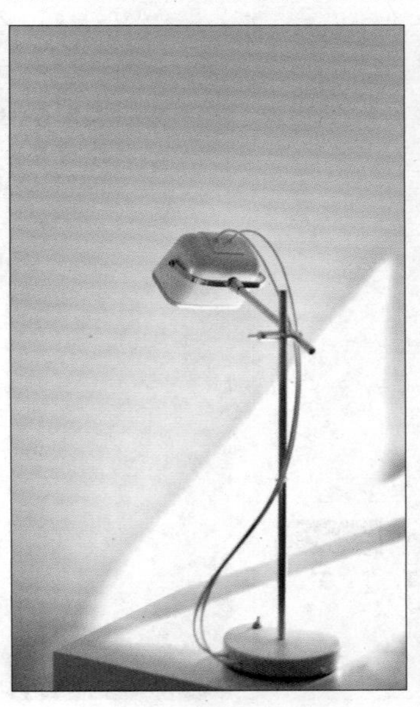

图 6-40 柔化边缘

图 6-41 显示网格

步骤 05 使用“横排文字工具”输入两组文字并设置参数，如图6-42和图6-43所示。

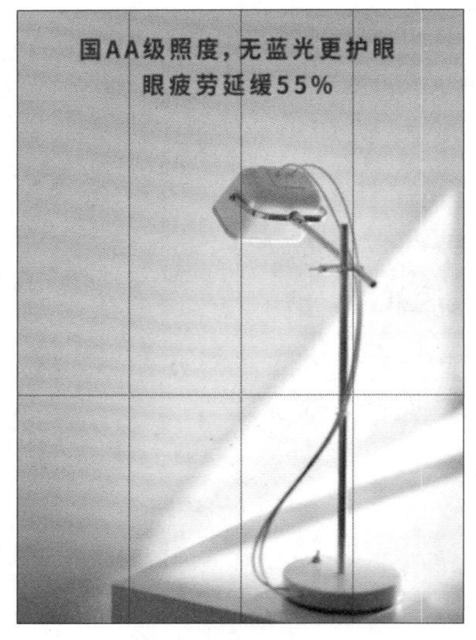

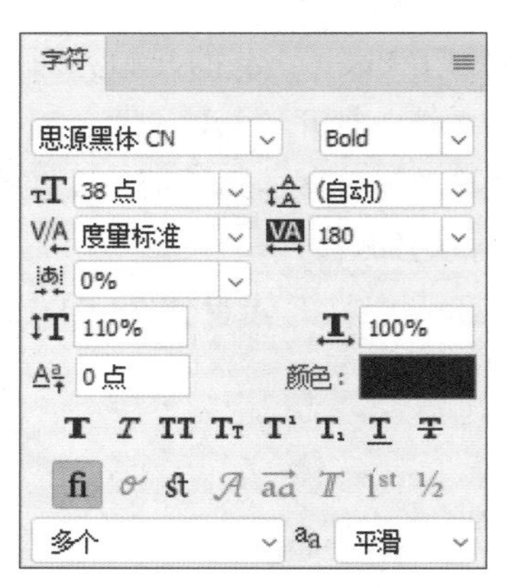

图 6-42 输入文字　　图 6-43 设置参数

步骤 06 将字号更改为20点，字间距为160，继续输入文字，如图6-44所示。

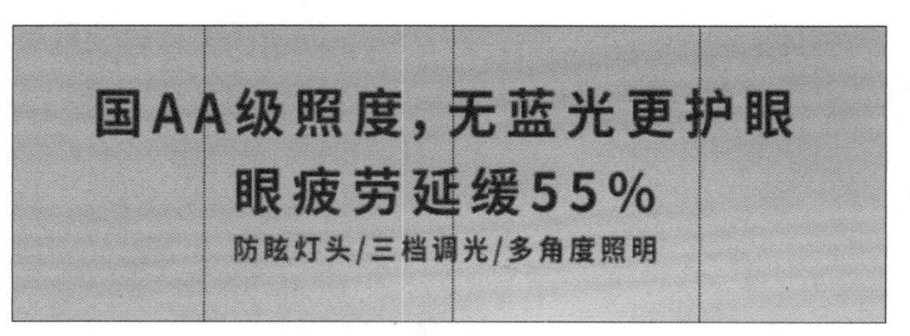

图 6-44 输入文字

步骤 07 更改字体样式和颜色，在左下角输入文字，如图6-45和图6-46所示，“商品海报”区域的最终效果如图6-34所示。

图 6-45 设置参数

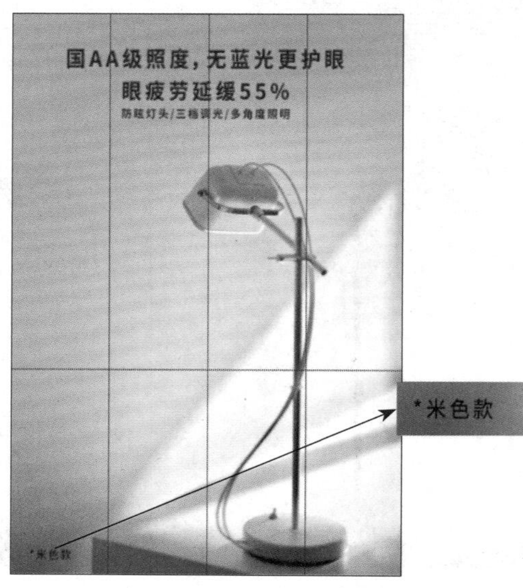

图 6-46 文字效果

■6.3.2 制作详情页-核心优势

扫码观看视频

该区域主要是通过对文字和图片进行设计，详细介绍商品的核心优势。

步骤01 使用“横排文字工具”输入文字并设置参数，如图6-47和图6-48所示。

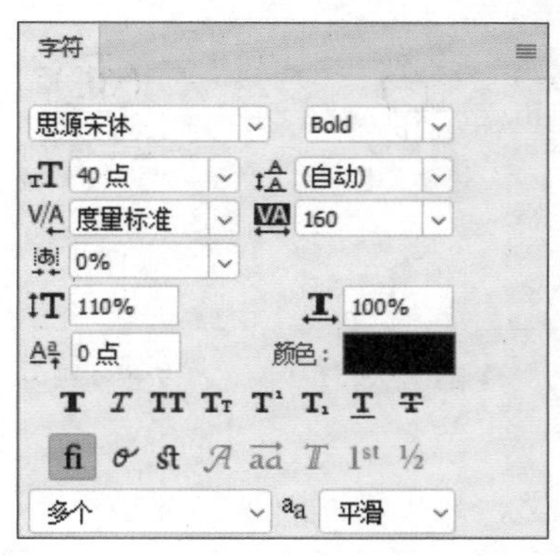

图 6-47 设置参数

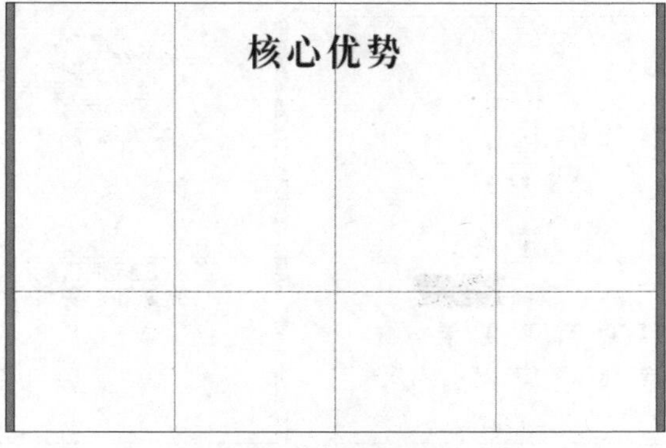

图 6-48 文字效果

步骤02 选择“椭圆工具”，按住Shift键绘制正圆并填充颜色，如图6-49所示。

步骤03 在“图层”面板中创建图层蒙版，将前景色设置为黑色，使用“渐变工具”隐藏正圆左下角的显示，如图6-50所示。

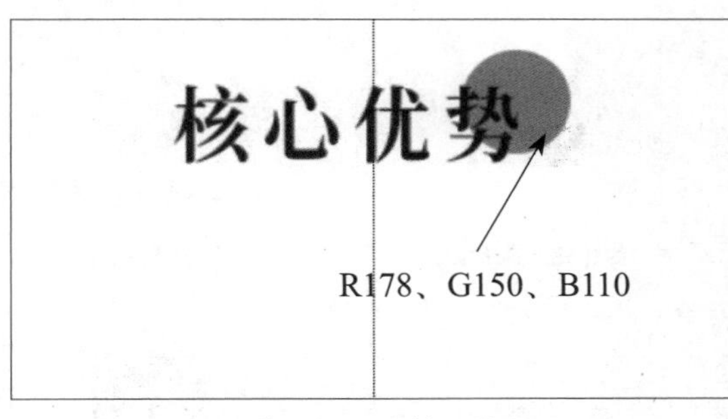

图 6-49 绘制正圆

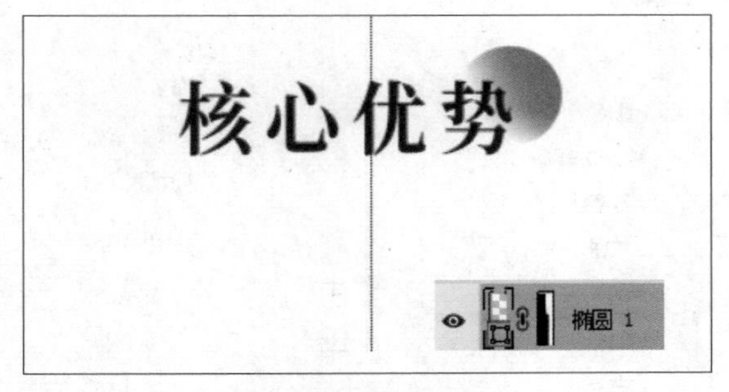

图 6-50 调整显示

步骤04 使用“矩形工具”绘制矩形并填充颜色，如图6-51所示。

步骤05 分别置入6个图标，创建参考线并使其对齐，如图6-52所示。

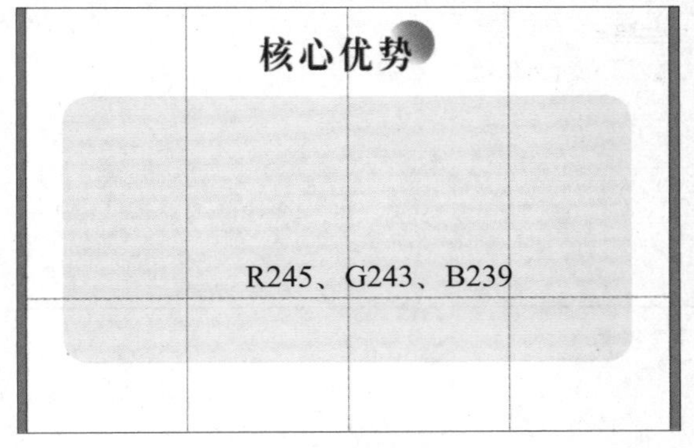

图 6-51 绘制矩形

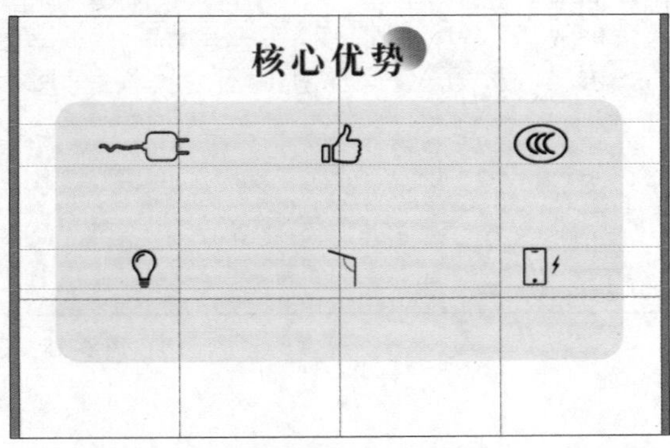

图 6-52 置入素材并对齐

步骤 06 使用“横排文字工具”输入文字并设置参数，如图6-53和图6-54所示。

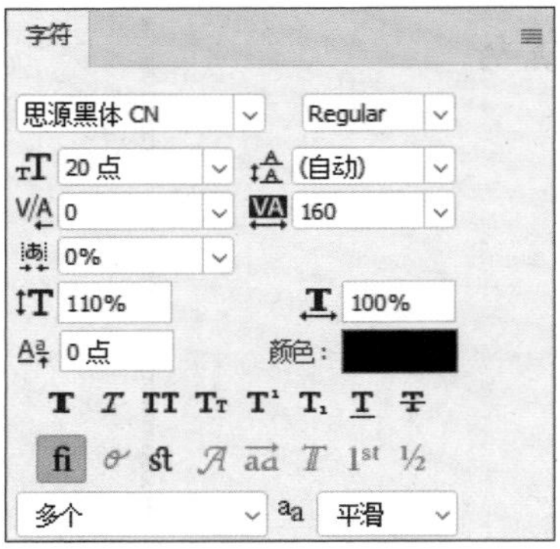

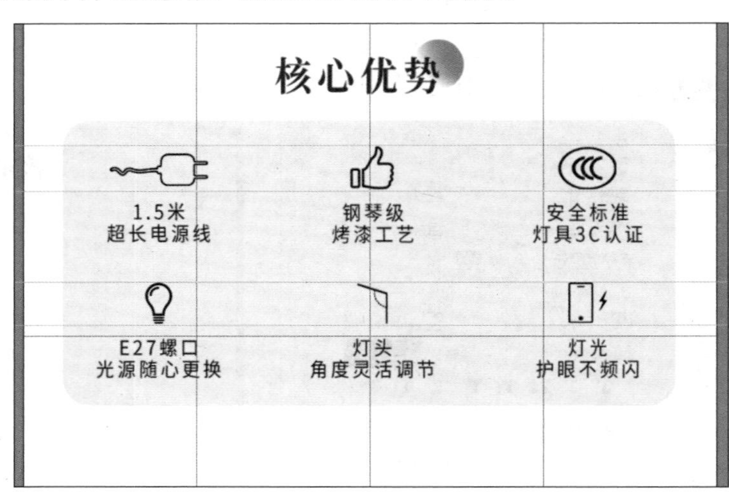

图 6-53　设置参数

图 6-54　文字效果

步骤 07 在“图层”面板中双击“电源线”图层，弹出“图层样式”对话框，选择“投影”并设置参数，如图6-55所示。

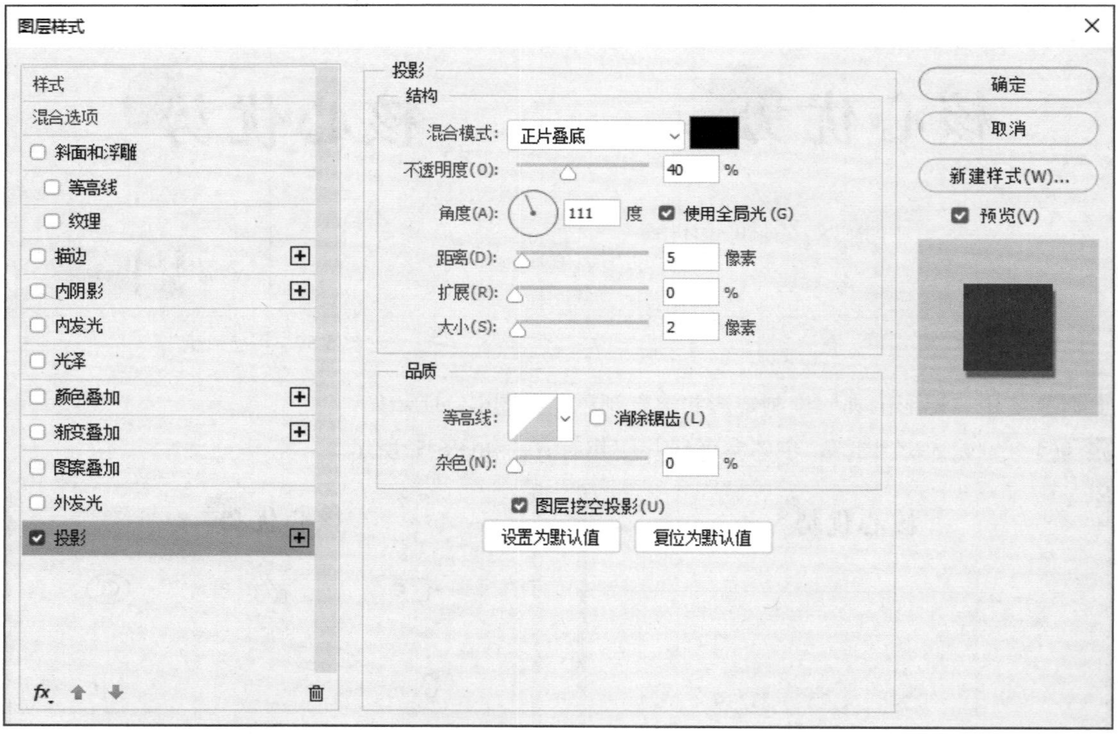

图 6-55　设置投影参数

步骤 08 选择“电源线”图层，右击鼠标，在弹出的菜单中选择“拷贝图层样式”选项，如图6-56所示。

步骤 09 按住Ctrl键加选剩下的5个图标图层，右击鼠标，在弹出的菜单中选择“粘贴图层样式”选项，此时的“图层”面板如图6-57所示，“核心优势”区域的最终效果如图6-58所示。

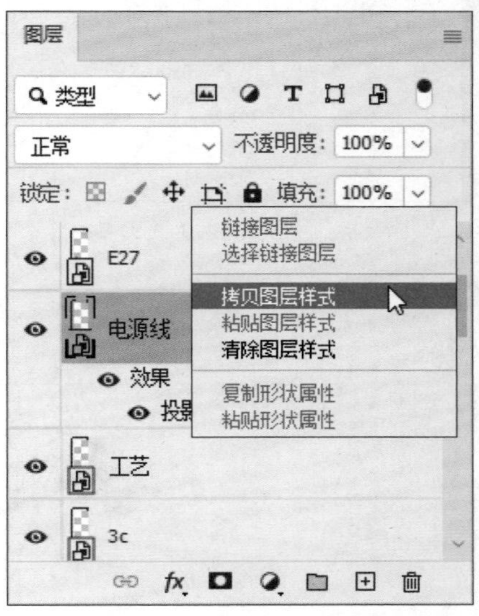

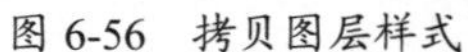
图 6-56 拷贝图层样式

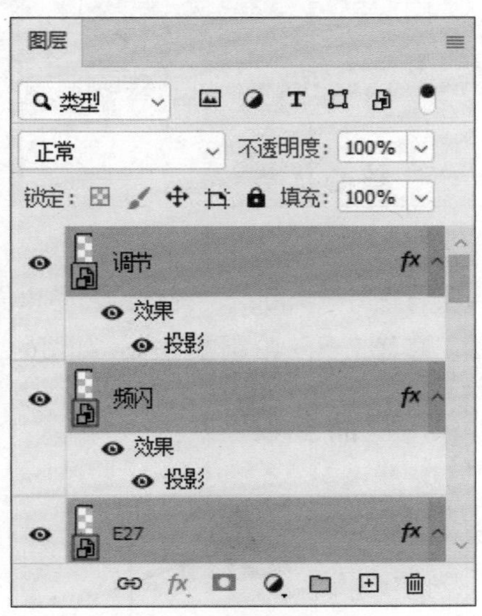

图 6-57 粘贴图层样式

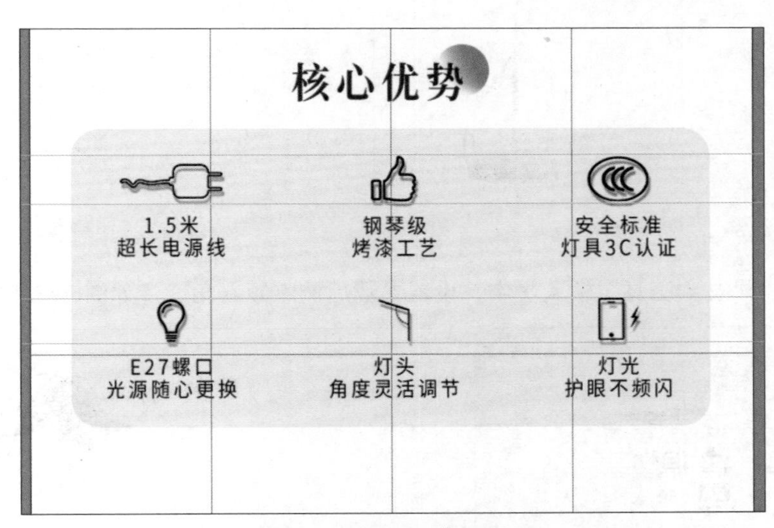

图 6-58 “核心优势”效果

■6.3.3 制作详情页-产品参数

该区域将通过对文字和图片进行设计，详细介绍商品的参数。

扫码观看视频

步骤 01 选择“核心优势”文字与正圆形图形，按住Alt键移动复制，如图6-59所示。

步骤 02 更改文字内容，如图6-60所示。

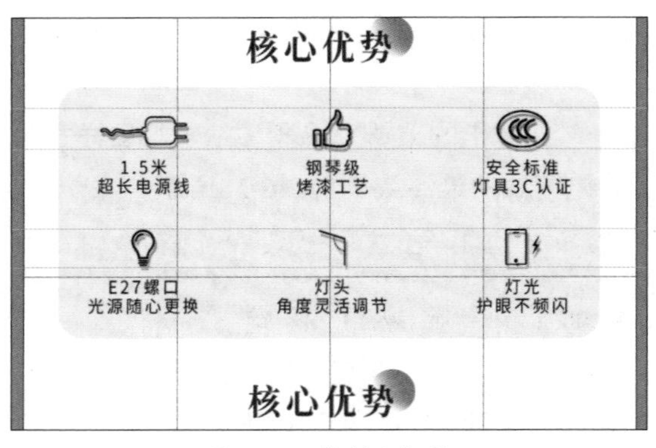

图 6-59　复制小标题

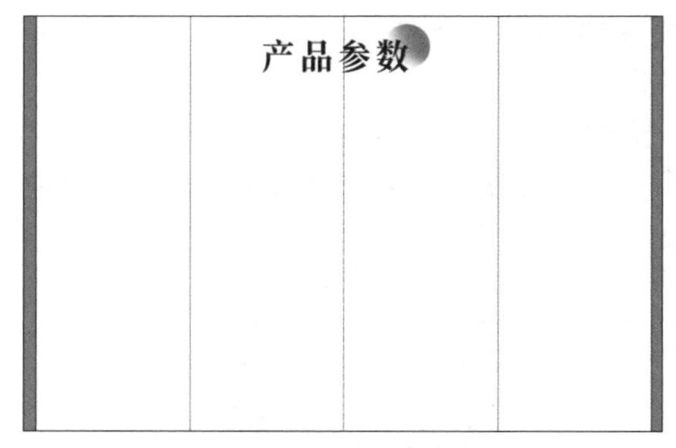

图 6-60　更改文字内容

步骤 03 置入素材图片“1.jpg”，调整其大小和位置，如图6-61所示。

步骤 04 使用“直线工具”绘制参考线，如图6-62所示。

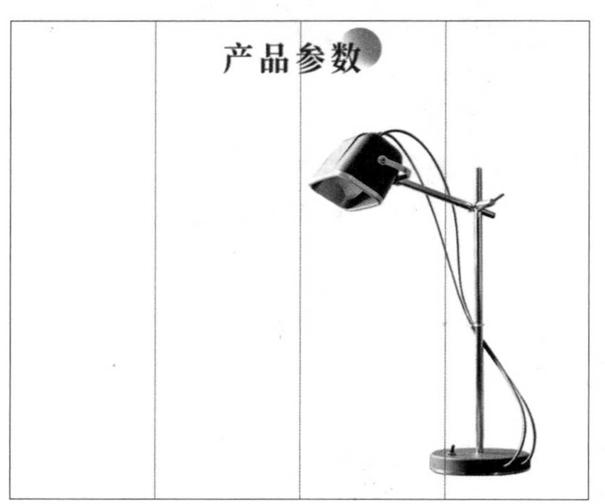

图 6-61　置入素材

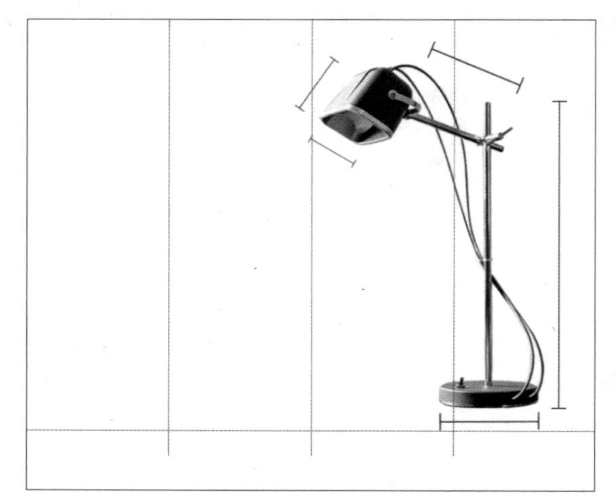

图 6-62　绘制参考线

步骤 05 使用“横排文字工具”输入文字，设置参数后调整倾斜角度，如图6-63和图6-64所示。

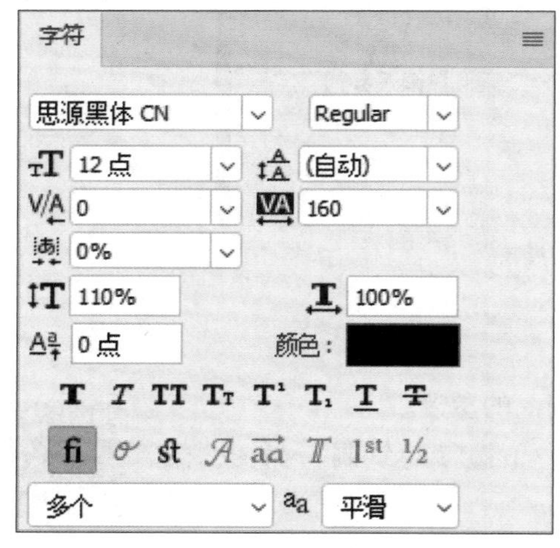

图 6-63　设置参数

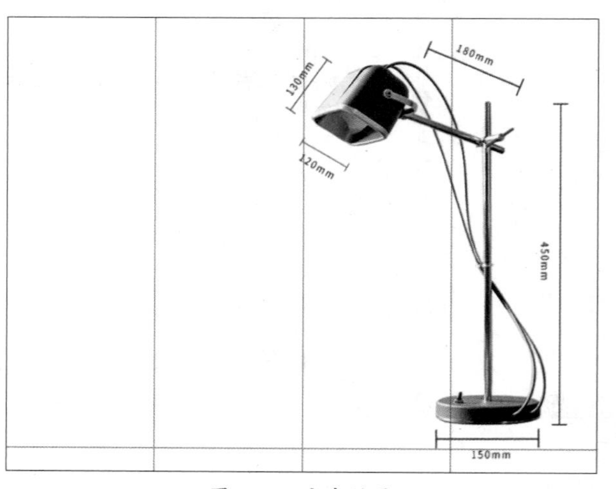

图 6-64　文字效果

步骤06 使用“横排文字工具”输入文字并设置参数，如图6-65所示。

步骤07 选中全部文字，在选项栏中依次单击“左对齐”按钮和“垂直居中分布”按钮，对齐效果如图6-66所示。

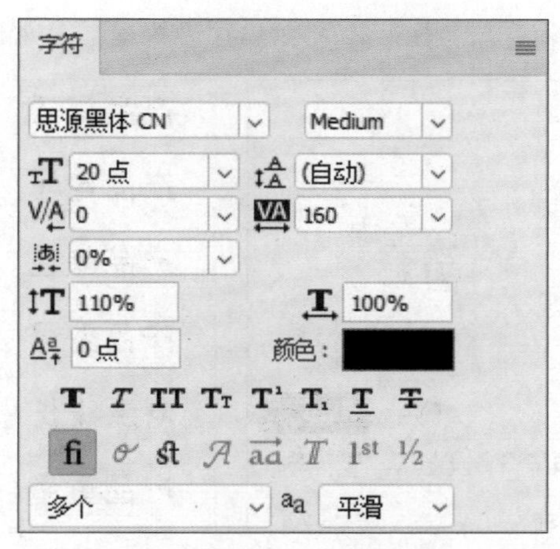

图 6-65 设置参数

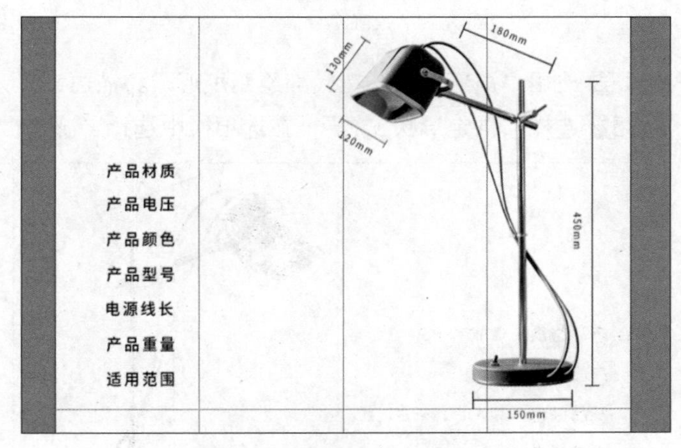

图 6-66 文字效果

步骤08 使用“矩形工具”绘制矩形，在“属性”面板中设置颜色、描边、半径等参数，如图6-67和图6-68所示。

步骤09 按住Alt键移动复制矩形，如图6-69所示。

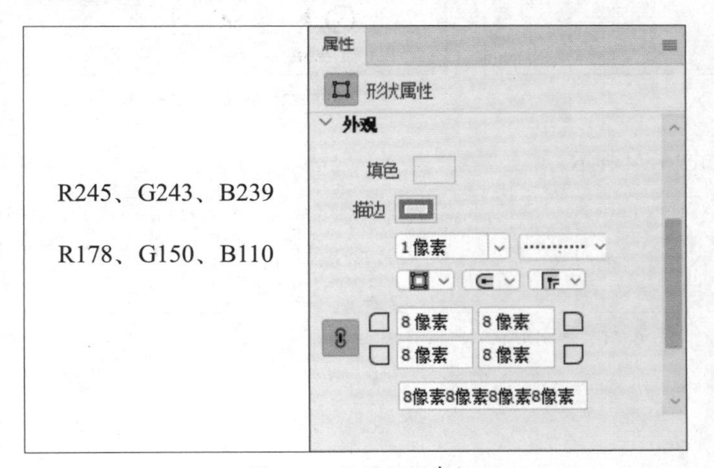

图 6-67 设置矩形参数

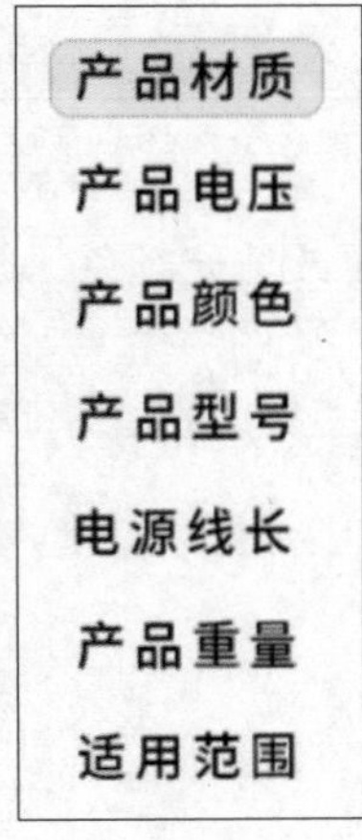

图 6-68 矩形效果

图 6-69 复制矩形

步骤10 使用“横排文字工具”输入文字并设置参数，如图6-70和图6-71所示。

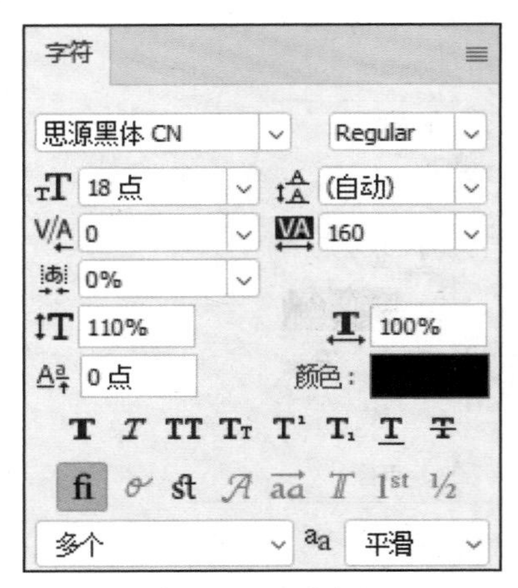

图 6-70 设置参数

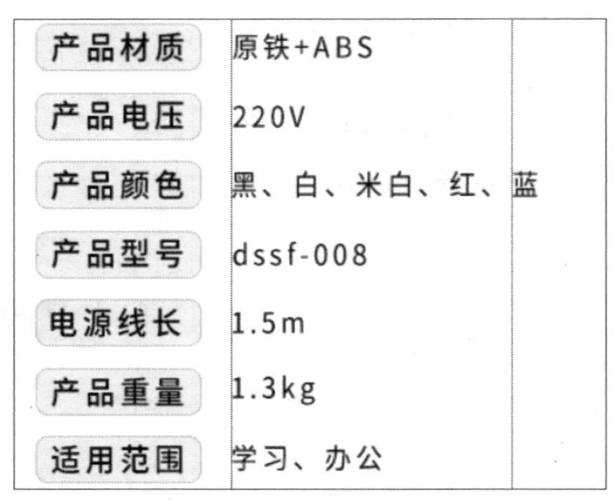

图 6-71 文字效果

步骤11 使用“矩形工具”在底部绘制矩形，将描边设置为“无”，如图6-72所示。

步骤12 选择“自定形状工具”，在选项栏中选择“感叹号”形状，如图6-73所示。

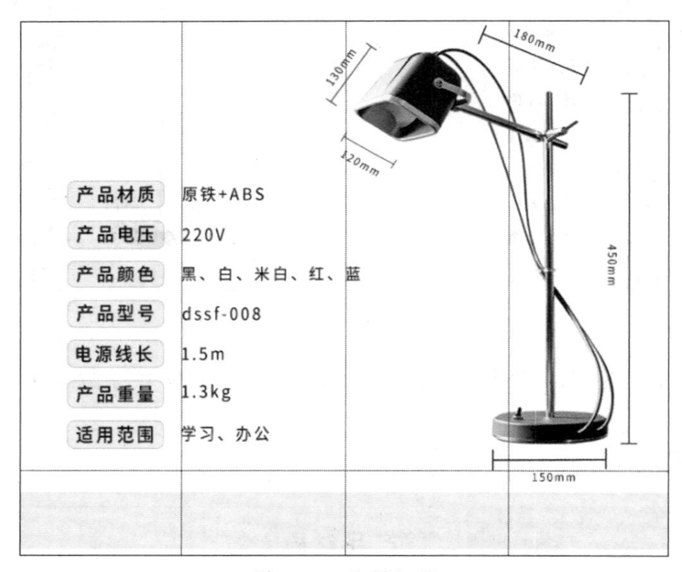

图 6-72 绘制矩形

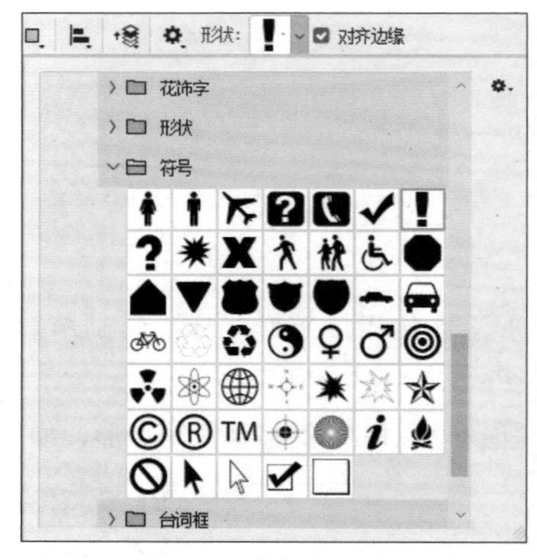

图 6-73 选择自定形状

步骤13 拖动绘制并更改填充颜色，如图6-74所示。

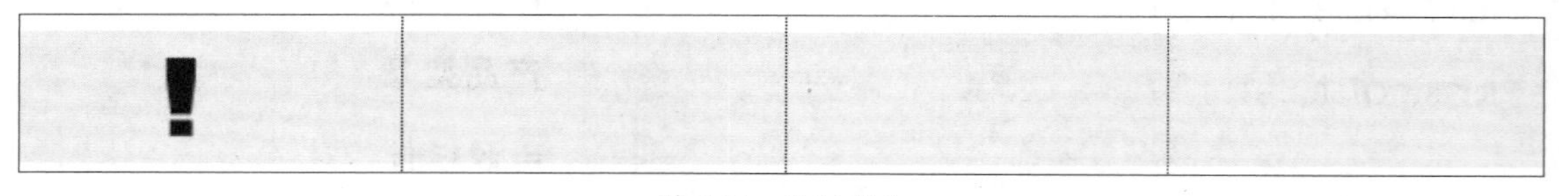

图 6-74 绘制形状

步骤 14 使用“横排文字工具”输入文字并设置参数，如图6-75和图6-76所示。

图 6-75 设置参数

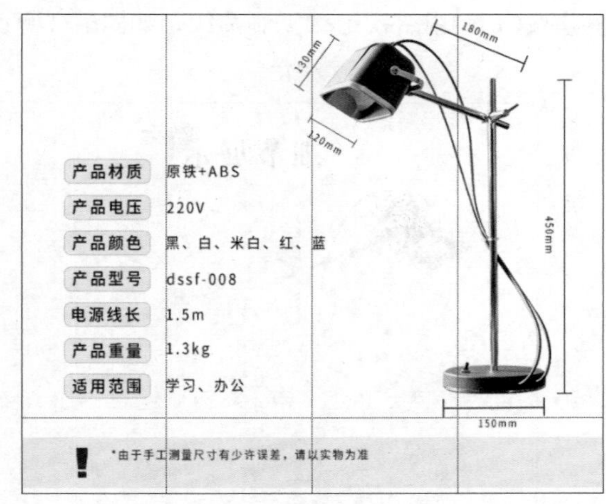

图 6-76 文字效果

步骤 15 设置字号为16，继续输入文字并更改颜色，如图6-77所示，“产品参数”区域的最终效果如图6-36所示。

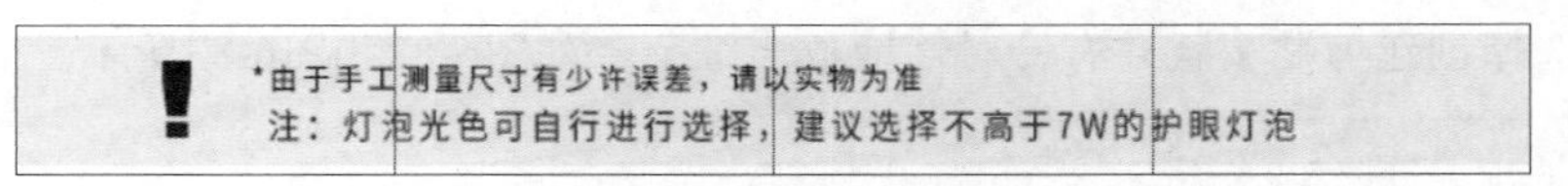

图 6-77 文字效果

6.3.4 制作详情页-细节展示

该区域将通过对文字和图片进行设计，详细介绍商品的细节。

扫码观看视频

步骤 01 按住Alt键移动复制“产品参数”与正圆，并将“产品参数”更改为“细节展示”，如图6-78所示。

步骤 02 使用“矩形工具”绘制3组矩形，如图6-79所示。

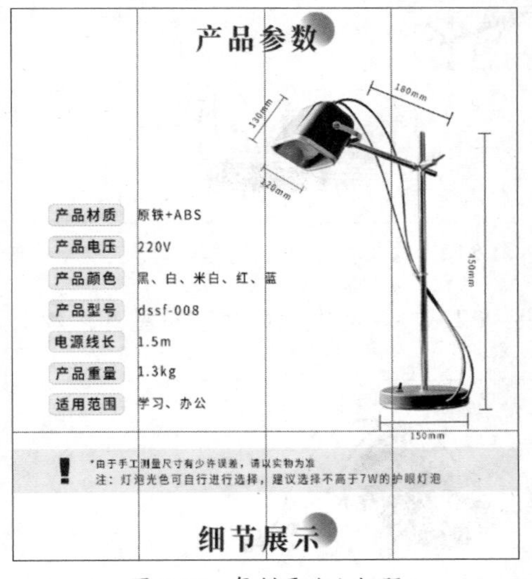

图 6-78 复制更改小标题

图 6-79 绘制矩形

步骤03 按住Alt键移动复制“产品参数”中的台灯，如图6-80所示。

步骤04 按Ctrl+J组合键连续复制两次，如图6-81所示。

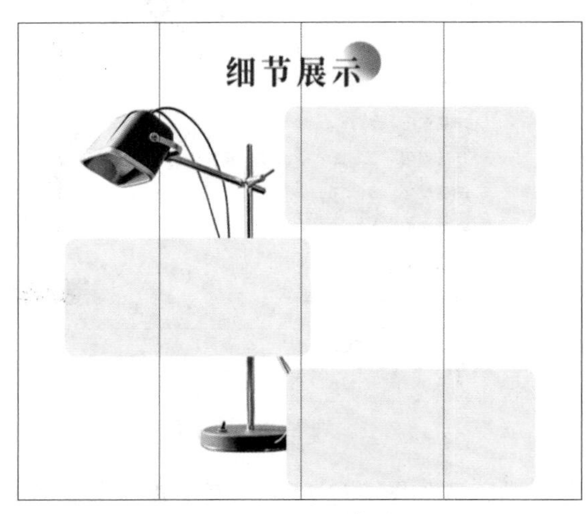

图 6-80 置入素材

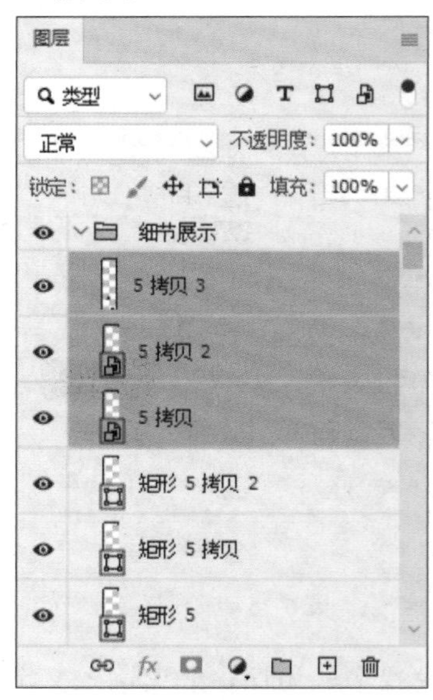

图 6-81 复制图层

步骤05 分别选择创建剪贴蒙版并有针对性地放大细节，如图6-82和图6-83所示。

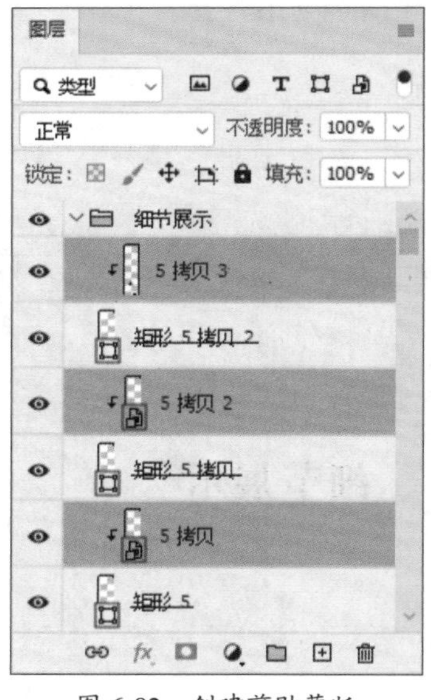

图 6-82 创建剪贴蒙版

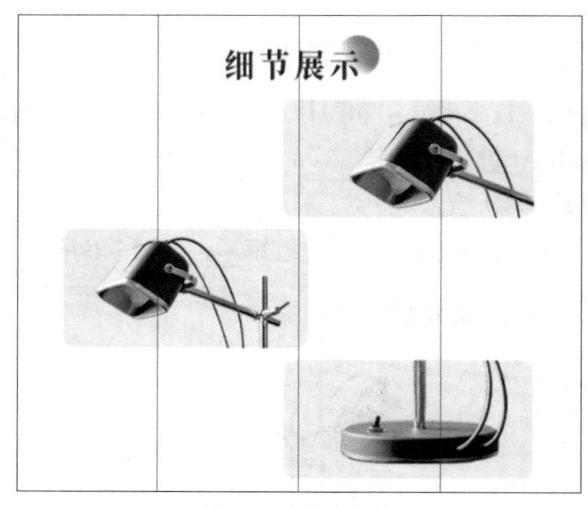

图 6-83 放大细节

步骤06 使用“横排文字工具”输入两组文字，字号分别为22、16，选中两组文字右对齐，效果如图6-84所示。

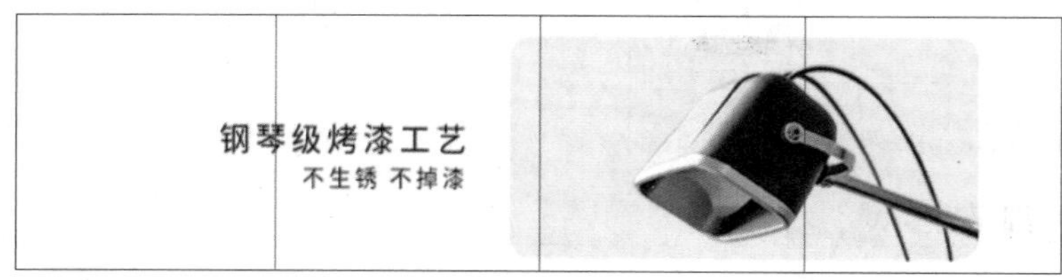

图 6-84 文字效果

步骤 07 使用“矩形工具”绘制矩形，移动位置与文字右对齐，如图6-85所示。

图 6-85　矩形效果

步骤 08 按住Alt键移动复制文字和矩形，更改文字内容，选中两组文字和矩形左对齐，如图6-86所示。

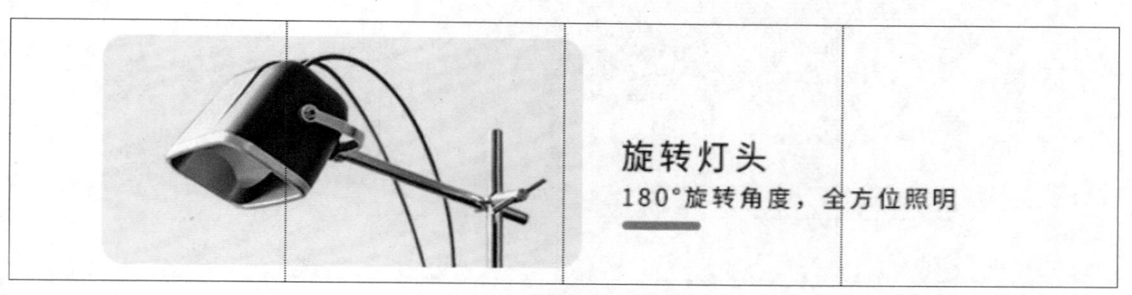

图 6-86　复制更改文字

步骤 09 按住Alt键移动复制第1组文字和矩形，更改文字内容，如图6-87所示，“细节展示”区域的最终效果如图6-37所示。

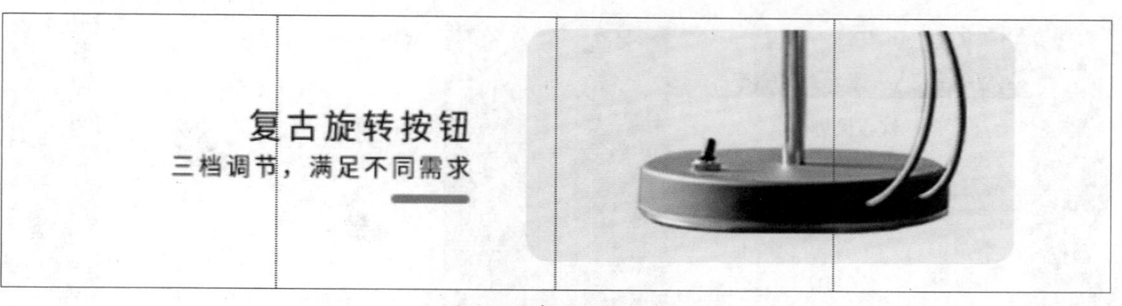

图 6-87　复制更改文字

注意事项：本案例素材有限，仅对操作方法进行讲解，在实操中可加入商品更多细节图、场景图、检测报告、专利证书等图片。

6.3.5　制作详情页-切片导出

考虑到网络加载快慢的因素，对制作好的详情页可以进行切片导出。下面将详细介绍其具体制作方法。

扫码观看视频

步骤01 按Ctrl+S组合键保存文件，执行“文件”→“导出”→“存储为Web所用格式”命令，在弹出的“存储为Web所用格式”对话框中设置参数，如图6-88所示，完成后单击“存储”按钮。

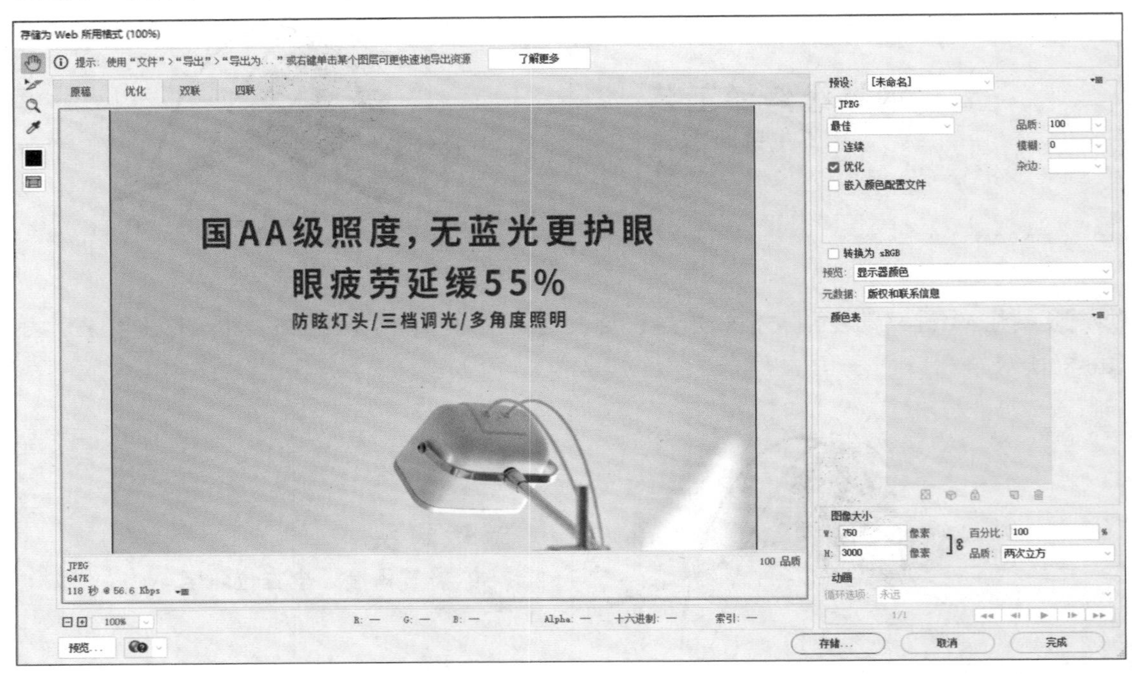

图 6-88　导出图片

步骤02 在Photoshop中打开刚存储的图片，按住Ctrl+空格键放大，自上向下拖动创建参考线，如图6-89和图6-90所示。

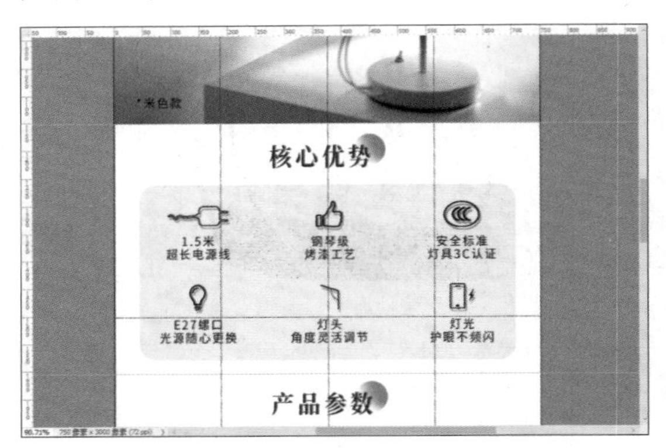

图 6-89　创建参考线 1

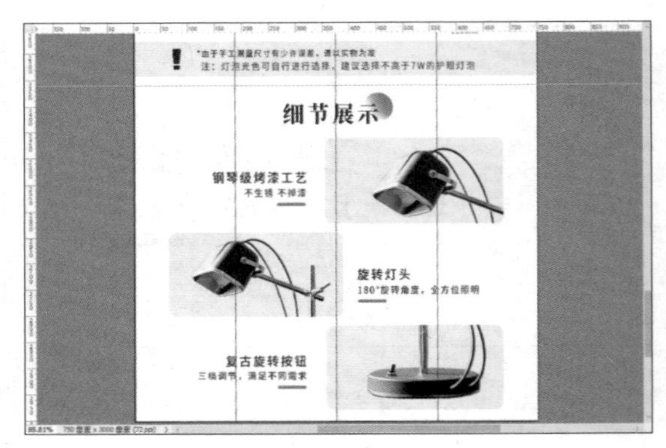

图 6-90　创建参考线 2

步骤03 选择“切片工具”，单击选项栏中的“基于参考线的切片”按钮，如图6-91所示。

图 6-91　“切片工具”选项栏

步骤04 执行“文件”→“导出”→“存储为Web所用格式”命令，在弹出的“存储为Web所用格式”对话框中设置参数，如图6-92所示。

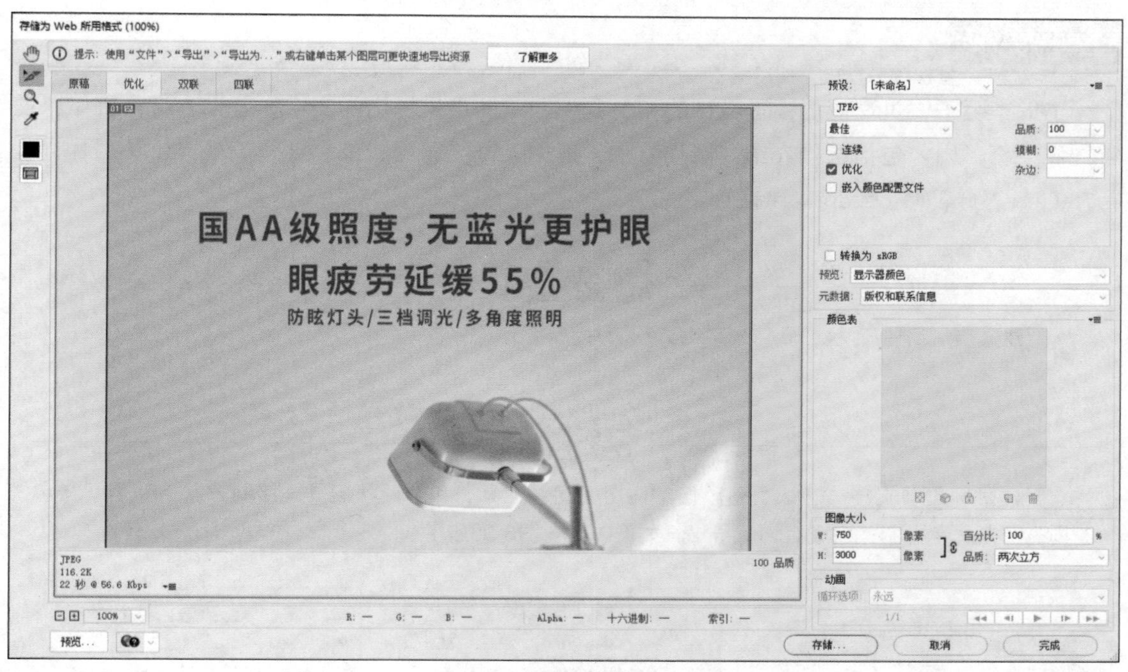

图 6-92　导出切片

步骤 05 系统将在指定的存储位置新建文件夹“images”，进入该文件夹即可查看切片效果，如图6-93所示。

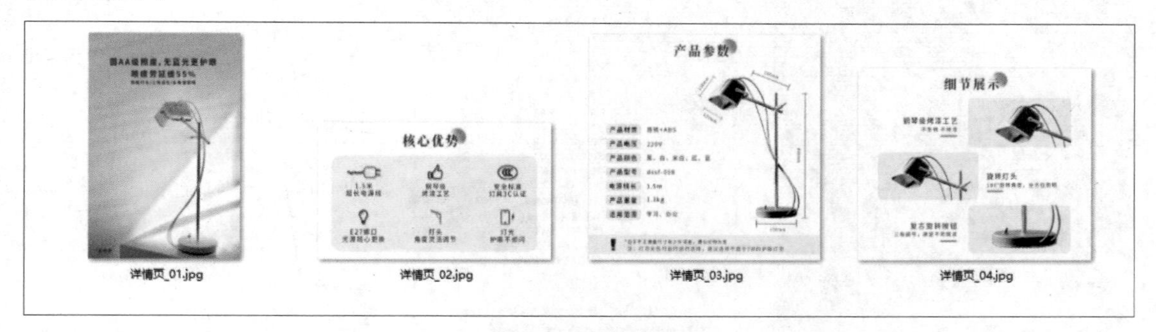

图 6-93　导出效果

上手实操

了解了关于宝贝详情页视觉设计的相关知识，下面根据提供的文字和效果素材，制作课程宣传详情页，内容包括课程介绍、课程特点、适用人群、课程目录和部分效果展示。图片宽度为750 px，分辨率为72 dpi，风格自定。

知识点考查

新建文档、钢笔/形状工具、文字工具、切片、导出。

思路提示

新建目标尺寸文档，确认主题风格，使用“钢笔工具”和“形状工具”绘制背景，使用“文字工具”输入文字，制作完成后切片导出，如图6-94～图6-96所示。

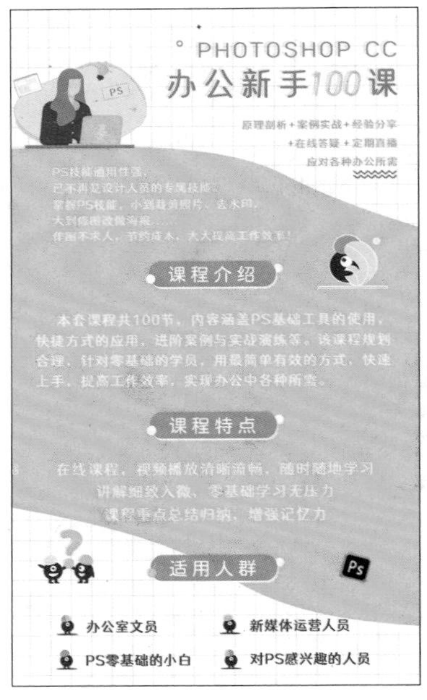

图 6-94　详情页 1

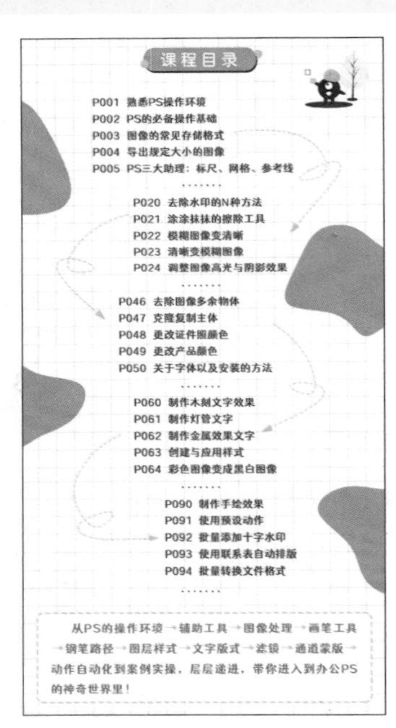

图 6-95　详情页 2

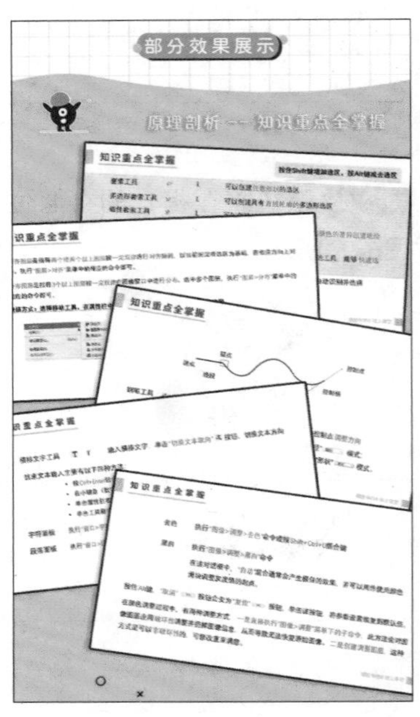

图 6-96　详情页 3

第7章

店铺首页视觉设计

内容概要

通过店铺首页，可以让买家了解到店铺的最新活动、爆款好物、主推商品、新品、热销商品等信息。由于电商平台的后台不断更新，且越来越智能化，除了自行设计上传，卖家还可以根据装修模板有针对性地进行视觉设计，既方便又快捷。

数字资源

【本章素材】："素材文件\第7章"目录下

7.1 店铺首页设计须知

店铺首页大多都是千人千面的智能化推荐，这样设计可以更好地让买家了解店铺活动、主推商品、新品、热销商品等。

■7.1.1 店铺首页制作规范

店铺首页决定了店铺的整体形象。作为淘宝店铺的一个主要展示窗口，店铺首页装修的成功与否直接影响着店铺品牌宣传和买家的购物体验。店铺首页的制作规范如下：

1. 图片规范

- **图片尺寸：**宽度为1 200 px，高度根据所使用的模块确定。
- **图片格式：**JPG/PNG格式，分辨率为72 dpi，大小应小于2 MB。

知识点拨

首页需要设计的模块主要分为图文类和宝贝类。其中，图文类包括轮播图海报、单图海报、多热区切图和淘宝群聊自定义组件，具体的规范如图7-1所示。

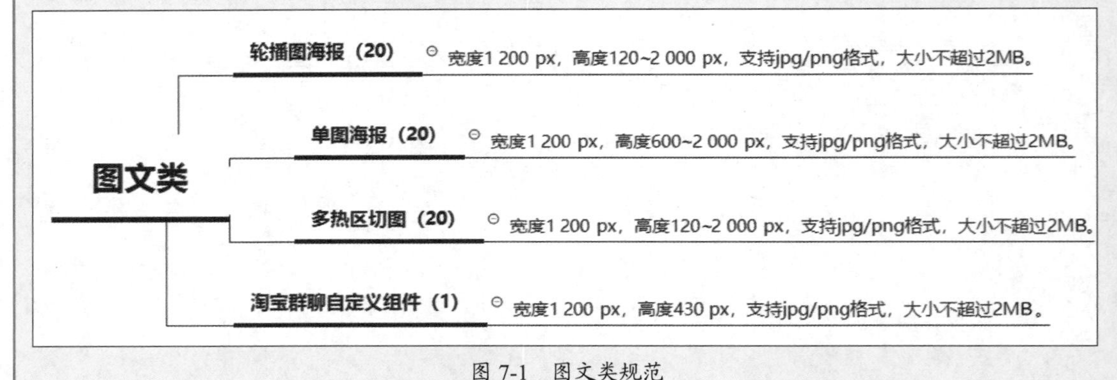

图 7-1 图文类规范

宝贝类主要包括系列主体宝贝和智能宝贝推荐，具体的规范如图7-2所示。

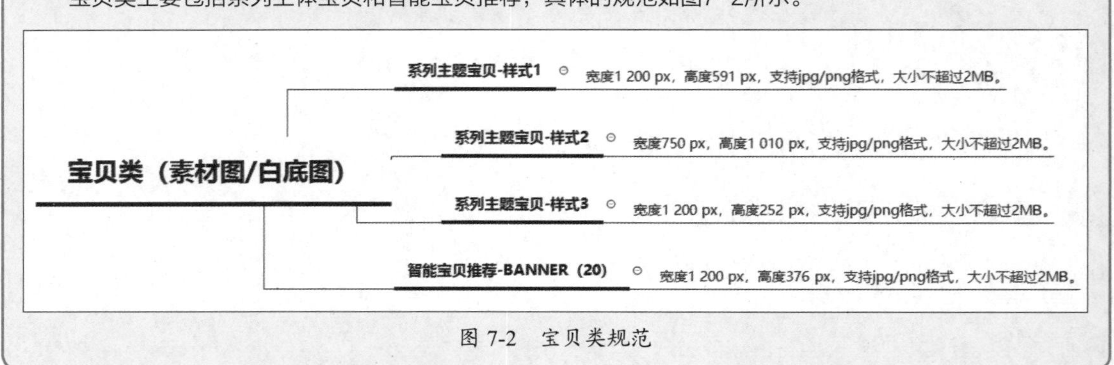

图 7-2 宝贝类规范

2. 文字规范

店铺首页中有关文字的设计有多处，如标题、副标题、价格文案等，如图7-3所示。所有文案的字号建议取2的倍数，如20、28、32、46等，避免因使用低于20的字号而造成的阅读困难。具体设计规范如下：

- **标题文案：**字号建议32～46之间，行高1.5～1.75。
- **副标题文案：**字号建议24～32之间，行高1.4～1.5。
- **价格文案：**字号建议32～36之间，行高1.5。
- **商品标题文案：**字号建议28，行高1.5。
- **备注级文案（如标签、优惠券等）：**字号建议20，行高1.4。

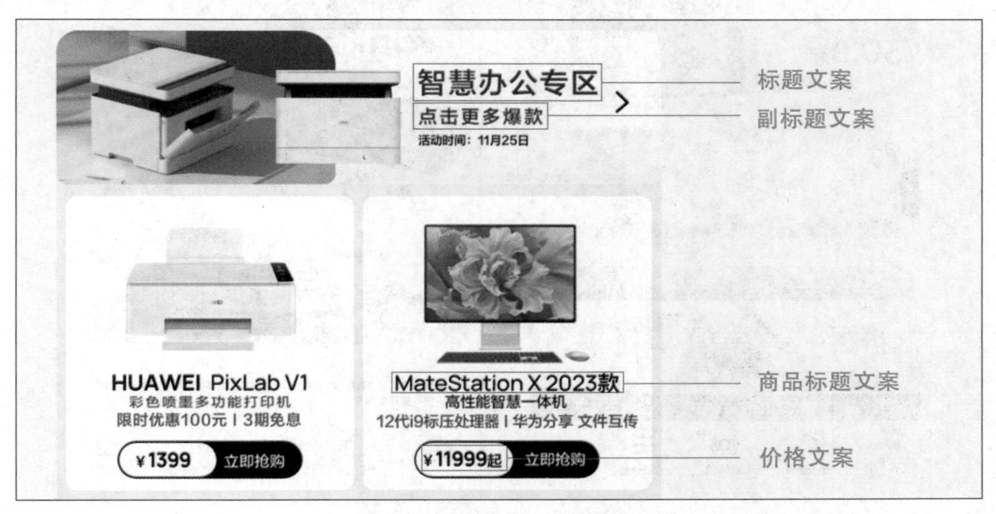

图 7-3　店铺首页部分文字规范

■7.1.2　店铺首页内容构成

店铺首页是由多个模块组成的，具体没有明确要求，包括但不限于以下模块。

1. 单图海报模块

单图海报模块主要是对商品进行单图展示。从中可以放置店铺主推商品，突出商品特点；也可以放置店铺活动海报，抓住买家眼球，刺激消费。在图片上可以搭配文案和宝贝链接等，如图7-4所示。

2. 轮播图模块

轮播图模块以商品轮播的形式展示商品，可以放置店铺新品、热销款或活动海报等，如图7-5所示。

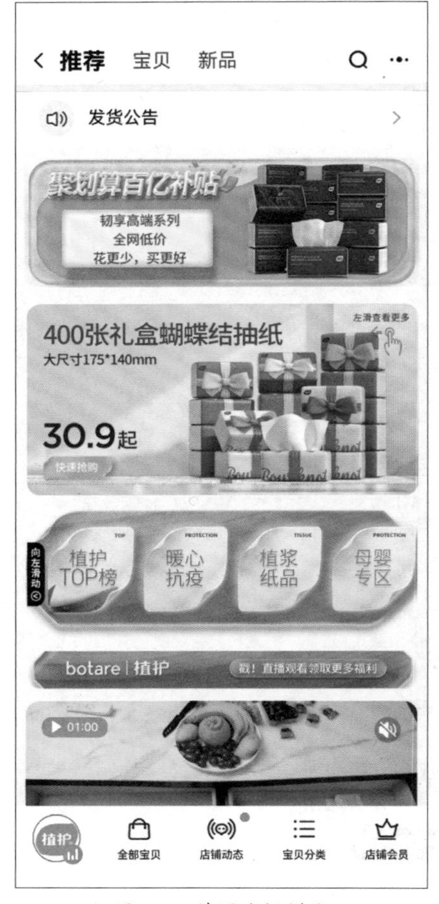

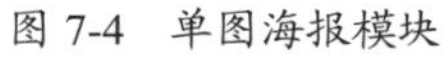
图 7-4　单图海报模块

图 7-5　轮播图模块

注意事项： 在图7-4中，自上向下还添加了文字标题、电梯导航和视频模块。

3. 优惠券模块

优惠券可以刺激买家消费。优惠券模块可放置于单图海报的下方，让买家快速知晓店铺优惠券信息，方便领取，提高成交率，如图7-6所示。

4. 切图模块

切图模块主要是用来突出单个宝贝，重点展示宝贝的整体和细节，让买家进一步了解宝贝，刺激消费，如图7-7所示。

5. 排行榜模块

排行榜模块可以让买家了解店铺热销商品，更直观地展示店铺精品，吸引买家购买，如图7-8所示。

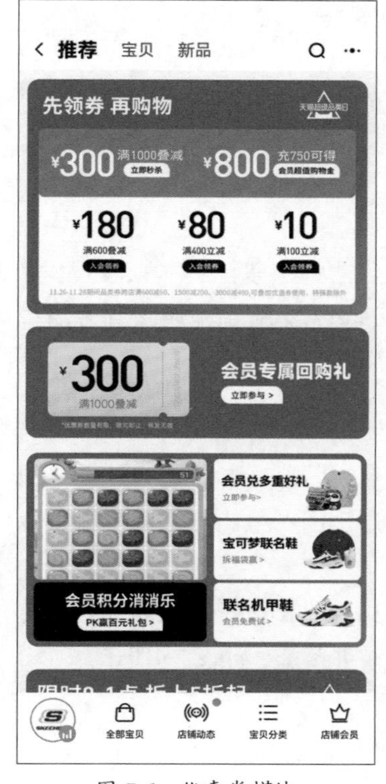

图 7-6 优惠券模块

图 7-7 切图模块

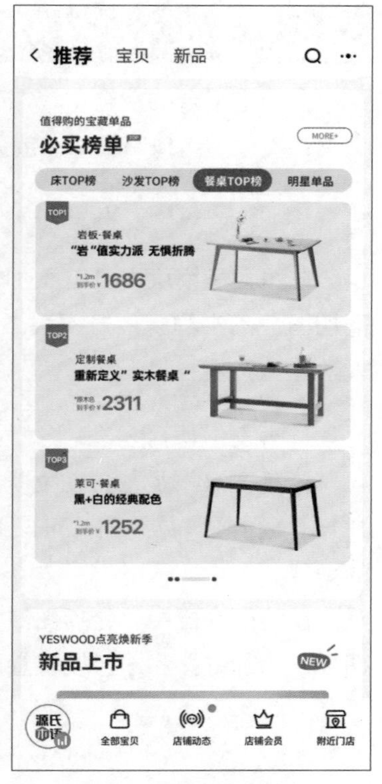

图 7-8 排行榜模块

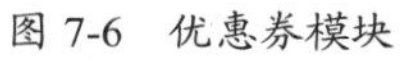

注意事项：以切图模块中的商品展示为例，商品展示模块为3：4，间距为18 px。除此之外，商品的模块还可以设计为1：1。

7.1.3 店铺首页注意事项

店铺首页注意事项如下：

- 界面简洁有序，各模块主次分明。这样设计可以让买家轻松了解店铺活动、商品信息，从而判断是否符合自己的购买需求。
- 页面大小和分辨率应符合要求。
- 店铺里的图片、文字等信息需具有很高的可识别度。
- 店铺色调风格统一。明确店铺商品属性、行业特征和目标人群的风格喜好，在此基础上选择合适的商品主图，即海报的色彩搭配应自然和谐。
- 应明确首页图片的主次顺序。装饰元素应紧扣主题、突出主题。
- 要充分展示商品卖点，有针对性地进行营销，吸引更多消费者驻足。
- 针对宝贝数量大的店铺，应进行细致的分类，方便买家快速、准确地查找商品。

7.2 首页装修模块解析

在淘宝平台的后台中，店铺的装修将使用淘宝旺铺进行页面装修，而页面装修主要分为图文类、视频类、LiveCard、宝贝类和营销互动类等模块。

7.2.1 图文类模块

在图文类模块中可以添加轮播图海报、单图海报、猜你喜欢、店铺热搜、文字标题、多热区切图、淘宝群聊入口模块、人群海报、免息专属飘条、CRM人群福利-店铺模块和官方消费者防诈骗模块。

1. 轮播图海报

轮播图海报是基础图文类模块之一，最多可以放置4个同尺寸的图片（默认为初始上传图片尺寸数值），每个图片可以关联一个跳转链接。轮播图海报适用于同一组商品、同一组主体的呈现。

在页面容器中将轮播图海报拖曳至中间的画布区域预览，可以在右侧设置模块名称、上传图片、添加链接和选择模块意图，设置完成后单击“保存”按钮即可预览，如图7-9所示。

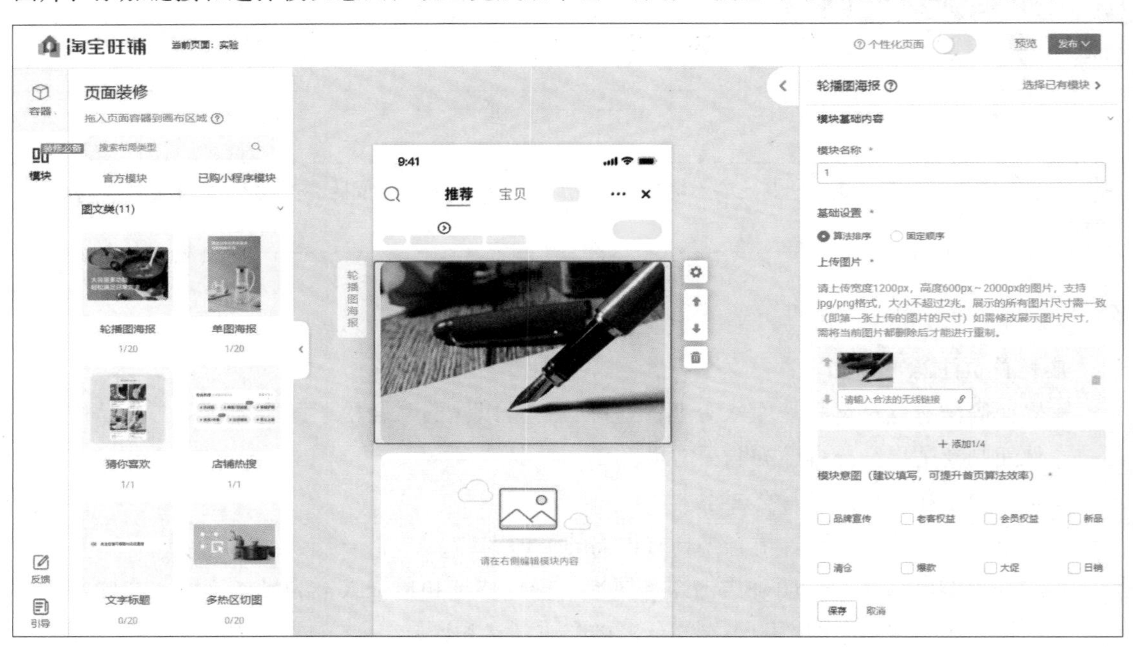

图 7-9　图文类 - 轮播图海报

2. 单图海报

单图海报的整张图允许使用单个二跳页，并且支持圈选商品池自动生成微详情页作为二跳页。相较于多热区切图，单图海报更强调单张图片的表现力，信息的可读性比较好。它也可以为系列商品进行主体化表达和种草，引导成交。

在页面容器中将单图海报拖曳至中间的画布区域预览，可以在右侧设置模块名称、上传图片、二级承接方式选择和设置智能展现方式，设置完成后单击“保存”按钮可以预览，如图7-10所示。

图 7-10　图文类 - 单图海报

3. 猜你喜欢

猜你喜欢模块由系统根据算法自动展现，将该模块拖动到预览区域即可，无须编辑。

4. 店铺热搜

店铺热搜模块由系统根据算法自动展现，将该模块拖动到预览区域即可，无须编辑。若搜索词不足3个，则该模块在首页不显示。

5. 文字标题

文字标题模块可自定义输入20个中文字符以内的标题，单击即可跳转至目标链接。在页面容器中将该模块拖曳至中间的画布区域预览，可以在右侧设置模块名称、样式、标题和跳转链接，设置完成后单击“保存”按钮可以预览，如图7-11所示。

6. 多热区切图

多热区切图模块可以在上传的图片中划分多个区域，单击不同区域即可跳转至目标链接。在页面容器中将该模块拖曳至中间的画布区域预览，可以在右侧设置模块名称、上传图片、划分区域及设置其上传链接，设置完成后单击“保存”按钮可以预览，如图7-12所示。

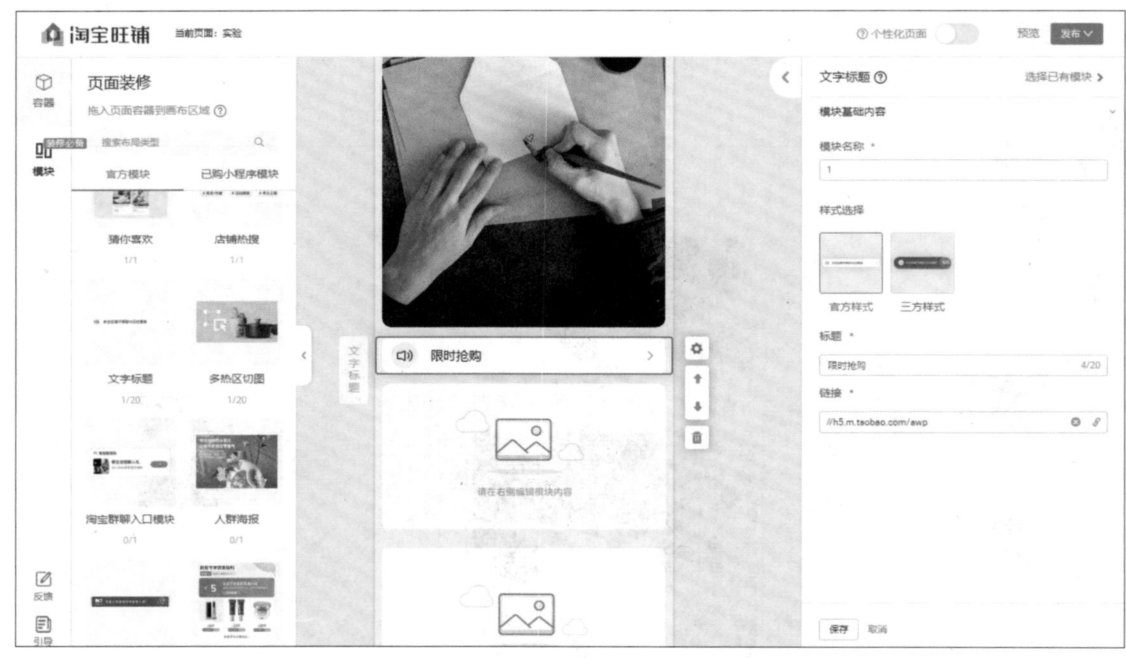

图 7-11　图文类 - 文字标题

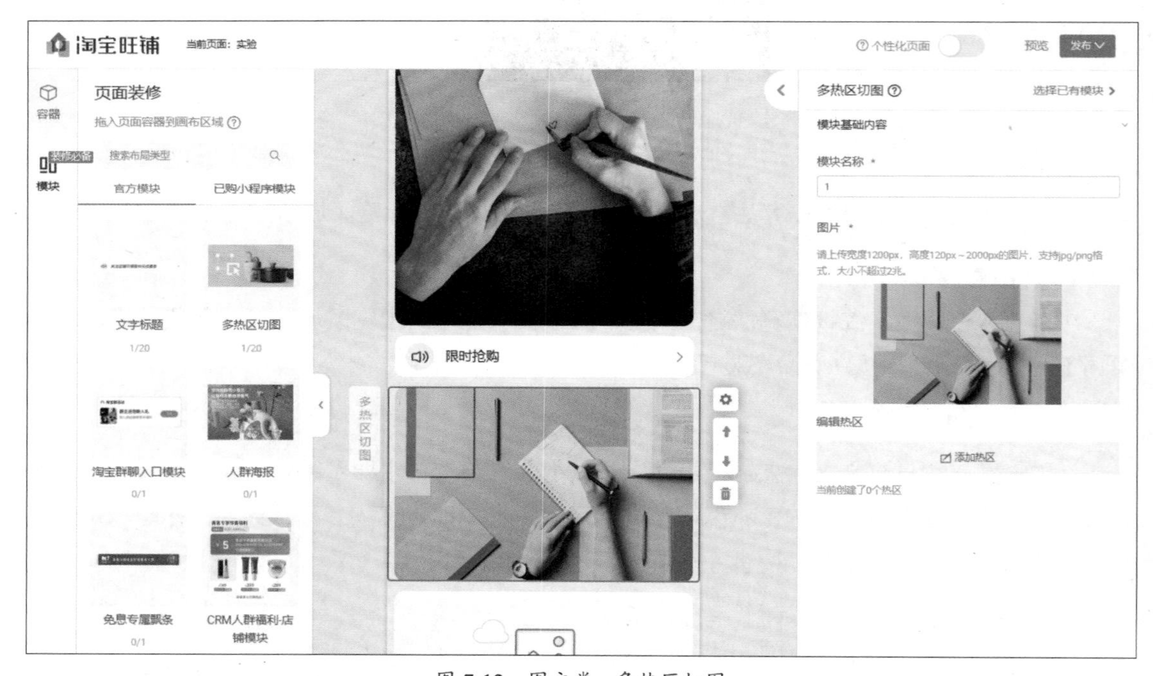

图 7-12　图文类 - 多热区切图

7. 淘宝群聊入口模块

淘宝群聊入口模块透出的群由平台根据群的活动、优质程度、活跃程度、群成员质量等条件智能匹配展示，该模块仅限符合条件的消费者可见。

在页面容器中将该模块拖曳至中间的画布区域预览，可以在右侧选择通用组件或者自定义组件。若选择自定义组件，需上传宽度为1 200 px、高度为430 px的JPG/PNG格式图片，大小不超过2 MB，然后添加链接地址。

8. 人群海报

人群海报模块可分人群投放，例如，上传的图片链接为新客优惠券，该海报仅新客可见。在页面容器中将该模块拖曳至中间的画布区域预览，可以在右侧设置模块名称和设置定向策略。在用户运营中可设置运营人群、优惠券和推广渠道。在推广渠道中需上传640×214 px的店铺海报。

9. 免息专属飘条

开启淘宝分期免息可使用该模块。在页面容器中将该模块拖曳至中间的画布区域预览，可以在右侧设置模块名称、样式和跳转链接。

10. CRM人群福利-店铺模块

在页面容器中将该模块拖曳至中间的画布区域预览，可以在右侧设置模块名称、新享首单礼金权益等参数。

11. 官方消费者防诈骗模块

在页面容器中将该模块拖曳至中间的画布区域预览，无须编辑。

7.2.2 视频类模块

在视频类模块中可以添加单视频模块。在页面容器中将单视频拖曳至中间的画布区域预览，可以在右侧设置模块名称、视频尺寸和视频二级页链接，设置完成后单击“保存”按钮可以预览，如图7-13所示。其中，上传的视频比例为16：9和3：4/9：16，清晰度应在720 p以上，时长为10 s～10 min。

图 7-13 视频类 - 单视频

■7.2.3 LiveCard模块

LiveCard即店铺动态卡片，是一种富媒体的卡片形式展示，可以是视频、直播、交互体验的小游戏或动态货架小部件。LiveCard带来的产品价值有以下3点。

1. 可动态化交互

由于LiveCard更多交互能力的开放，可助力品牌多元化互动形式表达（如摇一摇等），通过与消费者趣味化“沟通”，可给用户制造惊喜感，传达品牌文化。

2. 可数据识别

通过小部件技术开放能力，可实现数据通信和存储，卡片内容可根据消费者互动行为进程动态变化，使店铺与“我”更相关，与消费者产生更多共鸣。

3. 可跨场景流通

LiveCard可流转多个公私域场景，目前已互通公域MiniShop（店铺合集）、每日好店频道，即将打通订阅、店铺二楼、详情等场景。

■7.2.4 宝贝类模块

在宝贝类模块中可以添加排行榜、智能宝贝推荐、系列主题宝贝、鹿班智能货架、免息商品智能货架和大促预售商品货架。

1. 排行榜

排行榜模块包括销量榜、收藏榜和新品榜，可以按照店铺内的销量自动抓取商品货架，由系统根据算法自动展现。将该模块拖动到预览区域即可，无须编辑。

2. 智能宝贝推荐

使用智能宝贝推荐模块可方便组织商品快速进行装修，它支持1～3列不同样式并灵活组合，商品可实现个性化推荐排序。

在页面容器中将该模块拖曳至中间的画布区域预览，可以在右侧设置模块名称、模块样式、Banner图、Banner链接和商品库，设置完成后单击“保存”按钮可以预览，如图7-14所示。商品图优先展示素材图和白底图。

3. 系列主题宝贝

系列主题宝贝是具有主题化氛围感的宝贝模块，它方便店铺组织商品系列并快速装修，支持横滑；主题间、商品间可实现个性化推荐排序。

在页面容器中将该模块拖曳至中间的画布区域预览，可以在右侧设置模块名称、模块样式、标题、副标题、上传图片和选择商品，设置完成后单击“保存”按钮可以预览，如图7-15所示。商品图优先展示素材图和白底图。

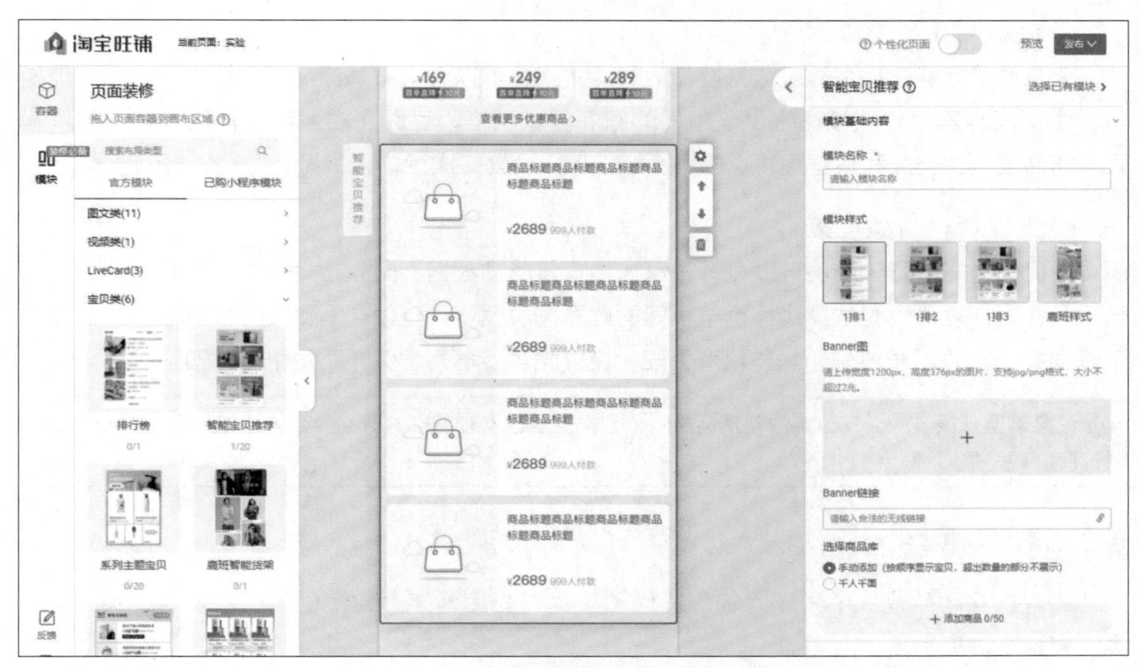

图 7-14　宝贝类 - 智能宝贝推荐

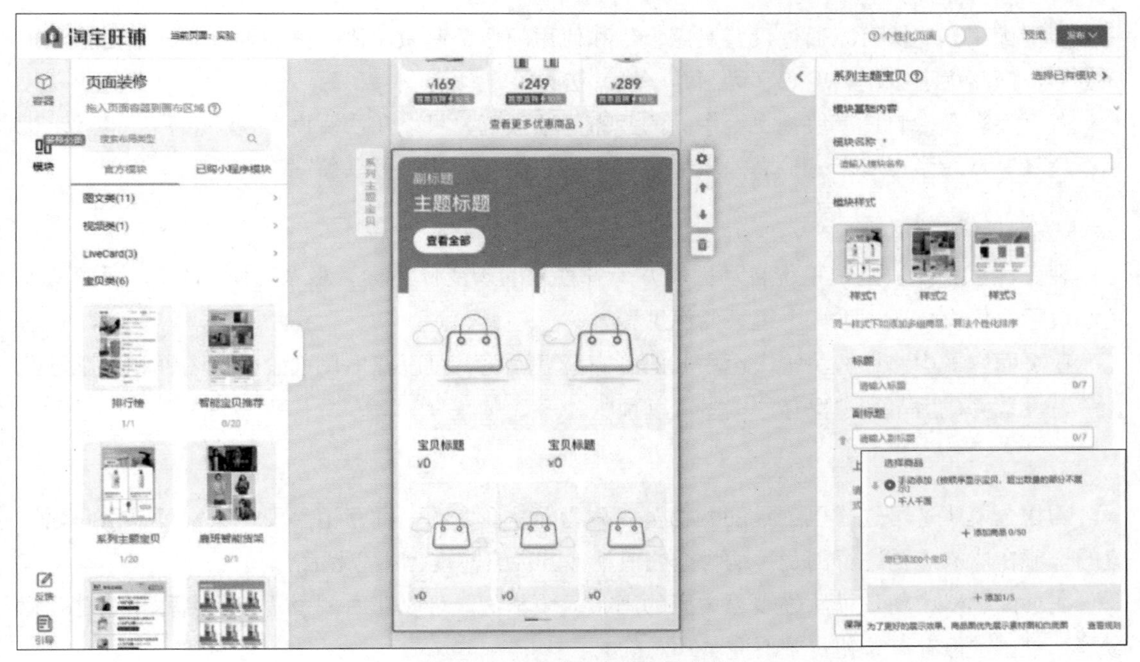

图 7-15　宝贝类 - 系列主题宝贝

4. 鹿班智能货架

鹿班智能货架模块是自动选品的千人千面货架，支持更多皮肤样式。

5. 免息商品智能货架

免息商品智能模块是针对免息商品的智能货架，可以自动添加商品，也可以千人千面地显示。在页面容器中将该模块拖曳至中间的画布区域预览，可以在右侧设置模块名称、模块样式、商品类型、链接和搭建跳转页的页面模板等，设置完成后单击“保存”按钮可以预览。

6. 大促预售商品货架

大促预售商品货架模块可以自动拉取店铺预售商品数据，无须手动添加，并默认千人千面显示。在页面容器中将该模块拖曳至中间的画布区域预览，可以在右侧设置模块名称、商品展示数（3、6、9）、模块标题和模块背景图，设置完成后单击“保存”按钮可以预览。

注意事项：该模块仅在预售活动期间展示，且仅展示已发布状态的商品。当某行商品不足3种时，该行商品会被过滤。

■7.2.5　营销互动类模块

在营销互动类模块中可以添加店铺优惠券、裂变优惠券、购物金、芭芭农场、人群优惠券、店铺会员模块。

1. 店铺优惠券

店铺优惠券模块可以通过设置优惠金额和使用门槛，刺激转化，提高客单，其中包括店铺优惠券、商品优惠券、新客专享优惠券、满就送券等。

在页面容器中将该模块拖曳至中间的画布区域预览，可以在右侧设置模块名称、样式、优惠券数量等（最多可展示6张），设置完成后单击“保存”按钮可以预览。

2. 裂变优惠券

裂变优惠券模块是由系统自动抓取并公开投放的裂变优惠券，最多可添加3张，面额从大到小展示，仅支持通用推广渠道裂变优惠券。

在页面容器中将该模块拖曳至中间的画布区域预览，可以在右侧设置模块名称和优惠券数量等，设置完成后单击“保存”按钮可以预览。

3. 购物金

购物金模块是可选择已创建的购物金。购物金是商家的一种营销手段，买家可以用此预储值的金额在商家店铺进行消费。购物金充值越多，优惠额度也相应越高。

在页面容器中将该模块拖曳至中间的画布区域预览，可以在右侧设置模块名称和已有购物金等，单击“保存”按钮可查看完整动态效果。

4. 芭芭农场

芭芭农场模块为天猫农场合作的店铺所专用。在页面容器中将该模块拖曳至中间的画布区域预览，无须编辑其他信息。

5. 人群优惠券

人群优惠券模块可分人群投放优惠券，仅选定人群可见，如新客专享优惠、老客复购优惠、提客单优惠（即相对门槛优惠券配置），可有效促进买家在不同购买场景下的高效转化。

在页面容器中将该模块拖曳至中间的画布区域预览，可以在右侧设置模块名称、样式和定向策略，设置完成后单击“保存”按钮可以预览。

6. 店铺会员模块

店铺会员模块适用于已有会员运营体系的商家。

在页面容器中将该模块拖曳至中间的画布区域预览，可以在右侧设置模块名称、入会模块和会员模块，设置完成后单击“保存”按钮可以预览，如图7-16所示。当商家设置新会员礼包时，仅对满足入会门槛的非会员展示，对已入会的买家则展示店铺等级/积分等信息。

其中，在入会模块中可以选择配色或者自定义色值；入会之后仅供会员显示的会员板块，可以设置背景颜色、自定义色值，还可以上传右上角背景图片，要求图片宽度为538 px、高度为448 px，支持JPG/PNG格式。

图 7-16　营销互动类 - 店铺会员模块

知识点拨

首页的更多效果可以在模板中进行购买，如互动场景、幸运转盘、抽奖专家、幻灯片轮播、多行滑动等。

7.3 实训案例：制作“科视照明”店铺首页

了解了首页图片设计知识后，下面将根据所提供的素材制作“科视照明”店铺首页。本节将选取首页中的单图海报、轮播图海报的制作方法进行展示。单图海报效果如图7-17所示。

图 7-17 单图海报

轮播图海报效果如图7-18所示。

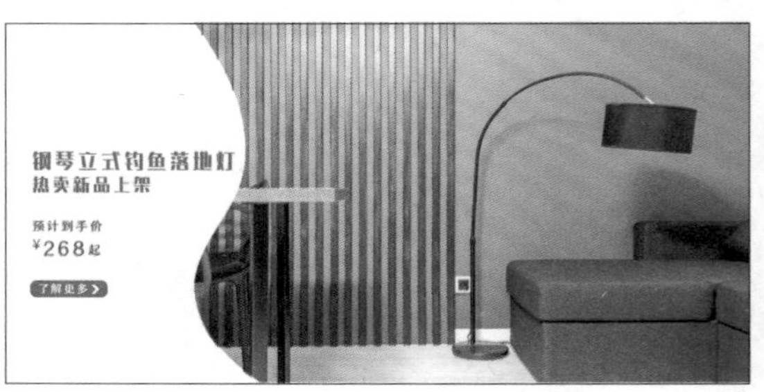

图 7-18 轮播图海报

■7.3.1 制作首页-单图海报

单图海报在首页上主要是放置营销活动、商品上新海报等。在制作该海报时，要求宽度为1 200 px，高度在600~2 000 px之间。本节将讲解海报的制作步骤。

扫码观看视频

步骤01 在Photoshop的开始界面中单击“新建”按钮，在打开的“新建文档”对话框中设置参数，如图7-19所示，完成后单击“创建”按钮。

图 7-19 新建文档

步骤02 设置前景色为灰色（R140、G136、B133），使用“油漆桶工具”单击填充，如图7-20所示。

步骤03 置入素材文件“1.jpg”并调整大小，如图7-21所示。

步骤04 将前景色设置为黑色，为该图层创建图层蒙版，使用“渐变工具”调整显示，如图7-22所示。

图 7-20 填充背景

图 7-21 置入素材

图 7-22 调整显示

步骤05 按Ctrl+L组合键，在弹出的“色阶”对话框中设置参数，如图7-23所示，调整明暗对比。

步骤06 选择该图层，将其向上移动后锁定，如图7-24所示。

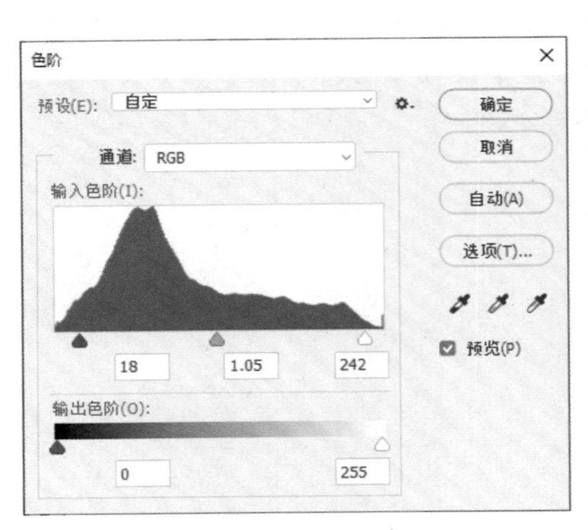

图 7-23 设置色阶参数

图 7-24 调整并锁定图层

步骤07 使用“横排文字工具”输入文字，在“字符”面板中设置参数，如图7-25和图7-26所示。

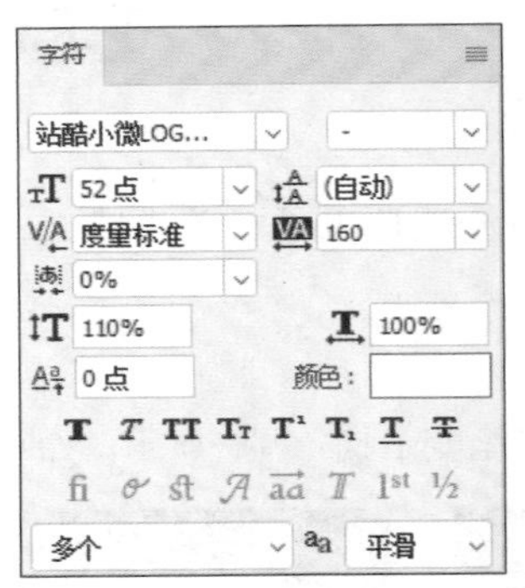

图 7-25 设置参数

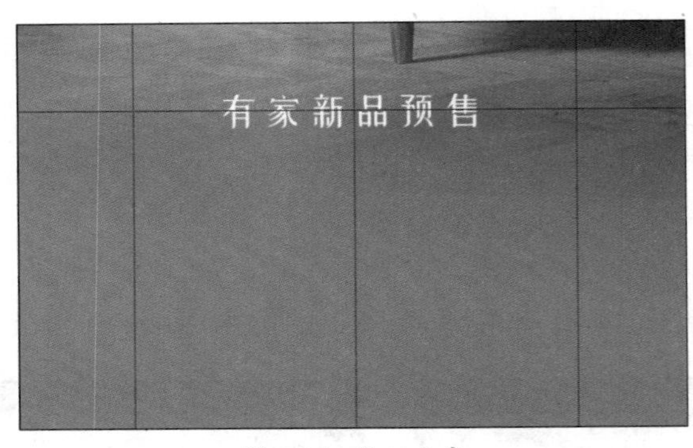

图 7-26 输入文字

步骤08 继续输入文字，在“字符”面板中更改字间距，如图7-27和图7-28所示。

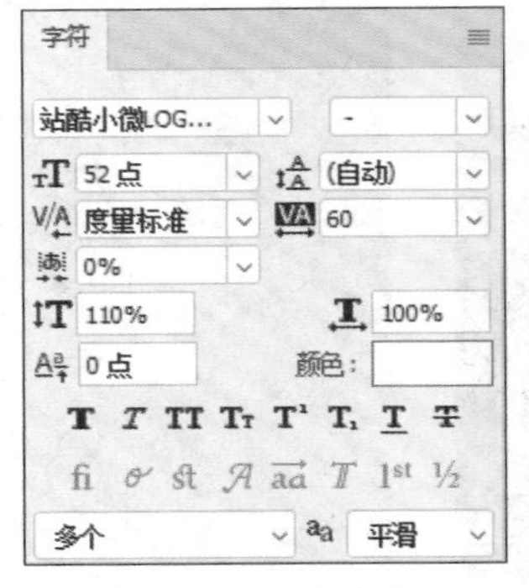

图 7-27 设置参数

图 7-28 输入文字

步骤09 继续输入文字，在“字符”面板中设置文字参数，字体颜色分别为黑色和红色，如图7-29和图7-30所示。

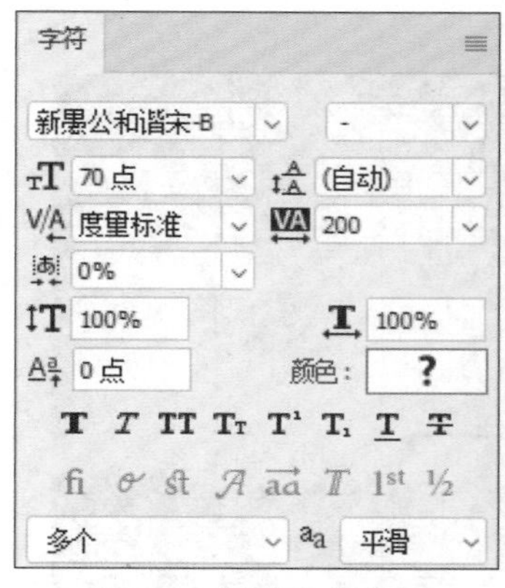

图 7-29 设置文字参数

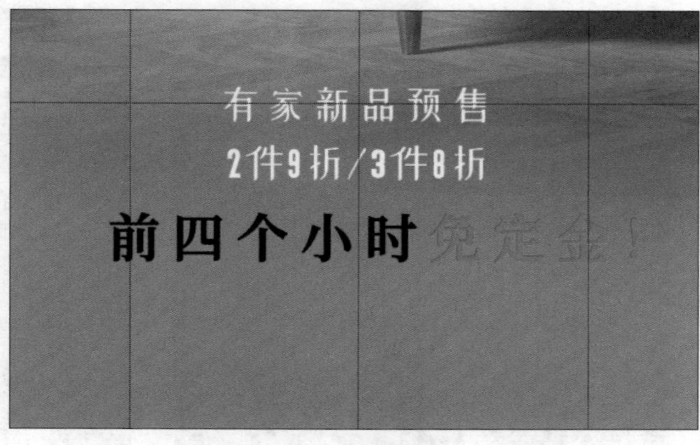

图 7-30 调整颜色

步骤10 使用“矩形工具”绘制矩形，在“属性”面板中设置半径，如图7-31和图7-32所示。

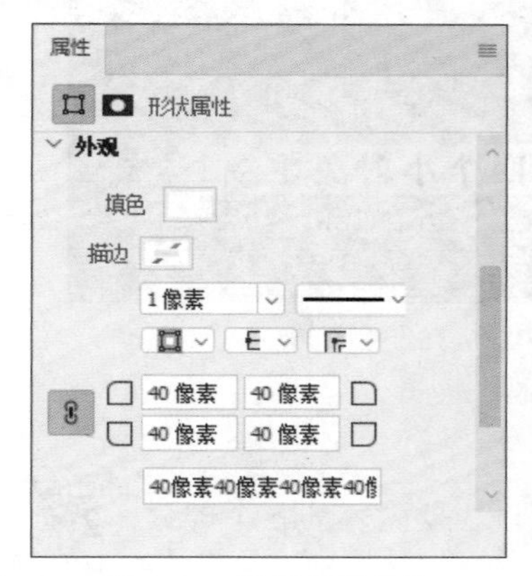

图 7-31 设置矩形半径

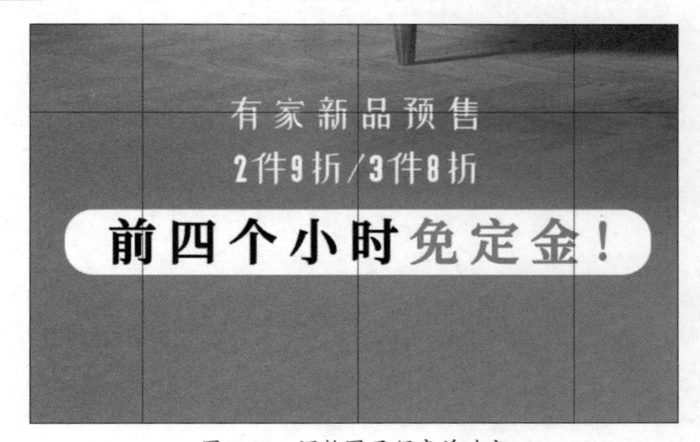

图 7-32 调整效果

步骤11 在“图层”面板中调整图层顺序，选中两个图层居中对齐，如图7-33所示。

步骤12 在“字符”面板中设置文字参数，如图7-34所示。

图 7-33 调整图层顺序并对齐

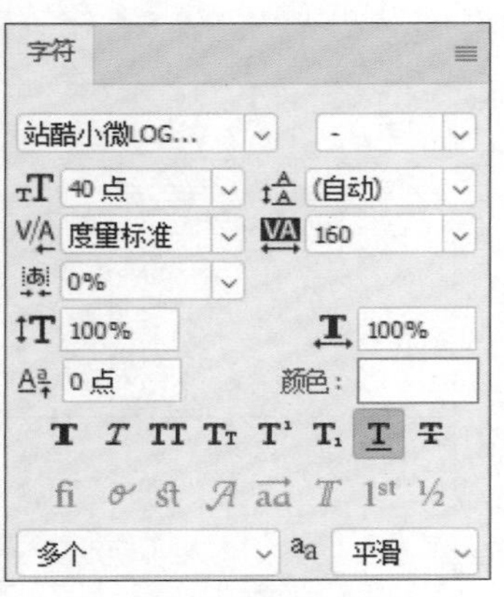

图 7-34 设置文字参数

步骤 13 输入文字，借助参考线使其居中对齐，如图7-35所示。

步骤 14 置入素材文件“logo.png”，调整其大小并放置左上角，单图海报的最终效果如图7-36所示。

图 7-35　输入文字

图 7-36　置入 logo

■ 7.3.2　制作首页-轮播图海报

轮播图海报区域的设计宽度为1 200 px，高度为600 px，主要内容为各个部分的主打商品推荐。本节将讲解轮播图海报的制作步骤。

扫码观看视频

步骤 01 在Photoshop中新建文档，如图7-37所示。

图 7-37　新建文档

步骤02 置入素材文件“2.jpg”并调整大小，如图7-38所示。

图 7-38　置入素材

步骤03 新建透明图层，使用“弯度钢笔工具”绘制路径，如图7-39所示。

图 7-39　绘制路径

步骤04 按Ctrl+Enter组合键创建选区，按Ctrl+F5组合键，在弹出的“填充”对话框中填充白色，按Ctrl+D组合键取消选区，如图7-40所示。

图 7-40　创建选区并填充

步骤 05 选中两个图层向右移动，如图7-41所示。

图 7-41　调整图层

步骤 06 使用“横排文字工具”输入文字，在“字符”面板中设置参数，将第2组文字字号更改为28，如图7-42和图7-43所示。

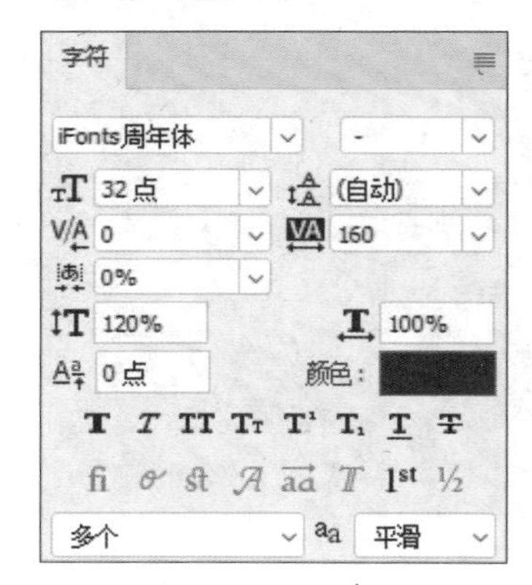

图 7-42　设置参数

图 7-43　输入文字

步骤 07 在“字符”面板中设置参数，继续输入文字，如图7-44和图7-45所示。

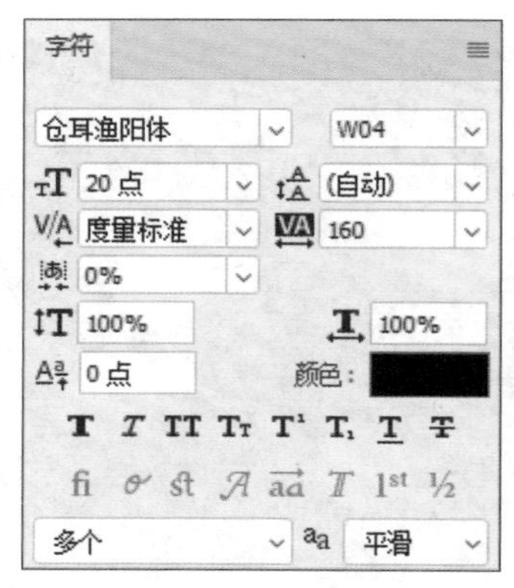

图 7-44　设置参数

图 7-45　输入文字

步骤 08 在“字符”面板中设置参数，继续输入文字，将数字“568”字号设置为32，如图7-46和图7-47所示。

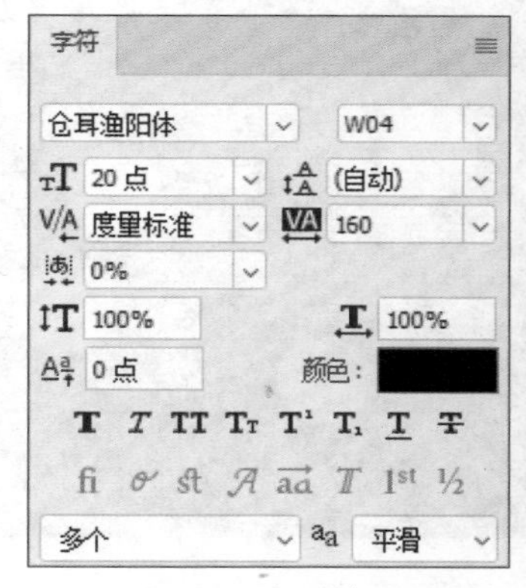

图 7-46 设置参数　　图 7-47 输入文字

步骤 09 使用“矩形工具”绘制矩形，在“属性”面板中设置半径，如图7-48和图7-49所示。

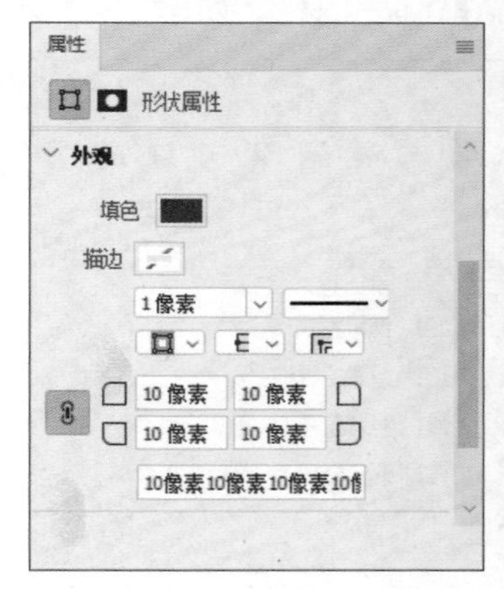

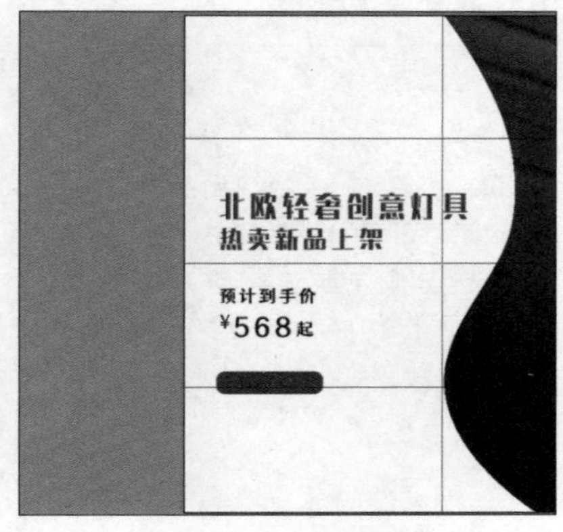

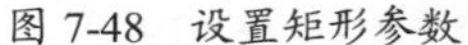

图 7-48 设置矩形参数　　图 7-49 矩形效果

步骤 10 继续输入文字，在“字符”面板中更改字号和字体颜色，如图7-50和图7-51所示。

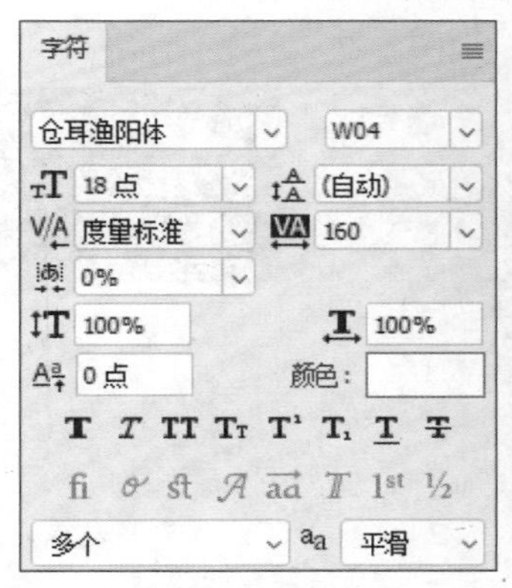

图 7-50 设置参数　　图 7-51 输入文字

步骤 11 选择“自定形状工具”，选择“箭头2”形状，拖动绘制，如图7-52所示。

图 7-52 绘制自定形状

步骤 12 选中全部图层，创建新组并重命名，如图7-53所示。

步骤 13 按Ctrl+J组合键连续复制3次，依次重命名，隐藏部分图层，如图7-54所示。

图 7-53 创建组

图 7-54 复制组

步骤 14 显示图层组“轻奢花苞”，置入新素材文件“3.jpg”并调整显示，如图7-55所示。

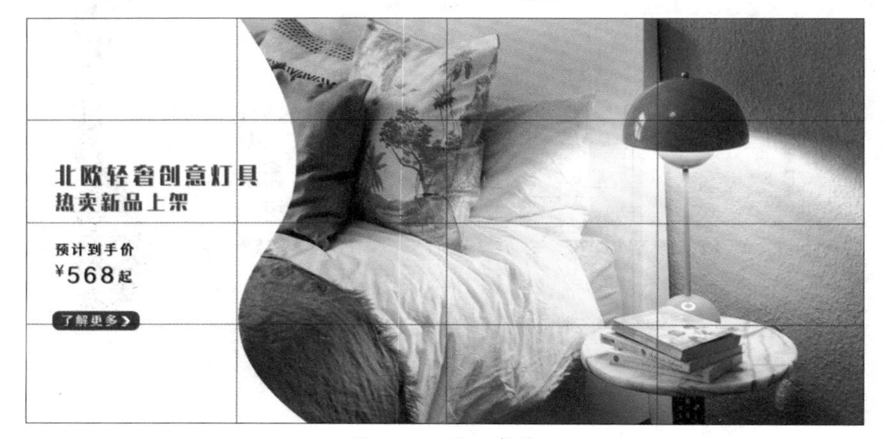

图 7-55 置入素材

步骤 15 更改文字参数，颜色部分可吸取图层中的颜色进行填充，效果如图7-56所示。

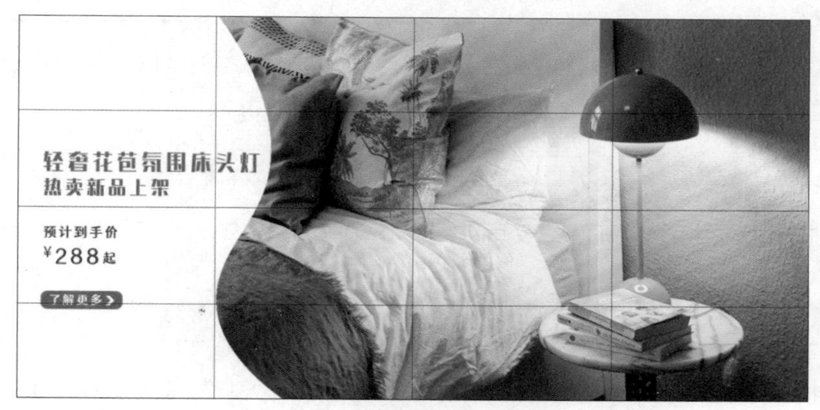

图 7-56 “轻奢花苞”组效果

步骤 16 隐藏图层组“轻奢花苞”，显示图层组“创意千纸鹤”，置入新素材文件“4.jpg”并调整显示，如图7-57所示。

图 7-57 “创意千纸鹤”组效果

步骤 17 隐藏图层组“创意千纸鹤”，显示图层组“钢琴立式”，置入新素材文件“5.jpg”并调整显示，如图7-58所示。

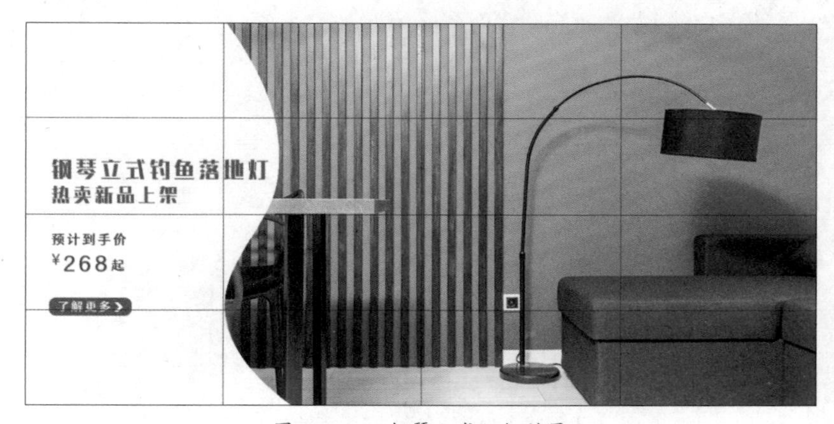

图 7-58 “钢琴立式”组效果

上手实操

了解了关于店铺首页视觉设计的相关知识，下面根据第6章设计的详情页，提取主视觉制作课程宣传轮播图，要求尺寸为1 200 × 600 px，分辨率为72 dpi。

知识点考查

在实践中制作系列设计作品时经常会用到：使用已有文档二次创作，更改海报尺寸版式等。

思路提示

本案例相对简单，主要是对详情页的二次创作，也就是尺寸更改。新建目标尺寸文档，将详情页的主视觉元素移动到新文档中，等比例调整，制作效果如图7-59所示。

图 7-59　制作效果

第8章

店铺个性化视觉设计

内容概要

除了主图、详情页、首页页面设计，店铺中还有全部宝贝、宝贝分类、自定义页、店铺二楼等页面的设计。若是开通了直播带货的商家，还应在淘宝直播中对直播间进行装修，如海报、前置贴片、信息卡等。

数字资源

【本章素材】："素材文件\第8章"目录下

8.1 店铺其他页面构成

在淘宝店铺的导航栏中可以选择首页、全部宝贝、店铺动态、宝贝分类、店铺会员等页面，这些页面都可以自定义设计。本章将介绍全部宝贝、宝贝分类、自定义页和店铺二楼的装修方法。

■8.1.1 全部宝贝

淘宝中的全部宝贝页面主要用于显示店铺中全部的商品，只须在后台上传商品图片即可。在后台中关于全部宝贝的装修，主要涉及新品或者活动装修页面（可以自定义名称），如图8-1和图8-2所示。

图 8-1 华为全部宝贝 - 新品

图 8-2 森马全部宝贝 - 新品

在全部宝贝的装修中需新建页面，在弹窗中设置导航名称和关联自定义页链接，如图8-3所示。

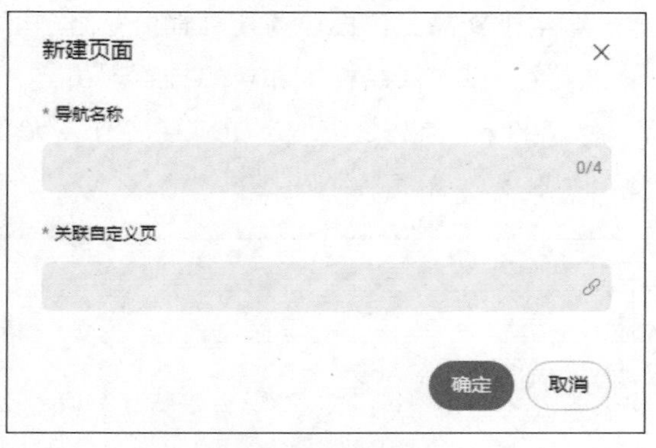

图 8-3 新建页面

进入到装修页面，可在模板容器中添加智能场景卡片、系列新品、主推新品、流行趋势和新品日历模块。

- **智能场景卡片：** 该模块自动展示在策略中心投放的人群策略中，可以同时设置多个策略，系统会自动匹配策略并展示在该窗口中。该模块有智能匹配和手动选择两个选项。
- **系列新品：** 该模块为系列商品上新专用，可以在右侧设置系列新品的名称、系列推荐理由、系列新品背景、添加具有代表性系列款的展示商品和专题页面链接，如图8-4所示。其中，新品背景图片要求宽为702 px，高为150 px，格式为JPG、PNG或GIF，无任何“牛皮癣”和品牌logo，不影响文字的可读性。

图 8-4 系列新品装修

- **主推新品：**该模块为新品宣传专用，可以在右侧添加商品、设置商品标题、上传商品图片、设置商品标签和填写推荐理由等，如图8-5所示。其中，商品图片要求宽、高各为800 px，格式为JPG、PNG或GIF，无任何“牛皮癣”和品牌logo的图片。优先上传场景图。

图 8-5　主推商品装修

● **流行趋势：**在该模块中可以添加4个主推的流行趋势商品。可以在右侧添加商品图片、设置无线连接和趋势词等，如图8-6所示。其中，商品图片要求宽、高各为640 px，格式为JPG、PNG或GIF。

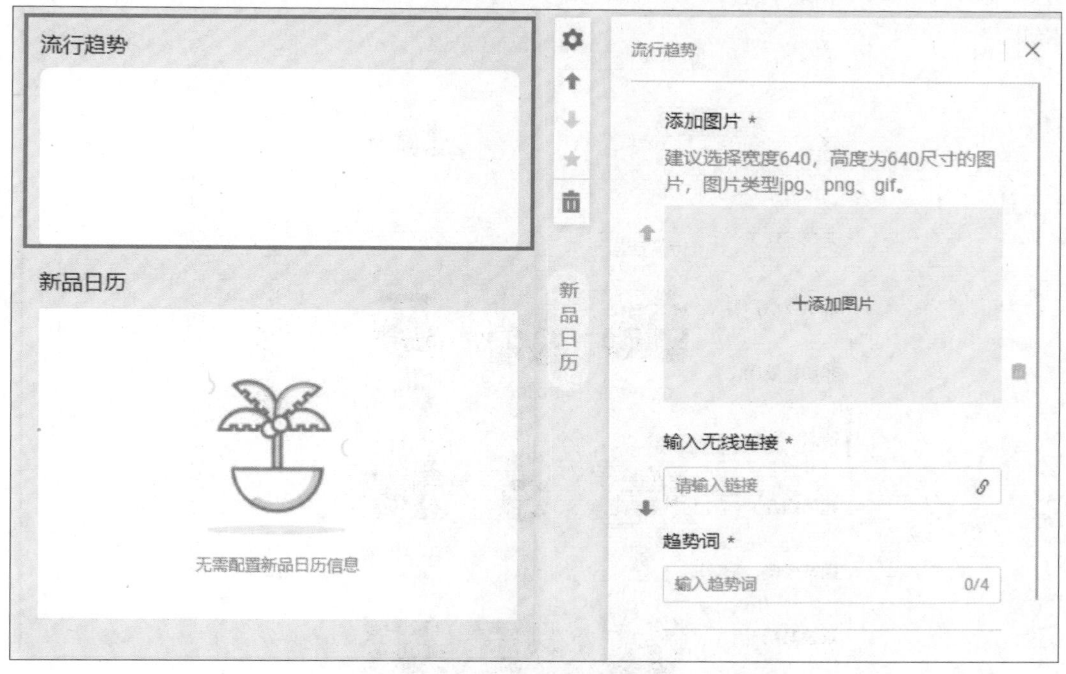

图 8-6 流行趋势装修

● **新品日历：**无须配置新品日历信息。可以在右侧选择日历样式：双列或单列。

装修页面后可以设置文本或图片上新公告，该公告会在搜索店铺结果页中显示。根据店铺情况，可以选择是否展示新品页，如图8-7所示。

图 8-7 全部宝贝设置选项

■8.1.2 宝贝分类

一家店铺的商品可以有多种类别。在分类时可以按照商品的品牌、款式、价格等元素进行划分。可以根据店铺风格，设计相应风格的宝贝分类页。图8-8～图8-10所示为不同样式的宝贝分类页。

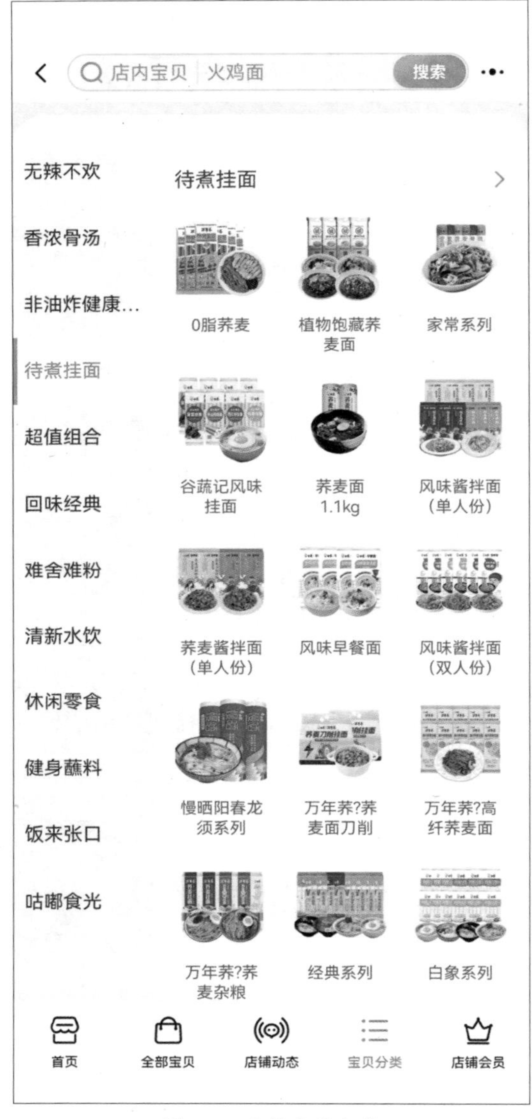

图 8-8 默认宝贝分类

图 8-9 文字宝贝分类

图 8-10 自定义宝贝分类

进入到装修页面，可在左、中区域设置示例一级分类、添加二级分类、添加三级分类、上传图片、添加关联宝贝链接等，在右侧区域可预览设置效果，如图8-11所示。

左、中区域

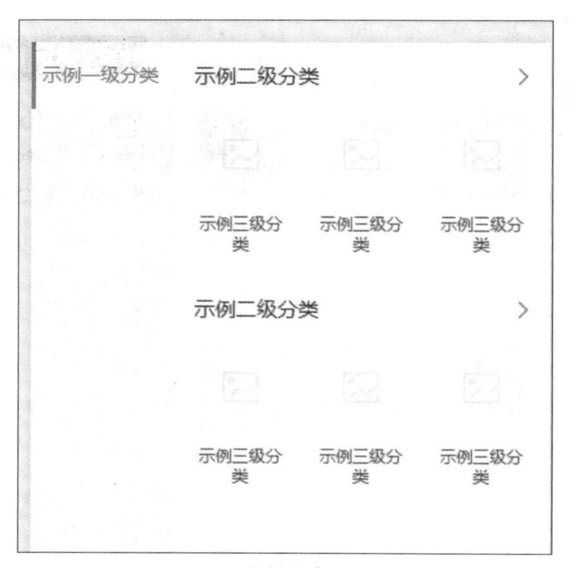

右侧区域

图 8-11　宝贝分类装修页面

■8.1.3 自定义页

自定义页可以灵活地用作营销活动、个性栏目、设计师个性内容等。装修时可以将任意一张图或是文字内容关联到自定义页，在自定义页中可以添加店铺活动营销海报、优惠券、电梯、会员体系等模块。图8-12和图8-13所示为全部宝贝页关联到自定义页。

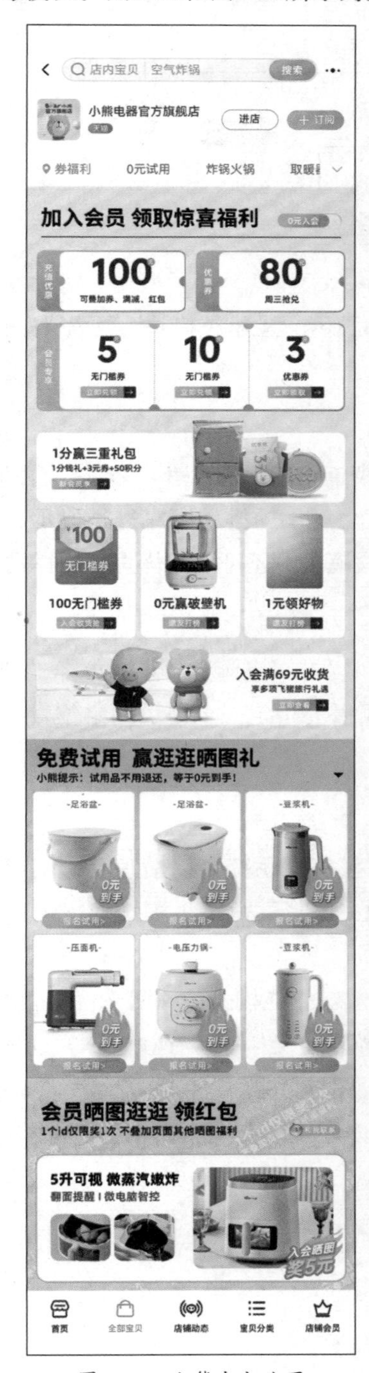

图 8-12 小熊自定义页

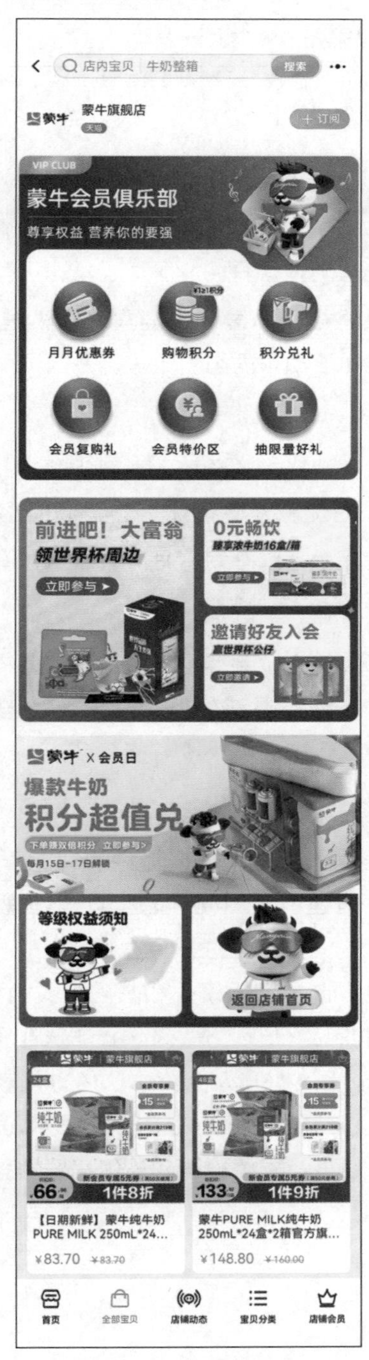

图 8-13 蒙牛自定义页

自定义页装修和首页装修大致相同，又有所不同。新建页面后默认的板块为关注引导、活动头图模块、优惠券模块、电梯和智能双列。

1. 关注引导

若开关为关闭状态，该模块将不在客户端展示。显示该模块，默认为“关注”按钮，可勾选增加“进店”按钮，如图8-14所示。

图 8-14　关注引导

2. 活动头图模块

关闭该模块将视作不装修，客户端将不进行展示。显示该模块，可在右侧上传活动头图片、活动头链接和活动头内容。

3. 优惠券模块

优惠券能刺激消费者的购买欲。可选择自动或手动添加优惠券：若选择自动添加，系统将自动抓取已创建的优惠券，按优惠券金额大小从大到小的排列顺序进行展示；若选择手动添加，可手动添加1～6张优惠券，自定义排列。在该模块中还可以对优惠券的样式进行设计。

4. 电梯

电梯导航可快速定位到商家设置的分类场景，提升买家浏览效率。电梯类型可选择图文结合或纯文字两种。楼层限制在3～15层，每个楼层需要指定一个模块为定位，可选择轮播图模块、标签图模块、优惠券模块或智能双列。

5. 智能双列

智能双列是基于阿里大数据提供的智能算法模块，系统会根据每个访问店铺的消费者特征显示宝贝。若有包含主图视频的宝贝，则视频主图将替换宝贝坑位的图片，在WiFi下自动播放。

在该模块中可选择智能模式和基础模式两种。在智能模式中，可选择3种商品库，每种商品库可对应不同商品，展现方式可选择千人千面或自定义排序。在设置样式选项中可添加商品模板和促销图标。图8-15所示为添加“HOT爆款”图标效果。

在基础模式中可选择分类或手动添加宝贝，排序规则有上新、销量、价格（由低到高）3种。在该模块中还可设置关键词和模板标题链接。

图 8-15 智能双列 - 图像编辑器

除了以上默认模块，还可以添加图文类、宝贝类、营销互动类等模块。在图文类中有以下一些模块可供选择。

1. 美颜切图

添加热区后可对热区进行缩放和添加跳转链接。在该模板的图片选项中可上传图片、模板作图和智能作图。

- **模板作图：** 在图像编辑器中选择模板，更改图片和文本信息即可，如图8-16所示。
- **智能作图：** 在素材选择上，可以添加2～4个商品图素材，优先选择同类型的透明图、白底图或场景图；在场景选择上，可以选择通用或精细类别的场景，如服饰、家居、家电等。设置完成后系统将自动生成多图海报。

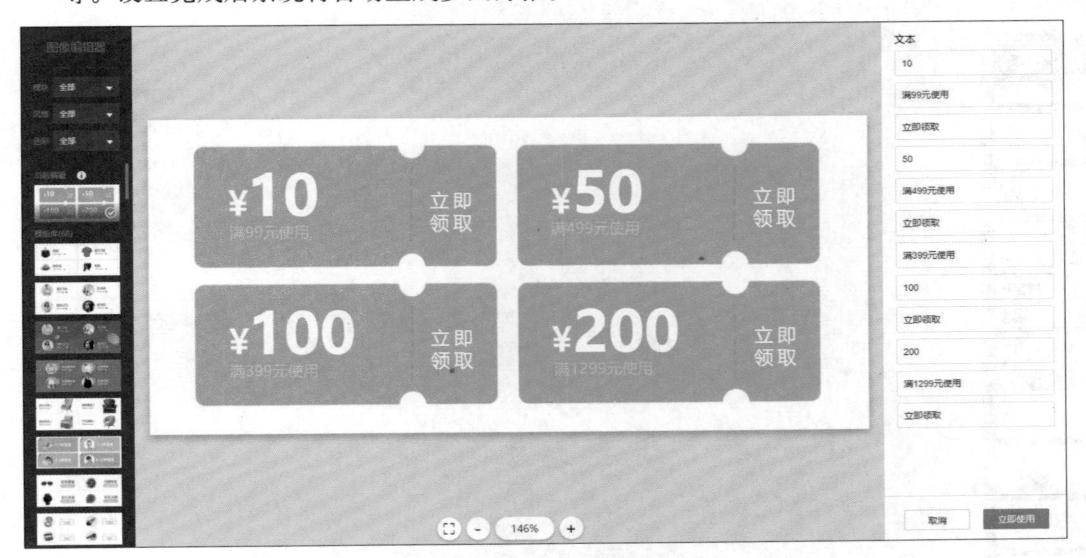

图 8-16 模板作图 - 图像编辑器

2. 单列图片模块

该模块支持上传单张图片，并支持添加文本和一个链接，适用于制作活动Banner、商品大图展示等。在图片选项中同样支持上传图片、模板作图和智能作图3种。使用智能作图，可上传单张透明/场景/白底图，选择海报场景及比例，单击“立即使用”按钮可立即生成海报，如图8-17所示。

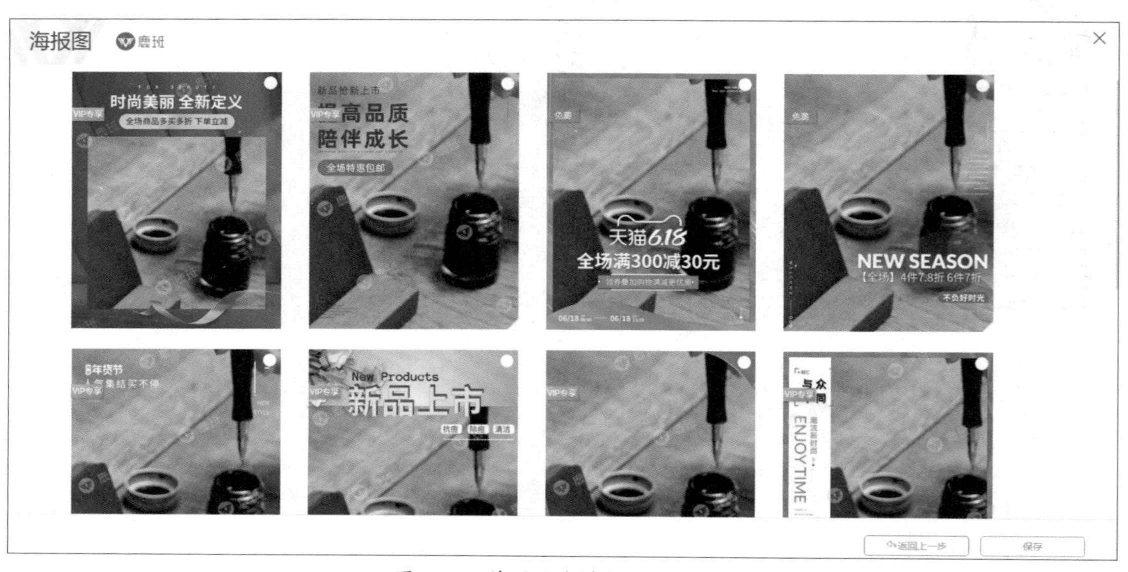

图 8-17　单列图片模块 - 智能作图

3. 双列图片模块

两张图片分两列展示，每张图片支持添加一个链接，适用于分类目录展示商品、批量商品展示等。在该模块中的图片选项中支持上传图片和模板作图。使用模板作图，可在图像编辑器中选择模板，更改图片和文本信息，如图8-18所示。

图 8-18　双列图片模块 - 模板作图

4. 智能海报模块

智能海报在首页可以实现千人千面展示海报图，一张图片模板上支持选择上100个商品图，每个商品图均链接到商品详情，适用于图片Banner。该模块的跳转方案既可以自动获取图片上的宝贝链接，也可以自定义链接。

5. 新老客模块

新老客模块用于对180天内购买过的用户和新用户进行定向营销，提升个性化运营效果。在该模块中上传图片后选择商品并关联链接即可。

6. 轮播图模块

轮播图模块可以自动轮流播放图片，最多支持4张图轮播，每张图可以添加一个链接，适用于Banner等使用。

7. 自定义模块

自定义模块支持设计师制作的图片，以每一个链接区域为范围进行方形裁剪后上传。自定义模块适用于对装修有极高要求，样式需要自行设计和创意的情况下使用。

在该模块中可选择通用模式或人群模式。通用模式里可选择编辑拼图版式，可自定义大小，最大为640 × 640 px，如图8-19所示。选择人群模式则只会投放给目标人群。

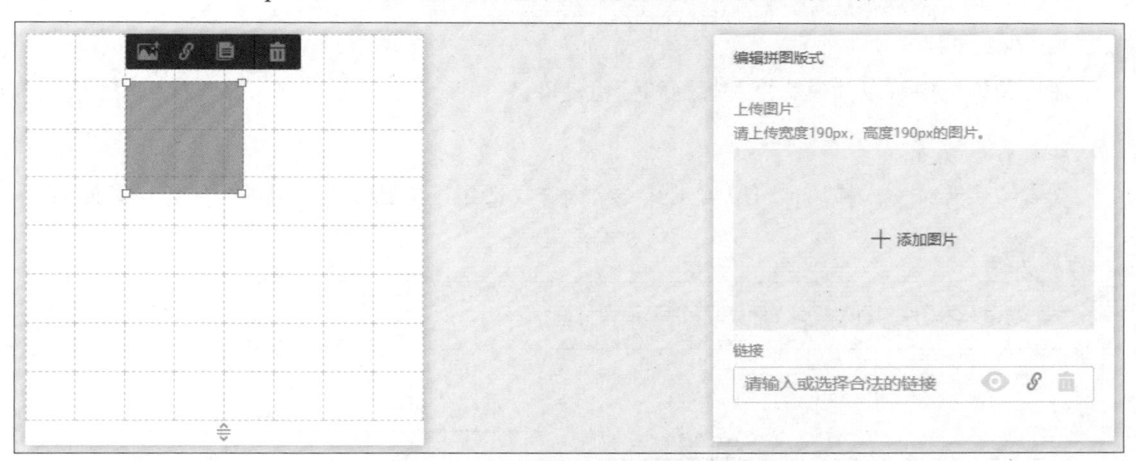

图 8-19　自定义页模块 - 通用模式 - 编辑拼图版式

8. 多图模块

多图模块支持左右滑动的图片，一组最多支持6张图，每张图可添加一个链接，适用于需要在同一个位置展示多个内容的情况下使用。

9. 标签图模块

标签图模块支持左右滑动的图片，一组最多支持6张图，每张图可添加一个链接，适用于需要在同一个位置展示多个内容的情况下使用。在该模块中上传图片后可以在标签编辑器中添加标签，最多可添加3组，如图8-20所示。

图 8-20 标签图模块 - 标签编辑器

10. 辅助线模块

辅助线模块，顾名思义就是一条虚线，适用于将模块区隔离、样式制作等场景使用。该模块宝贝由系统算法自动展现，无须编辑。

11. 标题模块

在标题模块中可以为模块增加标题和标题链接。

12. 文本模块

文本模块为纯文本模块，可以展示纯文字内容，适用于店铺公告、包邮说明等场景使用。

知识点拨

图文类模块图片的具体规范如图 8-21 所示。

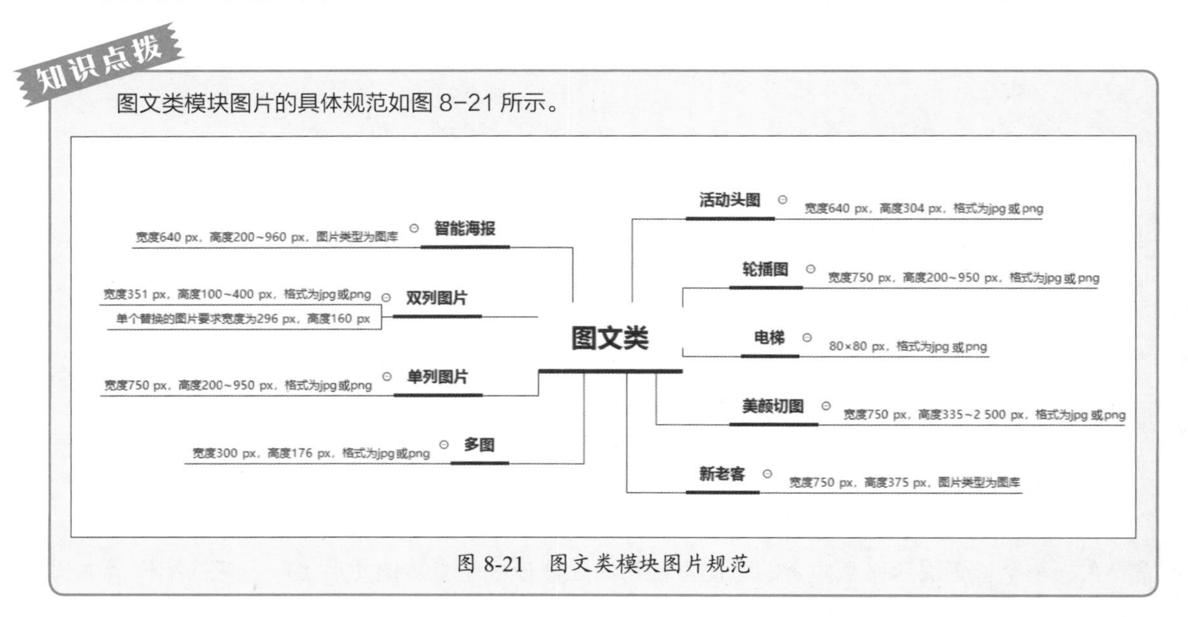

图 8-21 图文类模块图片规范

在宝贝类中有以下一些模块可供选择。

1. 智能单列宝贝

该模块和智能双列宝贝模块相同，区别在于一个是单列显示，一个是双列显示。

2. 宝贝排行榜

该模块展示店铺前3个热销宝贝排行，可展示整店热销宝贝，也可以是某个类目的热销宝贝，用于可快速引导买家购买店铺爆款。

3. 视频合集

发布3个及其以上宝贝头图视频才会显示该模块。

在营销互动类中有以下一些模块可供选择。

1. 倒计时模块

该模块可通过展示活动开始和结束倒计时，烘托活动氛围。在该模块中上传图片后可添加活动链接、活动起始时间和结束时间。

2. 电话模块

该模块可展示店铺电话，方便买家快速联系。

3. 会员模块

该模块设置后，买家可以通过模块看到自己在店铺的会员VIP等级和积分，适用于设置过店铺会员卡的商家。

4. 买家说模块

该模块需要在买家秀后台配置至少3条数据才会展示。

5. 裂变优惠券模块

可自动或手动添加优惠券，系统自动抓取公开投放的裂变优惠券，最多可添加3张，面额从大到小展示，仅支持通用推广渠道裂变优惠券。

■8.1.4 店铺二楼

商家可通过在二楼配置热门直播、品牌视频、活动玩法等内容，将店铺内最新、最热的商品、活动、资讯第一时间展示给进店的买家，通过沉浸式的内容流，提升逛店时长和成交转化率。在店铺二楼页面中有3种形态，分别是直播、营销互动和短视频。

1. 直播

开通直播的商家默认在店铺二楼展示直播内容，无须额外申请，商家可手动关闭直播入口，如图8-22所示。

- **关联店铺直播间：**如果品牌/集团内有多家店铺经营直播，且希望直播间有串联交流。店铺设置关联直播后，店铺在直播时，买家可以从店铺首页点击进入直播间，可下滑到同样在直播的关联直播间。

- **设置主直播间：**如果品牌/集团内有多家店铺经营的直播间，可在多家店铺中设置主直播间。设置主直播间前需先设置关联直播间。开启该功能需要向所属行业小二申请。

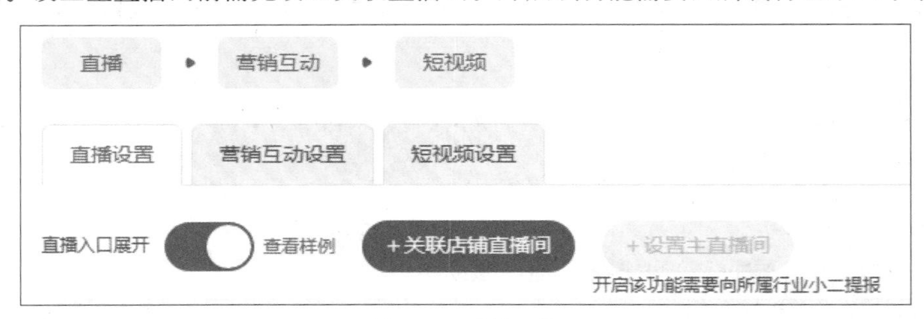

图 8-22　店铺二楼

2. 营销互动

营销互动板块需结合“品牌事件”进行营销推广，可以提升用户粘性。其中的“品牌事件”营销内容形态为LiveCard或LiveCard+小程序形态，包括但不限于品牌代言人互动、跨界联名事件营销、尖货发售&预约、线上主题网红展/快闪店、新品上新等创意营销。

注意事项：营销互动板块需要提前半个月向所属行业小二申请。

3. 短视频

有短视频内容制作能力的商家可申请开通该权限。短视频支持9：16、16：9和3：4三类视频，时长在10 s～1 min，在类型上可以围绕最新、最热的内容展开，如品牌宣传片、新品爆品介绍、直播间活动预告、直播切片剪辑等。在视频中可以添加商品卖点或品牌系列理念等信息，单条视频最多可关联10个商品。

注意事项：店铺二楼的顺序可自定义设置，如图8-23所示，可通过上、下移动设置店铺首页二楼入口展示形态（每次调整需5 min左右才能生效）。

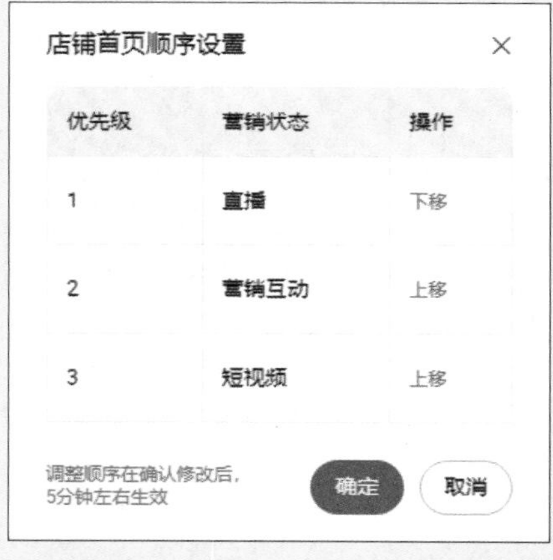

图 8-23　店铺二楼入口顺序设置

8.2 店铺直播间设计

直播间装修的前提是已开通直播功能。创建直播后即可在直播装修中设置相关参数。

❗ 注意事项：店铺开通直播后，可以在手机端下载“淘宝主播”APP和PC端的淘宝直播进行直播的创建和编辑。

■8.2.1 创建直播

在创建直播时可以选择直播封面图、直播时间、频道栏目、直播宝贝等信息。其中需要设计的是封面图，直播间封面图需要展现直播主题，符合频道定位。

在封面图中上传的照片有3种格式需要设置：出现在手淘直播频道-关注页的1：1效果和出现在手淘直播频道-精选页与手淘首页的3：4、9：16效果，如图8-24所示。设置完成后会在首页显示。图8-25所示为预告直播效果。

图 8-24 直播封面图设置

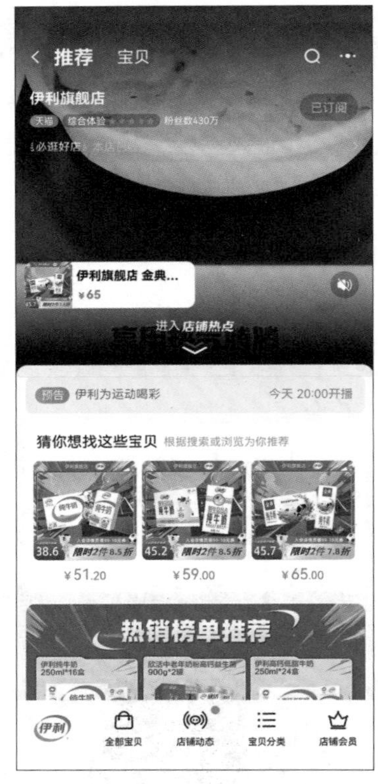

图 8-25　预告直播效果

> ❗**注意事项：**在非必填选项中可上传预告视频，大小在100 KB～20 MB之间，在上传2 h后可见。

■8.2.2　直播装修

在直播装修中可以设置前置贴片、智能商品卡、主播信息卡、2D绿幕、3D绿幕、品牌馆封面和互动组件排序。

1. 前置贴片

前置贴片是指在直播时放置于直播界面上端的贴片，可以选择模板，更改信息生成自定义图片效果，如图8-26所示。

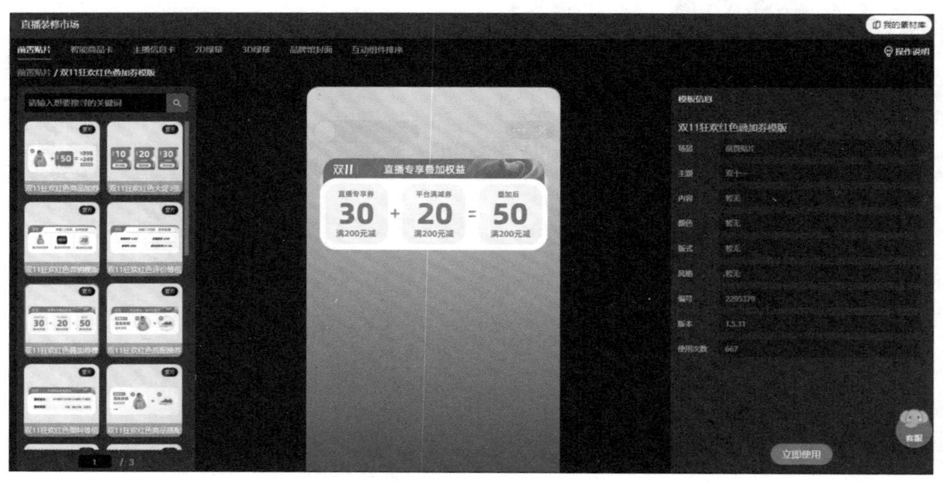

图 8-26　前置贴片

2. 智能商品卡

使用智能商品卡能够将直播场次所关联的宝贝批量生成讲解卡片，并根据需要投放在直播间内，同时中控可以跟随主播口播和讲解进程进行卡片播放序列和内容修正与调换。

3. 主播信息卡

在主播信息卡中有两方面内容需要装修，一是编辑组件，二是上传图片。

- **编辑组件：**该模块组件包括主播信息、营销类信息、预告信息、营销素材和镇店之宝，如图8-27所示，根据要求填写信息即可。

图 8-27　编辑组件

- **上传图片：**上传的信息卡会固定显示在直播间左上角，无法自定义位置和大小，如图8-28所示。

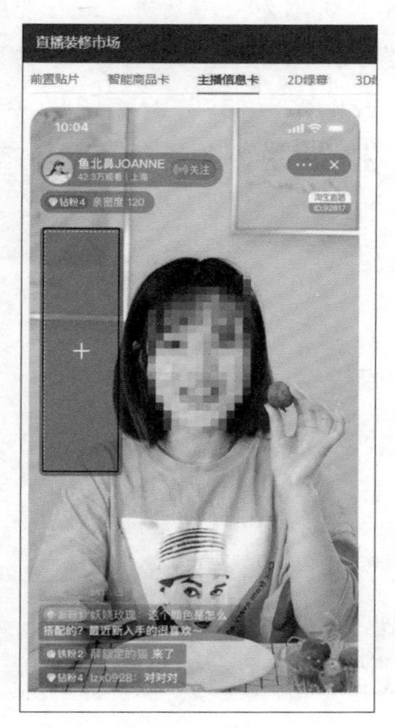

图 8-28　上传图片

注意事项：信息卡图片要求宽度为380 px，高度不小于840 px，超过840 px可滚动查看。

在淘宝直播时，可以在“互动中心”中单击“信息卡”选项，在弹出的“信息卡”对话框中可添加“信息卡”和“轮播条”，如图8-29和图8-30所示。

图 8-29　互动中心

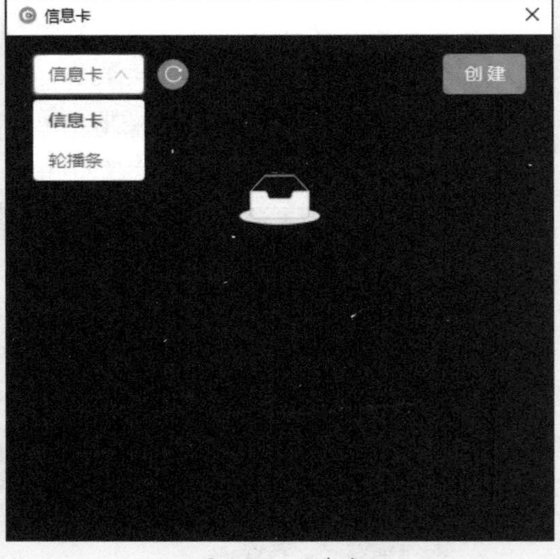

图 8-30　信息卡

4. 2D绿幕

绿幕即虚拟背景，是基于数字抠像的新型演示工具。商家可以通过上传提前制作好的与宝贝相关的图片素材或使用官方提供的图片模板，在直播间背景中展示宝贝相关信息，包括品牌名称、宝贝名称、商品图、活动价格、商品好评等信息。图8-31所示为使用素材库的预览效果。

在直播过程中根据主播讲解顺序手动切换海报，最多支持600张1 280×720 px的PNG图片（单张不超过10 MB）。还可以在PC端通过添加媒体源将静态的背景替换为动图或视频。

图 8-31　2D 绿幕预览

知识点拨

直播时与绿幕需保持 2 m 以上的距离。除了使用绿幕，还可以选择蓝幕和红幕等。遇到绿色的商品可以设置免抠区域，免抠区域将原色显示。

5. 3D绿幕

3D绿幕和2D绿幕都是使用绿幕通过后期抠图而成的虚拟化背景，不同之处在于3D绿幕是立体场景。选择场景模板，以“海上游艇”为例，该场景有两个视角，如图8-32和图8-33所示。不同的视角，其背景显示屏上的内容也有所不同，在场景编辑区中上传规定大小的图片或视频素材即可。

图 8-32　场景一

图 8-33　场景二

6. 品牌馆封面

品牌馆封面主要是在“品牌好货”中显示。在营销信息模块中需上传品牌logo图和商品精修的广告海报图，如图8-34所示。

- **品牌logo图**：白色logo+透明背景图，高度固定为80 px，宽度根据logo调整。
- **广告海报图**：1 053 × 540 px，图片必须是商品精修广告图，体现大品牌的品质感，无“牛皮癣”，左边必须是干净简洁的画面。

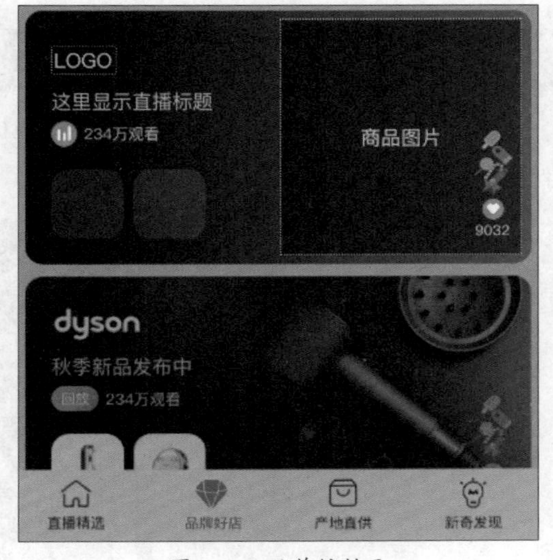

图 8-34　品牌馆封面

7. 互动组件排序

直播间按组件顺序展示对应组件，在右侧最多支持显示3个组件，可以自行调整组件顺序以匹配相应直播节奏。直播间的组件包括红包雨、任务红包、88VIP开卡、购物金、裂变优惠券、引导入会和会员福利、会员券领取、倒计时红包等。在操作栏中拖动即可调整，如图8-35所示。

前置贴片　智能商品卡　主播信息卡　2D绿章　3D绿章　品牌馆封面　互动组件排序

顺序	互动入口名称	操作
1	红包雨(新)	
3	任务红包(H5)	
2	88VIP开卡	
4	购物金	
5	裂变优惠券	
6	引导入会和会员福利	
7	会员券领取	
8	倒计时红包	
9	优惠券&红包	
10	智能辅播	
11	天猫兑换卡	

图 8-35　互动组件排序

8.3　实训案例：制作店铺直播间前置贴片

了解了店铺直播间装修知识后，下面将根据所提供的素材制作店铺直播间前置切片。本节将对直播背景中的前置贴片制作方法进行展示，如图8-36所示。

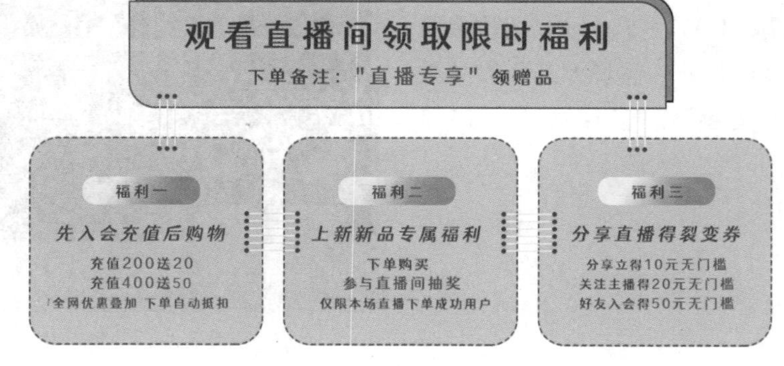

图 8-36　前置贴片

■8.3.1 制作前置贴片-图形部分

扫码观看视频

在直播时可以自行上传图片作为前置贴片，可以放置红包、优惠券、特惠商品、推荐搭配等多种营销模板。本节将介绍前置贴片图形部分的制作步骤。

步骤01 新建宽为1 200 px、高为72 px的文档。选择“矩形工具”，拖动绘制矩形，在“属性”面板中设置参数，如图8-37和图8-38所示。

图 8-37 设置矩形参数

R194、G226、B165

R39、G89、B10

图 8-38 矩形效果

步骤02 按Ctrl+J组合键复制图层，移动下方圆角矩形并更改参数，如图8-39所示。

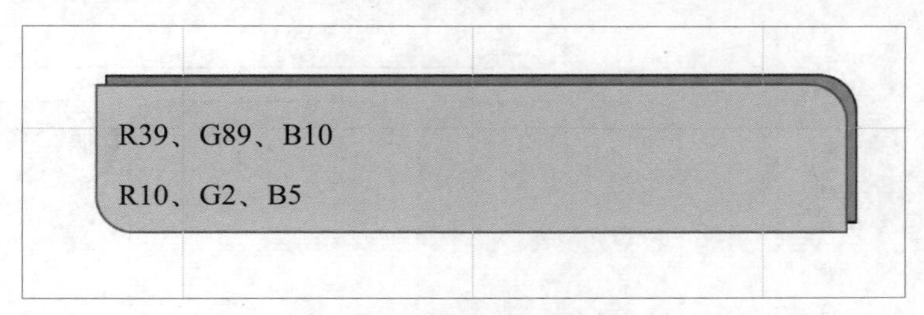

图 8-39 复制并更改矩形参数

步骤03 选择“矩形工具”，按住Shift键拖动绘制正方形，在“属性”面板中设置参数，如图8-40和图8-41所示。

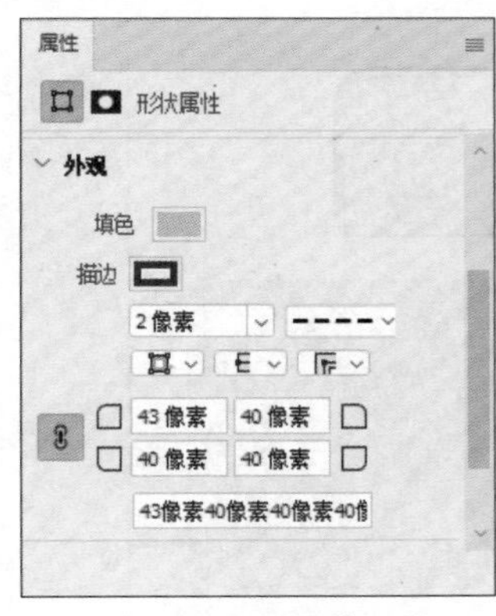

图 8-40 设置参数

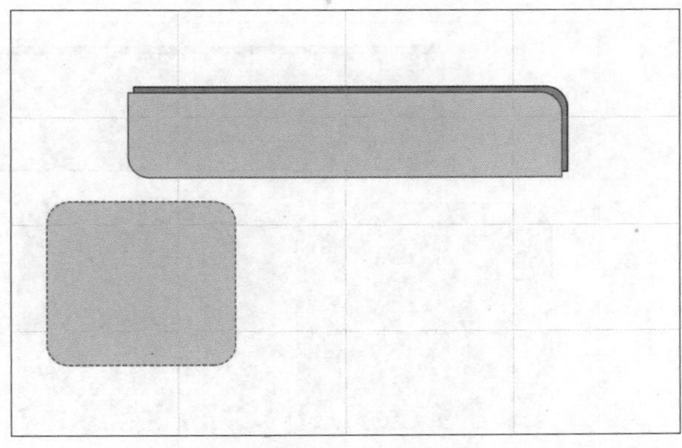

图 8-41 正方形效果

步骤04 按住Alt键移动复制矩形，框选3个矩形，在选项栏中单击“对齐与分布”…按钮，在浮动面板中单击“垂直居中对齐”和“水平居中对齐”按钮，如图8-42和图8-43所示。

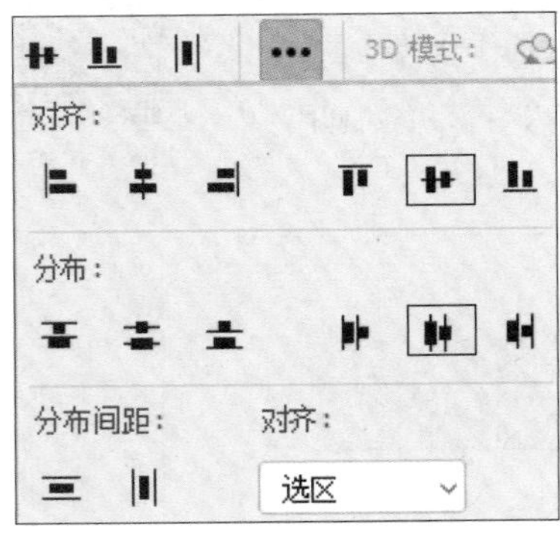

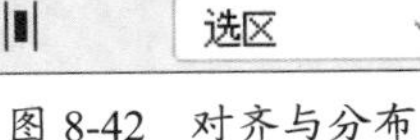

图 8-42　对齐与分布

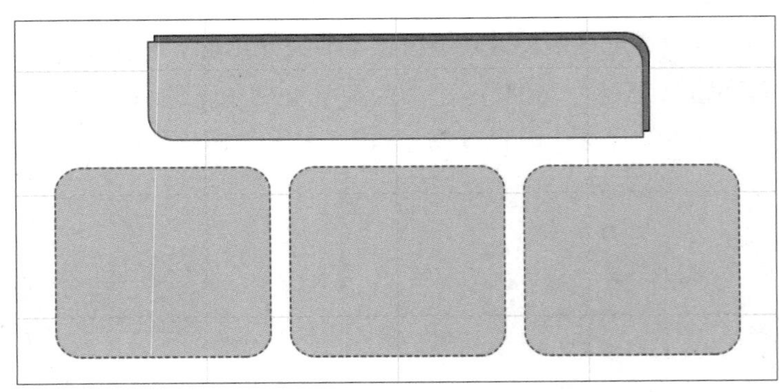

图 8-43　应用效果

步骤05 选中全部矩形图层并锁定，如图8-44所示。

步骤06 选择“椭圆工具”，按住Shift键绘制一个正圆形，按住Alt键移动复制两个正圆形，水平、垂直居中对齐，如图8-45所示。

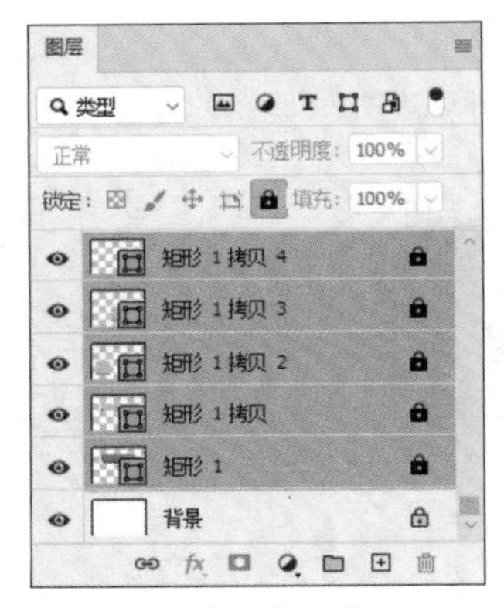

图 8-44　锁定图层

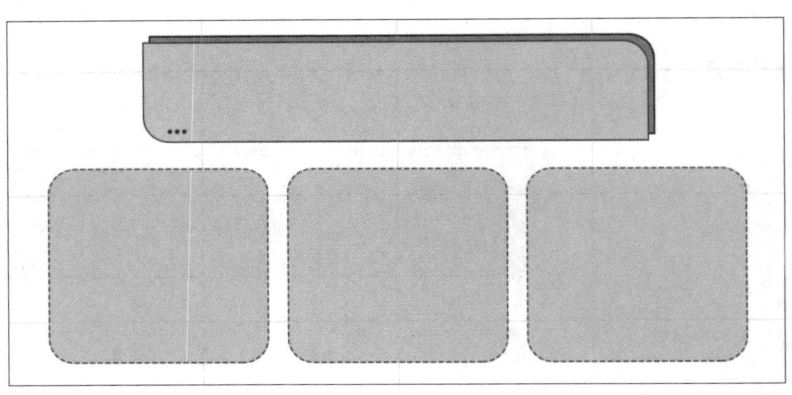

图 8-45　绘制 3 个正圆形

步骤07 选中3个椭圆图层，按住Alt键向下移动复制，如图8-46所示。

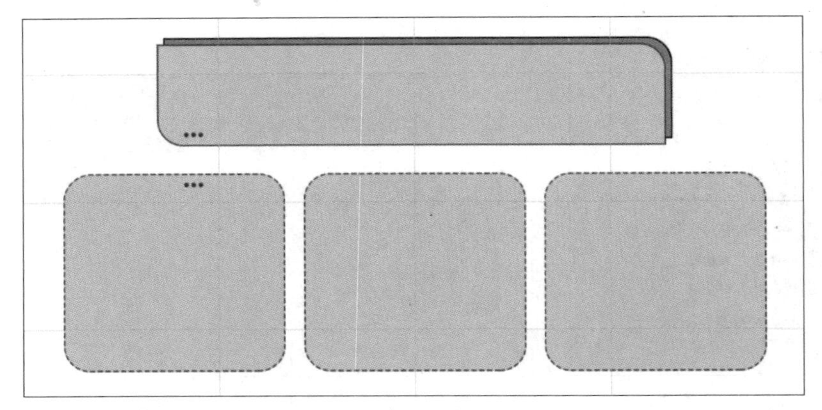

图 8-46　复制 3 个正圆形

步骤08 选择“矩形工具”，绘制矩形，调整颜色和图层顺序，如图8-47和图8-48所示。

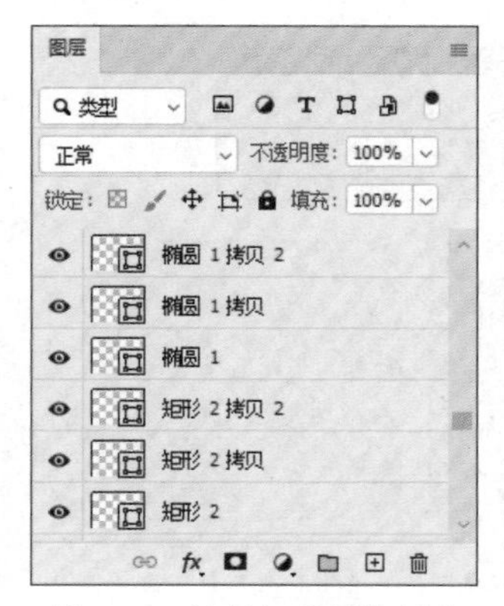

图 8-47 绘制矩形调整顺序

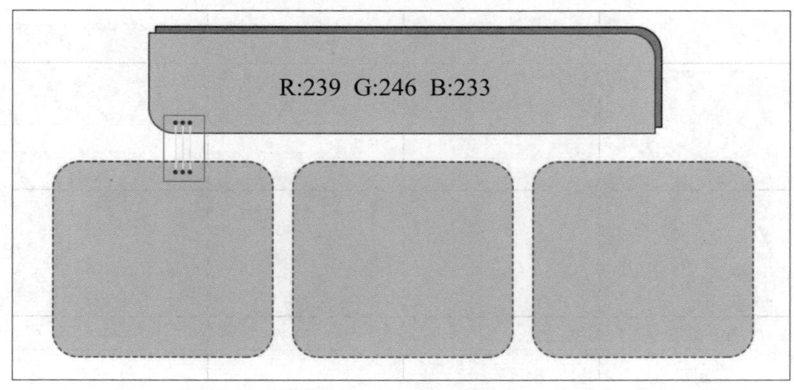

图 8-48 调整效果

步骤09 选中矩形和椭圆图层，按住Alt键移动复制到右侧，如图8-49所示。

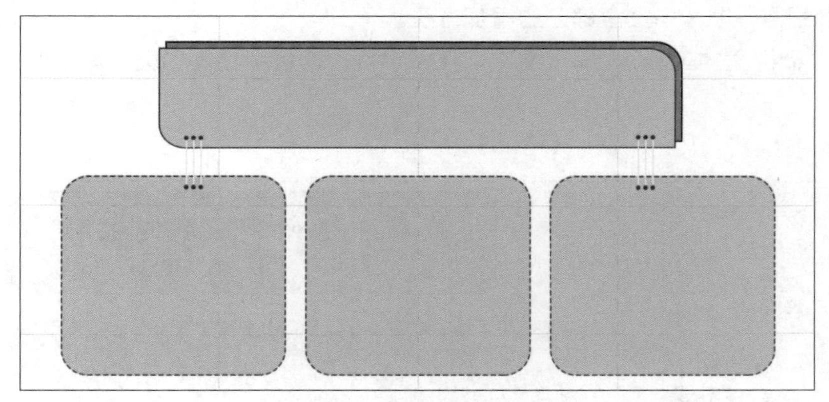

图 8-49 复制矩形和椭圆图层

步骤10 选中矩形和椭圆图层，按住Alt键移动复制，如图8-50所示。

步骤11 继续复制，按Ctrl+T组合键自由变换，右击鼠标，在弹出的菜单中选择“顺时针旋转90度”选项，如图8-51所示，效果如图8-52所示。

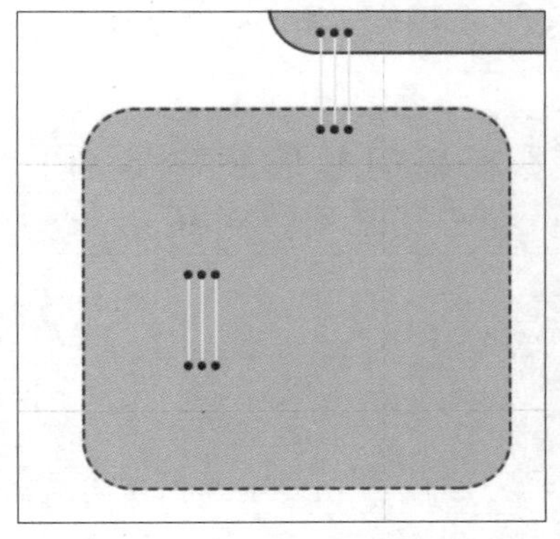

图 8-50 复制矩形和椭圆图层

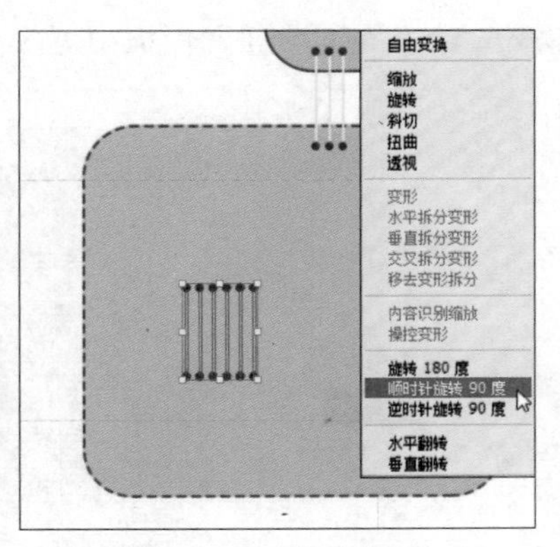

图 8-51 顺时针旋转 90°

步骤 12 移动到合适位置后，按住Alt键继续移动复制，前置贴片中图形部分的效果如图8-53所示。

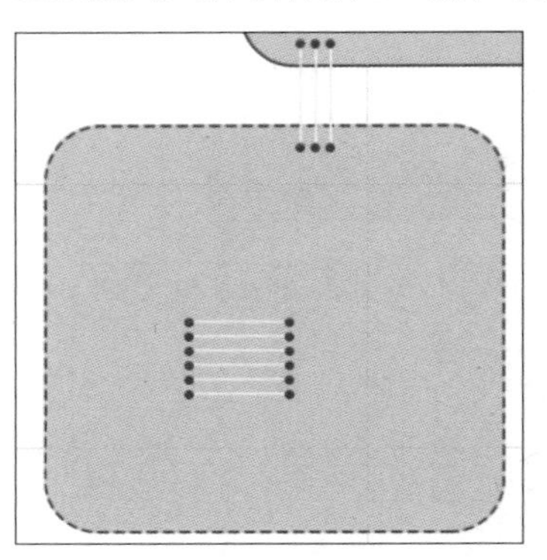

图 8-52　旋转效果

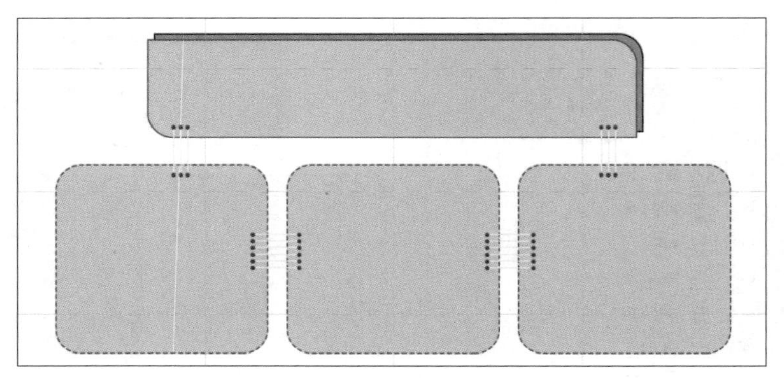

图 8-53　复制效果

■8.3.2　制作前置贴片-文字部分

本节将介绍前置贴片中文字部分的添加方法。

扫码观看视频

步骤 01 选择“横排文字工具”，输入文字，在“字符”面板中设置参数，如图8-54所示。

步骤 02 借助参考线使其居中对齐，如图8-55所示。

图 8-54　设置参数

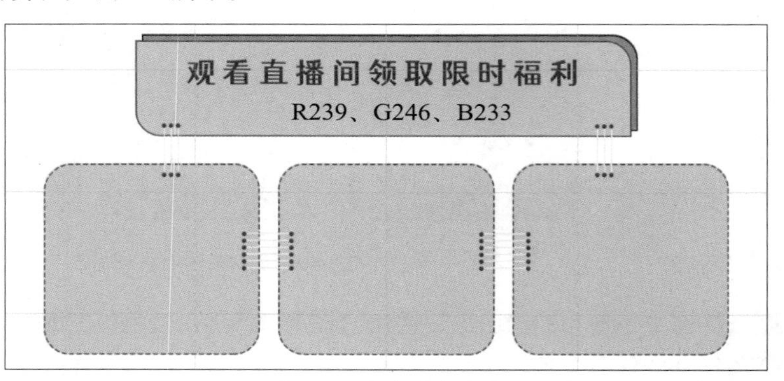

图 8-55　文字居中效果

步骤 03 继续输入文字，在“字符”面板中更改参数，如图8-56和图8-57所示。

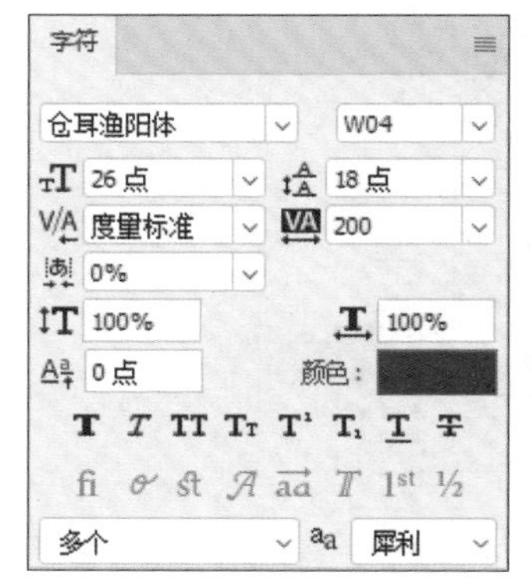

图 8-56　设置参数

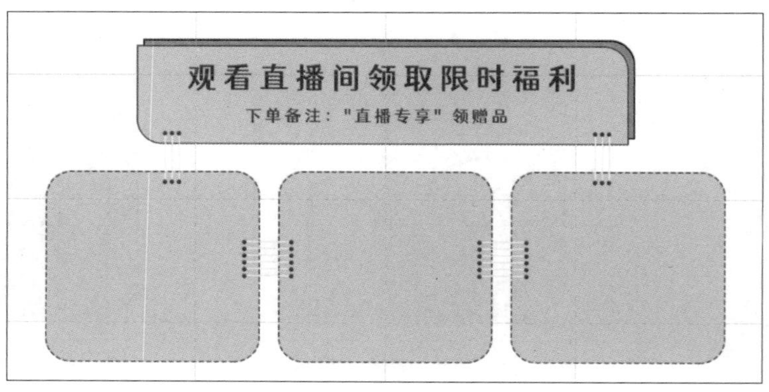

图 8-57　输入文字

步骤 04 选中部分文字，在“字符”面板中更改参数，如图8-58和图8-59所示。

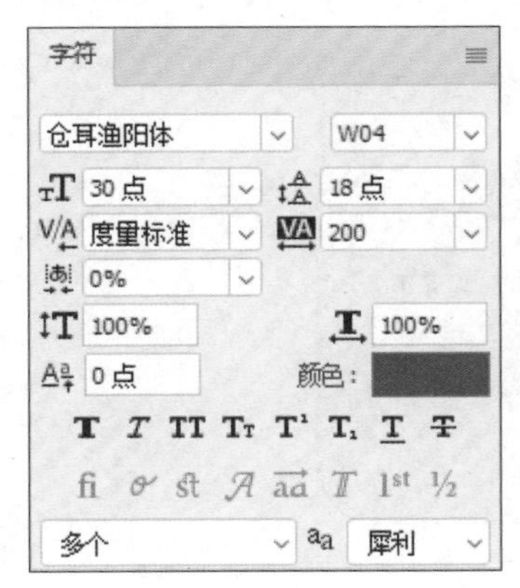

图 8-58 设置参数

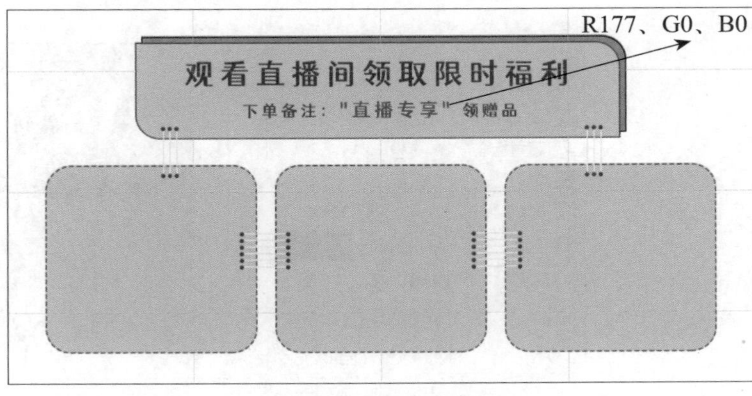

图 8-59 更改文字参数

步骤 05 选择“矩形工具”，绘制矩形，在“属性”面板中设置参数，如图8-60和图8-61所示。

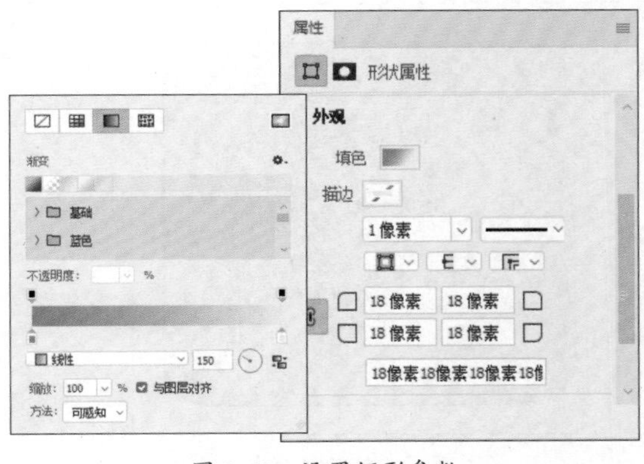

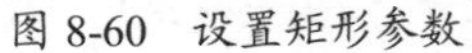

图 8-60 设置矩形参数

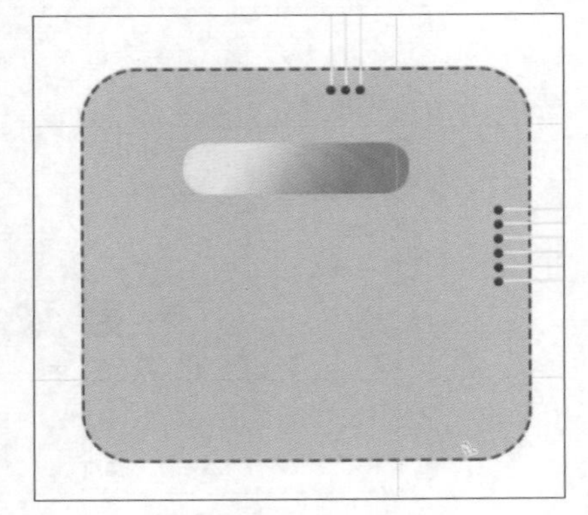

图 8-61 应用效果

步骤 06 在居中位置创建参考线，使用“横排文字工具”输入文字，在“字符”面板中设置参数，如图8-62和图8-63所示。

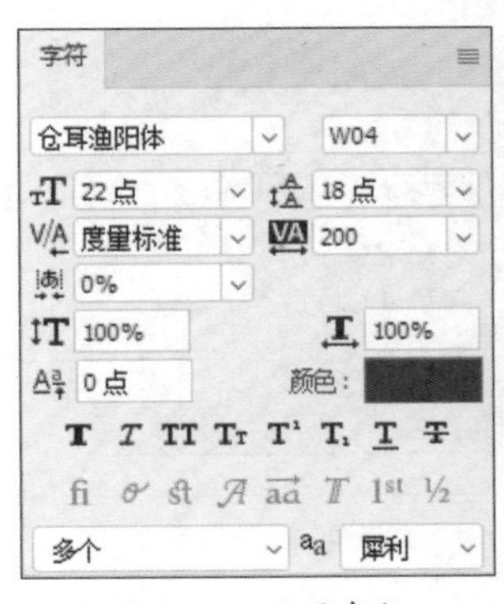

图 8-62 设置参数

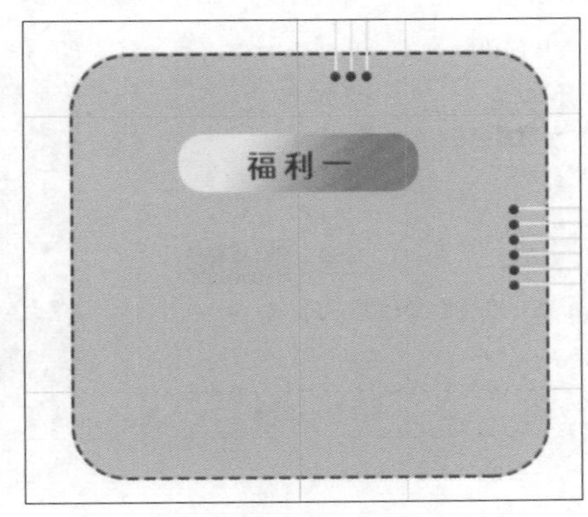

图 8-63 输入文字

步骤07 继续输入文字，在“字符”面板中设置参数，如图8-64和图8-65所示。

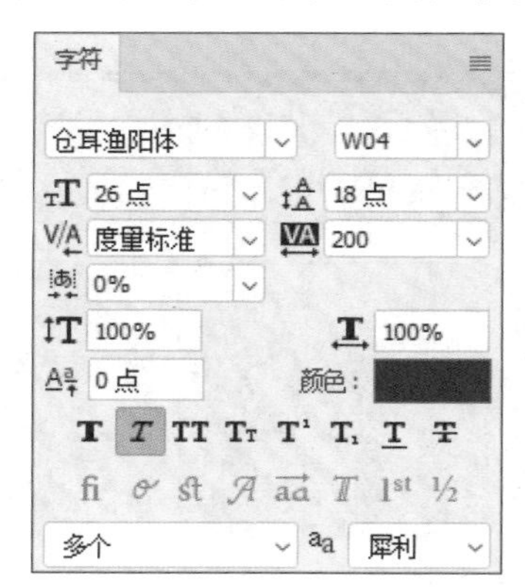

图 8-64 设置参数

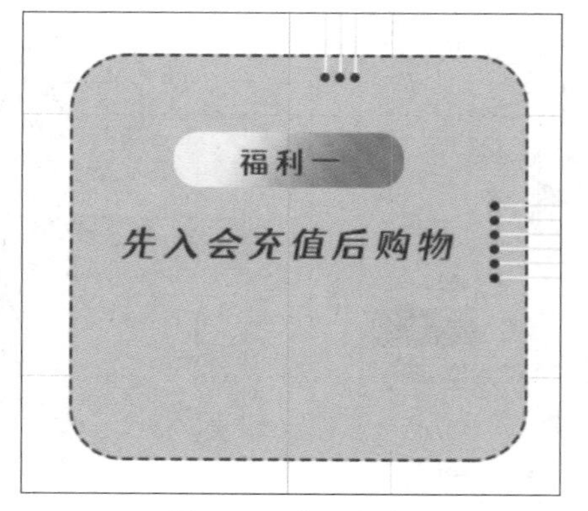

图 8-65 输入文字

步骤08 分别输入两组文字，在“字符”面板中设置参数，如图8-66和图8-67所示。

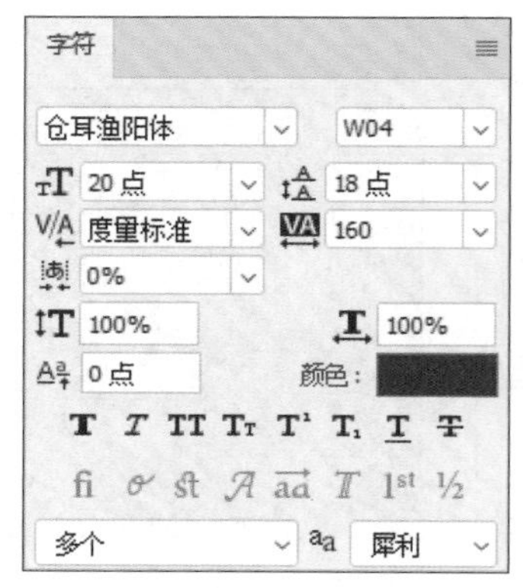

图 8-66 设置参数

图 8-67 输入文字

步骤09 选中4组数字，在“字符”面板中更改字号和颜色，如图8-68和图8-69所示。

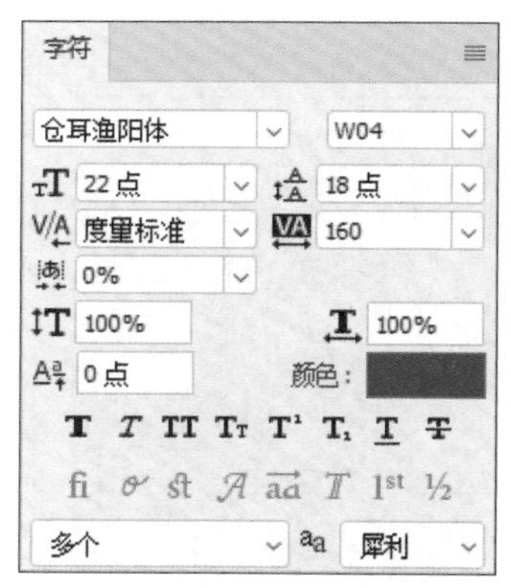

图 8-68 设置参数

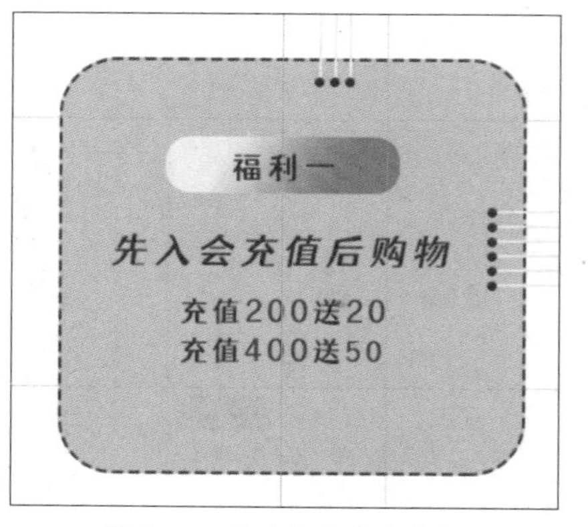

图 8-69 更改部分文字参数

步骤10 继续输入文字，在“字符”面板中设置参数，如图8-70和图8-71所示。

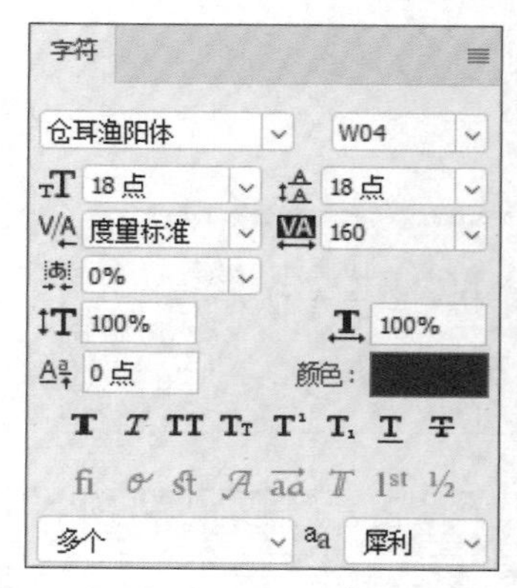
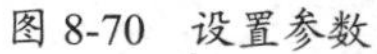

图 8-70 设置参数

图 8-71 输入文字

步骤11 选中几组文字，按住Alt键移动复制两份，如图8-72所示。

图 8-72 复制文字组

步骤12 按Ctrl+R组合键显示标尺，分别选中矩形在居中的位置创建参考线，分别更改福利二、福利三中的内容，如图8-73所示。

图 8-73 更改部分文字内容

步骤13 隐藏背景图层，存储为PNG格式的图片，最终效果如图8-74所示。

图 8-74　存储为 PNG 格式的图片

知识点拨

在淘宝直播创建直播后，在“场景”中单击“添加元素”按钮＋，可在弹出的菜单中上传图片，如图 8-75 和图 8-76 所示，图片大小和位置可自定义设置。需要注意的是，这一功能只有在淘宝直播开通直播推流权限后才会生效。

图 8-75　场景

图 8-76　添加元素

8.4 纸媒宣传品的打印知识

纸媒宣传品仍是电商店铺宣传的有效手段，因而本节将对设计作品的打印知识进行介绍。熟练掌握打印操作技巧就能轻松实现所见即所得的理想作品。

■8.4.1 打印基础知识

无论是要将图像打印到桌面打印机还是要将图像发送到印前设备，了解一些有关打印的基础知识都会使打印作业更顺利，并有助于确保制作的图像打印出预期的效果。

1. 打印类型

对于多数Photoshop用户而言，打印文件只是意味着将图像发送到打印机。其实，Photoshop是可以将图像发送到多种设备，实现直接在纸上打印图像或将图像转换为胶片的正片或负片图像等。

2. 图像类型

最简单的图像（如艺术线条等）在一个灰阶中只使用一种颜色。较复杂的图像（如照片等）则拥有不同的色调，这类图像称为连续色调图。

3. 分色

用于商业再生产并包含多种颜色的图片必须在单独的主印版上打印，一种颜色一个印版，此过程便是分色。通常要求使用青色、洋红、黄色和黑色（CMYK）油墨。在Photoshop中，可以调整生成各种印版的方式。

4. 细节品质

能否打印出图像中的细节取决于图像分辨率（每英寸的像素数）和打印机分辨率（每英寸的点数）。多数PostScript激光打印机的分辨率为600 dpi；PostScript激光照排机的分辨率为1 200 dpi或更高；喷墨打印机所产生的实际上不是点而是细小的油墨喷雾，其分辨率约为 300～720 dpi。

■8.4.2 打印机设置

文件在打印之前需对其印刷参数进行设置，执行“文件”→“打印”命令，在弹出的“Photoshop打印设置”对话框中可预览打印效果，并且可对打印机、打印份数、打印设置和色彩管理等进行设置，如图8-77所示。

图 8-77 “Photoshop 打印设置”对话框

该对话框中各选项的含义分别介绍如下：

- **打印机**：在其下拉列表中可以选择所需的打印机。
- **份数**：设置需要打印的份数。
- **打印设置**：单击此按钮，在打开的对话框中可以设置布局和纸张/质量参数，如图8-78所示。在“纸张/质量”选项卡中单击“高级”按钮，在打开的对话框中可设置纸张规格，如图8-79所示。
- **版面** ：设置打印纸张的方向，纵向或横向。

图 8-78 “纸张 / 质量”选项

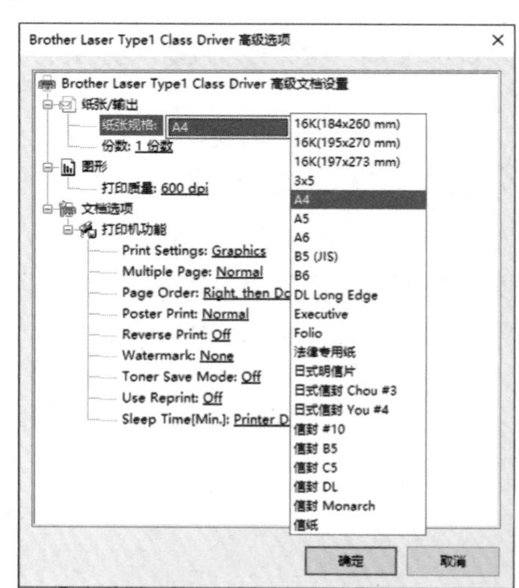

图 8-79 “高级选项”选项

■8.4.3 打印中的色彩管理

在“Photoshop打印设置”对话框中展开“色彩管理”选项，可在该选项组中进行色彩管理，如图8-80所示。

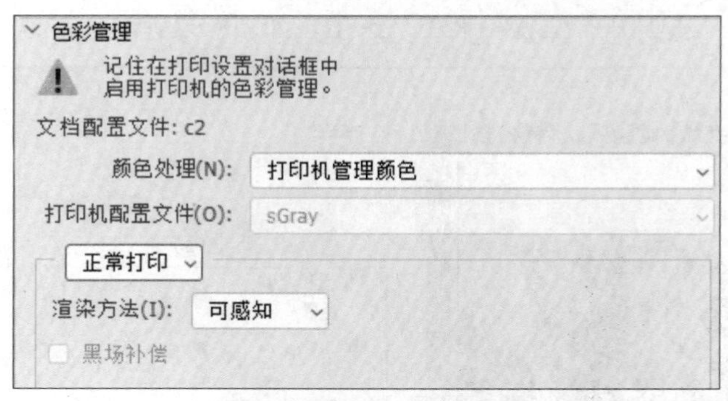

图 8-80 “色彩管理”选项

该对话框中各选项的含义分别介绍如下：

- **颜色处理：**其中有“打印机管理颜色”“Photoshop管理颜色”“分色”3个选项。
- **打印机配置文件：**选择与输出设备和纸张类型最匹配的配置文件。配置文件对输出设备的行为和打印条件（如纸张类型等）描述得越准确，色彩管理系统就可以越准确地转换文档中实际颜色的数值。
- **渲染方法：**指定Photoshop如何将颜色转换为目标色彩空间。有“可感知”“饱和度”“相对比色”“绝对比色”4种选项。一般来说，最好对选定的颜色设置使用默认的渲染方法，因为此方法已经过Adobe测试，并且符合行业标准。
- **黑场补偿：**通过模拟输出设备的全部动态范围来保留图像中的阴影细节。

知识点拨

若选择“Photoshop 管理颜色”选项，则在打印预览图下方可激活 3 个复选框，如图 8-81 所示。

☑ 匹配打印颜色 ☐ 色域警告 ☑ 显示纸张白

图 8-81 激活 3 个复选框

此 3 个选项的含义分别介绍如下：

- **匹配打印颜色：**选择此选项可在预览区域中查看图像颜色的实际打印效果。
- **色域警告：**色域是指颜色系统可以显示或打印的颜色范围，色域警告则是不能打印出的颜色。在选定“匹配打印颜色”时，启用此选项，此时图像中高亮的部分显示溢色，具体取决于选定的打印机配置文件。
- **显示纸张白：**将预览中的白色设置为选定的打印机配置文件中的纸张颜色。如果在比白色带有更多浅褐色的灰白色纸张（如新闻纸或艺术纸等）上进行打印，使用此选项可生成更加精准的打印预览效果。

■8.4.4　打印中的位置和大小

图像的输出大小由“图像大小”对话框中的文档大小设置决定。直接在预览框中缩放图像，只会更改所打印图像的大小和分辨率。在“Photoshop打印设置”对话框中可以对打印的位置和大小进行设置，单击展开“位置和大小”选项，如图8-82所示。

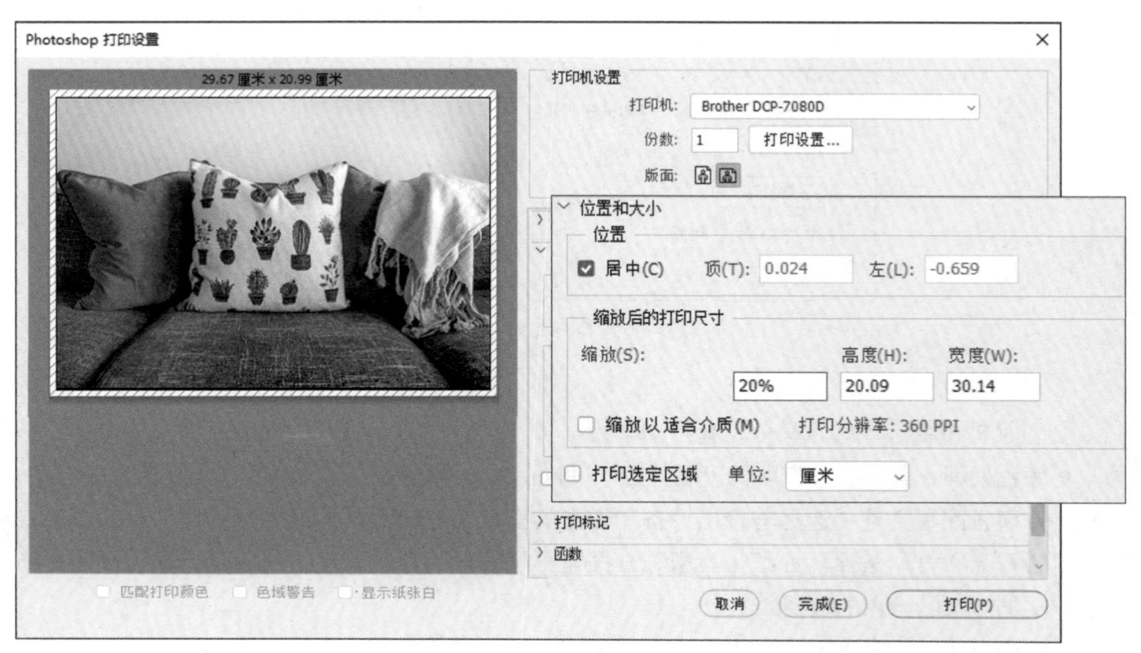

图 8-82　缩放 20% 效果

该对话框中各选项的含义分别介绍如下：

- **位置：**选中“居中”复选框，可以将图像定位于打印区域的中心；取消“居中”复选框，则可以设置“顶”和“左”的数值，或在预览区域中使用鼠标自由移动图像位置。
- **缩放后的打印尺寸：**将图像缩放打印。可以直接输入缩放百分比或是目标高度与宽度，也可以直接勾选“缩放以适合介质”复选框，自动缩放图像到适合纸张的可打印区域，以便打印在该区域中最大的图片。

■8.4.5　打印中的打印标记

单击展开“打印标记”选项组，从中可以指定页面标记和其他输出内容，如图8-83所示。

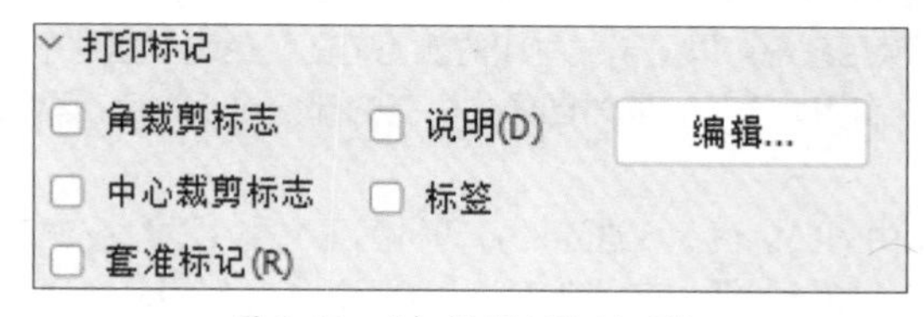

图 8-83　“打印标记”选项组

该选项组中各选项的含义分别介绍如下：

- **角裁剪标志**：在要裁剪页面的位置打印裁剪标志。
- **中心裁剪标志**：可以在每条边的中心打印裁剪标志。
- **套准标记**：在图像上打印套准标记（包括靶心和星形靶），此标记主要用于对齐PostScript打印机上的分色。
- **说明**：打印在“文件简介”对话框中输入的说明文本。
- **标签**：在图像上方打印文件名，若打印分色，则会将分色名称作为标签打印。
- **编辑**：单击该按钮，在弹出的对话框中可编辑说明。

上手实操

了解了关于淘宝店铺个性化视觉设计的相关知识，下面根据提供的文字和效果素材，制作线上课程轮播图，要求尺寸为750 × 1 000 px，分辨率为72 dpi。

知识点考查

新建文档、形状工具、文字工具、图层混合模式、导出。

思路提示

新建目标尺寸文档，确认主题风格，使用“矩形工具”绘制仿Photoshop软件界面；置入素材后调整混合模式制作背景效果；使用“文字工具”输入文本信息，效果如图8-84所示。

图 8-84　轮播图

参考文献

[1] 方国平. Photoshop电商设计与装修从新手到高手[M]. 北京: 清华大学出版社, 2022.

[2] 唯美世界, 瞿颖健. 中文版Photoshop 2022电商美工从入门到精通[M]. 北京: 中国水利水电出版社, 2022.

[3] 段建, 张瀛, 张磊. 电商美工: 第3版 : 全彩微课版[M]. 3版. 北京: 人民邮电出版社, 2021.

[4] 郭珍. 全平台电商美工全面精通: 商品拍摄+视觉设计+店铺装修+视频制作[M]. 北京: 清华大学出版社, 2023.

[5] 冯德华, 王毅, 曹培强. 电商美工实操: 淘宝天猫店铺设计与装修[M]. 2版. 北京: 电子工业出版社, 2021.

[6] 刘峰. 电商美工[M]. 北京: 机械工业出版社, 2018.